Haltbarkeit und Sorptionsverhalten wasserarmer Lebensmittel

Von

Professor Dr.-Ing. habil. Rudolf Heiss
Direktor des Instituts für Lebensmitteltechnologie und Verpackung
München

Springer-Verlag Berlin Heidelberg New York 1968

ISBN 978-3-642-49640-0   ISBN 978-3-642-49934-0 (eBook)
DOI 10.1007/978-3-642-49934-0

Alle Rechte vorbehalten
Kein Teil dieses Buches darf ohne schriftliche Genehmigung des Springer-Verlages
übersetzt oder in irgendeiner Form vervielfältigt werden. © by Springer-Verlag,
Berlin/Heidelberg 1968. Library of Congress Catalog Card Number: 68-21989
Softcover reprint of the hardcover 1st edition 1968

Die Wiedergabe von Gebrauchsnamen, Handelsnamen, Warenbezeichnungen usw.
in diesem Buche berechtigt auch ohne besondere Kennzeichnung nicht zu der Annahme, daß solche Namen im Sinne der Warenzeichen- und Markenschutz-Gesetzgebung als frei zu betrachten wären und daher von jedermann benutzt werden dürften

Titel-Nr. 1474

Meinen Mitarbeitern

die in all den Jahren am Aufbau
der lebensmitteltechnologischen Forschung in Deutschland
und der Verpackungswissenschaft mitgewirkt haben

in Dankbarkeit zugeeignet

Vorwort

Über das Sorptionsverhalten von Lebensmitteln für Wasserdampf gibt es schon einige Literatur, desgleichen über die Theorie des Sorptionsmechanismus von Gasen und Dämpfen. Weiterhin sind von einer bestimmten Anzahl wasserarmer Lebensmittel* Empfindlichkeiten empirisch bekannt. Was vor allem noch fehlt, ist die gleichzeitige Betrachtung des Sorptionsverhaltens und der Wasserdampfempfindlichkeit wasserarmer Lebensmittel aus einer Gesamtschau. Merkwürdigerweise wurde bisher noch nirgendwo versucht, die Vielzahl vorliegender Erkenntnisse zu einem Mosaik zusammenzusetzen. Diese Lücke kann das vorliegende Buch allerdings auch nur mit Vorbehalt füllen, denn hierzu müßte für jeden Wassergehalt jedes Lebensmittels die Haltbarkeitszeit, möglichst bei verschiedenen Temperaturen – ja jeder Rezeptur – und häufig auch noch bei unterschiedlichen Sauerstoffpartialdrücken bekannt sein. Trotz einer großen Zahl ergänzender Untersuchungen durch ein Mitarbeiterteam des Instituts in den letzten 17 Jahren – bei manchen Lebensmitteln waren Literaturangaben äußerst spärlich oder fehlten völlig – ist man von diesem Ziel noch recht weit entfernt. Deshalb könnte die Frage gestellt werden, ob diese Darstellung nicht verfrüht sei. Sie darf aus verschiedenen Gründen verneint werden:

Einmal, weil die erzielten Erkenntnisse längst die Möglichkeit an die Hand geben, gegenüber den jetzigen empirischen Gepflogenheiten das Risiko ganz bedeutend zu vermindern; umfassendes Material – so fragmentarisch oder teilweise sogar widersprüchlich es sein mag – wurde immerhin in aller Konsequenz durchgedacht und bezüglich seiner Aussagekraft diskutiert. Dies erschien aktuell, weil die Kenntnis der Eigenschaften des zu verpackenden Gutes die Voraussetzung für dessen richtige Verpackung bildet, da mit der anwachsenden Bedeutung von Fertigerzeugnissen die Zahl wasserarmer Lebensmittel ansteigt sowie mit der Zunahme irgendwelcher Bevorratungen die Anforderungen an die Haltbarkeit erhöht werden.

Zum anderen erschien es notwendig, Klarheit darüber zu gewinnen, wo vordringlich weitergeforscht werden sollte. Die Darstellung zeigt, daß

---

* Lebensmittel, die, ohne sterilisiert oder pasteurisiert zu sein, nicht durch Mikroorganismen verderben, sofern sie nicht entsprechend hohen Raumfeuchtigkeiten ausgesetzt sind. Häufig wird es sich um getrocknete Lebensmittel handeln.

man bei biologischem Material nicht von einer einzigen Sorptionsisotherme sprechen darf, sondern daß Wachstumsbedingungen, Reifezustand, „Vorgeschichte" (Vorbehandlungs- und Herstellungsbedingungen) sowie Lagerungseinflüsse nicht nur das Qualitätsniveau, sondern sowohl den Verlauf der Sorptionsisotherme wie auch die Empfindlichkeitsgrenze wesentlich verändern können. Auch wurden bei den wenigsten wasserarmen Lebensmitteln gleicher Herstellung bisher sämtliche wichtigen Qualitätsveränderungen abhängig vom Wassergehalt bestimmt, so daß man weitgehend auf *summarische* Angaben, manchmal auf Analogieschlüsse, angewiesen ist. Deshalb entlasten die aufgeführten Ergebnisse nicht davon, in den Fällen, in denen es auf Einzelwerte genau ankommt, diese bei dem jeweiligen Material gesondert festzustellen, insbesondere, falls verbindliche Lieferbedingungen hinsichtlich Vorbehandlung, Rezeptur u. dgl. und bestimmte Haltbarkeitszeiten festgelegt werden sollen.

Die Schrift beschränkt sich darauf, außer über den Verlauf der Sorptionsisothermen wichtiger Trockenlebensmittel, über den Einfluß des Wassergehaltes auf die besonders charakteristischen Veränderungen zu informieren, um die Entscheidung über die Wahl des jeweils günstigsten Wassergehaltes zu erleichtern. Häufig wird sich dieser nicht mit dem gesetzlich zulässigen decken. Nicht die Aufgabe dieses Überblicks war es jedoch, die Art der Veränderungen bei den einzelnen Lebensmitteln in allen Einzelheiten zu behandeln, wobei zu bedenken ist, daß die Feuchtigkeitsempfindlichkeit wasserarmer Lebensmittel häufig mit anderen Empfindlichkeiten vergesellschaftet ist und deshalb nur einen – wenn auch besonders wichtigen – Ausschnitt aus den Qualitätsveränderungen bei deren Lagerung bildet. Veränderungen, welche mit dem Wassergehalt primär nicht zusammenhängen, sondern beispielsweise mit dem Sauerstoffpartialdruck, der Belichtung u. dgl., konnten in dieser Schrift nur angedeutet werden, da der Stand der diesbezüglichen Erkenntnisse noch weit lückenhafter ist. Im ganzen beschränken sich die durchgeführten kritischen Überlegungen auf den Versuch einer geschlossenen vergleichenden Darstellung des augenblicklichen Standes der technologischen Erkenntnisse zur Haltbarkeitsverlängerung feuchtigkeitsempfindlicher Lebensmittel.

Die Anregung zu diesem Buch bildeten eine Vielzahl von Diskussionen mit der Industrie über deren Schwierigkeiten; die zur Durchführung der erforderlichen Untersuchungen notwendigen Mittel verdanken wir aber im wesentlichen dem Bundesministerium für Ernährung, Landwirtschaft und Forsten, Bonn, dem Bayrischen Staatsministerium für Ernährung, Landwirtschaft und Forsten, München, und dem Bundesamt für Wehrtechnik und Beschaffung, Koblenz.

München, im April 1968　　　　　　　　　　　　　　　　R. Heiss

Inhaltsverzeichnis

I. Teil
Kritische Vorüberlegungen

1. Sorptionsverhalten 1
2. Feuchtigkeitsempfindlichkeit von Lebensmitteln 8
   - a) Mikrobiologische Veränderungen 11
   - b) Physikalische und chemisch-physikalische Veränderungen 15
   - c) Chemische Veränderungen 17
3. Die praktische Bedeutung der Sorptionsisotherme und des kritischen Wassergehaltes 28
4. Hysterese, Vorgeschichte 32
5. Gleichgewichtszustand zwischen zwei oder mehr Substanzen 35
6. Temperatureinflüsse 40
   - a) Hygroskopizität 40
   - b) Empfindlichkeit 42
7. Instationäre Vorgänge 45

Anhang: Messung der Sorptionsisothermen 54
   - a) Bestimmung des Gleichgewichtswassergehaltes 54
   - b) Bestimmung des Gleichgewichts-Wasserdampfpartialdruckes über hygroskopischen Stoffen 58

II. Teil
Sorptionsverhalten sowie Abhängigkeit der Haltbarkeit vom Wassergehalt einzelner Trockenlebensmittel

1. Erzeugnisse tierischen Ursprungs 60
   - a) Fleisch 60
   - b) Fisch 66
   - c) Eipulver 69
   - d) Milchpulver (Voll- und Magermilchpulver) 72
   - e) Käse 82
2. Erzeugnisse pflanzlichen Ursprungs 83
   - a) Reis 84
   - b) Haferflocken 86
   - c) Mehl 87
   - d) Stärke 91
   - e) Teigwaren 92
   - f) Dauerbackwaren und Backwaren 93

g) Getrocknete Kartoffelerzeugnisse 101
  h) Trockengemüse 106
  i) Tomatenpulver 117
  k) Trockenfrüchte 120
  l) Verschiedene ölhaltige Samen 131
  m) Pektine (und Gelatine) 134
  n) Zucker und Hartkaramellen 135
  o) Trockenhefen 145
  p) Kaffee 148
  q) Kaffee-Ersatzmittel 149
  r) Tee 151
  s) Kakao und Schokolade 151
  t) Tabakwaren 156
3. Erzeugnisse verschiedenen Ursprungs 157
  a) Backpulver 157
  b) Salz, Mononatriumglutamat und Brühwürfel (gekörnte Brühe) 159
  c) Citronensäure, Weinsäure 160

Sachverzeichnis 161

I. Teil

Kritische Vorüberlegungen

1. Sorptionsverhalten

Die Veränderungen eines wasserarmen Lebensmittels während der Lagerung können mikrobiologischer, physikalischer oder chemischer Natur sein. Zu den mikrobiologischen Veränderungen zählt das Wachstum von Bakterien, Hefen und Schimmelpilzen. Unter den chemischen Veränderungen spielen die oxydative und hydrolytische Spaltung der Fette – gegebenenfalls unter der Wirkung von Enzymen – sowie nichtenzymatische Bräunungsreaktionen eine besondere Rolle. Zu den physikalischen Veränderungen gehören beispielsweise die Kristallisation aus wäßrigen Lösungen und Quellungsvorgänge. Alle diese Veränderungen sind vom Wassergehalt abhängig; dieser wird aber von Außenumständen beeinflußt, beispielsweise vom Trocknungsverlauf eines hygroskopischen Stoffes, von den Klimabedingungen eines Packraumes, von der Wasserdampfdurchlässigkeit einer Verpackung, die in einem bestimmten Klima lagert. Den Zusammenhang zwischen der relativen Feuchtigkeit eines Stoffes bei einer gegebenen Temperatur (Gleichgewichts*feuchtigkeit*) und einem damit im Gleichgewicht stehenden Wassergehalt (Gleichgewichts*wassergehalt*) gibt die Sorptionsisotherme wieder. Korrekterweise wird er auf die Trockensubstanz

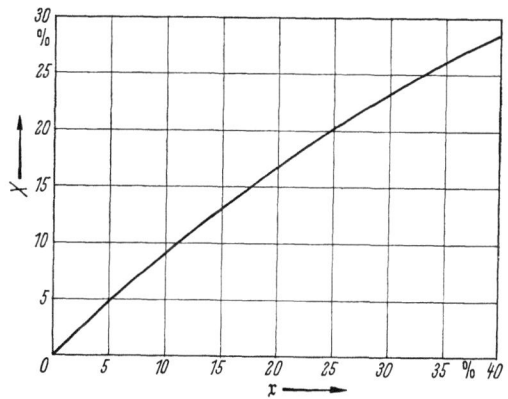

Bild 1. Zusammenhang zwischen den Wassergehalten bezogen auf Trocken- und auf Gesamtgewicht

(r) bezogen, *praktisch anschaulicher* – und damit üblicherweise – auf das Gesamtgewicht (X) als Rechengröße. Die Umrechnung erfolgt gemäß der Beziehung:

$$r = \frac{X}{100 - X} \cdot 100 \, [\%] \quad \text{bzw.} \quad X = \frac{r}{100 + r} \cdot 100 \, [\%].$$

Die Zusammenhänge sind in Bild 1 dargestellt.

Die Adsorption eines Gases an einen Feststoff ist ein spontaner Prozeß und deshalb mit einer Abnahme der freien Energie ΔF des Systems verknüpft. Da der Vorgang eine Einbuße an Freiheitsgraden dadurch einschließt, daß ,,freies Gas" sich in einen kondensierten Film verwandelt, ist damit eine Entropieabnahme ΔS verbunden. Aus der Beziehung

$$\Delta F = \Delta H - T\Delta S$$

folgt, daß der Adsorptionsvorgang immer exotherm abläuft, da ΔF, ΔS und damit auch ΔH (Enthalpie) negativ sind.

Man unterscheidet eine physikalische Sorption und eine Chemisorption, ohne daß die begriffliche Abgrenzung immer scharf ist. Während die Chemisorption abgeschlossen ist, wenn eine monomolekulare Schicht aufgebaut ist, führt die durch van der Waalssche Kräfte bedingte physikalische Sorption unter geeigneten Temperaturen und Drücken häufig zur Ausbildung einer mehrmolekularen Schicht. Es besteht ein fließender Übergang von der monomolekularen Adsorption über mehrschichtige Adsorption zur Kapillarkondensation.

Im allgemeinen handelt es sich freilich nicht um einheitliche Oberflächen; die ersten Moleküle, welche auf die Oberfläche auftreffen, werden bevorzugt an Orten erhöhter Reaktionsbereitschaft sorbiert (d. h. an den Stellen, an welchen ihre potentielle Energie ein Minimum erreicht); erst wenn bei fortschreitender Adsorption diese Plätze belegt sind, werden die weniger aktiven Stellen besetzt, oder anders ausgedrückt: wenn sich eine Oberfläche mit einer monomolekularen Schicht überzieht, bleiben die Stellen geringster Reaktionsbereitschaft unbesetzt; sobald auch diese besetzt sind, werden die aktiven Stellen längst mit zwei oder mehreren Lagen bedeckt sein. Bei organischen Stoffen ist die monomolekulare Schicht schon deshalb diskontinuierlich, weil bevorzugte Bindungen an funktionellen Gruppen der Proteine und Kohlenhydrate zu erwarten sind. Nach SALWIN[1] sollen die vermutlich durch Wasserstoffbrücken gebundenen Wassermoleküle das Gut vor einer Reaktion mit Sauerstoff schützen, indem sie die Sauerstoffsorption verhindern, möglicherweise auch eine Zersetzung freier Radikale bewirken. Weiterhin wurde festgestellt, daß die Wassersorption durch Trockenlebensmittel nicht nur ein Oberflächenphänomen ist, sondern auch das Eindringen der Wassermoleküle ins Innere des Materials umschließt. Zum Beispiel sollen im Falle der Proteine, nachdem mit zunehmender Sorption alle an der Oberfläche des Gutes befindlichen polaren Seitenketten belegt sind, weitere Wassermoleküle in das schwerer zugängliche Innere der Eiweißmoleküle diffundieren, wo sie durch Wasserstoffbrücken zwischen den Amid- und

---

[1] SALWIN, R., u. V. SEAWSON: Moisture transfer in combination of dehydrated foods. Food Technol. 13 (1959) S. 594–595, 715–718.

Carbonylgruppen benachbarter Polypeptidketten gebunden werden und orientierte Wasserschichten bilden[2]. Die gleiche Ansicht wird in der „Reißverschlußtheorie" von EHRLICH und BETTELHEIM[3] vertreten. Die äußeren Schichten eines adsorbierenden Stoffes werden also stärker mit Adsorbat bedeckt als das Zentrum; die nachfolgende Rückverteilung des adsorbierten Filmes, die zu einer gleichmäßigen Bedeckung des gesamten Feststoffes führt, ist manchmal ein äußerst langsamer Prozeß.

Die Theorien der physikalischen Adsorption von Gasen sind in einer umfangreichen Arbeit von YOUNG und CROWELL zusammengefaßt[4].

Von amerikanischen Autoren wurde zuerst die BET-Theorie auf die Sorption von Wasserdampf an quellbaren organischen Substanzen angewandt. Die Zulässigkeit der Übertragung erscheint schon deshalb zweifelhaft, weil sie für die Adsorption nichtpolarer Gase auf Festkörperoberflächen abgeleitet wurde, während es sich bei Lebensmitteln vermutlich um eine Lösung (feste Lösung nach BRUNAUER) handelt. Wenn man spezifische Oberflächen nach BET mittels eines polaren Gases bestimmt, erhält man etwa 100mal höhere Werte als mit einem nichtpolaren Gas. Obwohl es sich bei Lebensmitteln nicht um einheitliche Oberflächen handelt, erscheint ein Vergleich anschaulich, und es ist notwendig, sich mit den amerikanischen Überlegungen auseinanderzusetzen, weshalb nachfolgend kurz auf die BET-Theorie eingegangen wird. Hiernach lautet die Gleichung für die auf die Trockensubstanz bezogene Sorptionsisotherme*:

$$\frac{p_{Dgl}}{V(p_s - p_{Dgl})} = \frac{1}{V_1 \cdot c} + \frac{c-1}{V_1 \cdot c} \cdot \frac{p_{Dgl}}{p_s} \quad (1)$$

$$[y = b + a \cdot \varphi],$$

wobei V das adsorbierte Normalvolumen, V_1 das Normalvolumen der adsorbierten Gasmenge bei Bedeckung der gesamten Oberfläche des Adsorbens mit einer monomolekularen Schicht und c eine Konstante bedeuten, welche die Adsorptionswärme der ersten Schicht und die Verdampfungs- bzw. Kondensationswärme berücksichtigt. p_s ist der Sätti-

---

[2] NEMITZ, G.: Über die Wasserbindung durch Eiweißstoffe und deren Verhalten während der Trocknung. Dissertation Karlsruhe 1961, S. 34 ff.

[3] EHRLICH, S. H., u. F. A. BETTELHEIM: Infrared spectroscopy of water vapour sorption process of mucopolysaccharides. J. Phys. Chem. 67 (1963) S. 1954 sowie S. 1948.

[4] YOUNG, D. M., u. A. D. CROWELL: Physical adsorption of gases, London: Butterworths 1962 (vgl. vor allem Kapitel 4, 5 und 7). - Vgl. auch BRUNAUER, S., P. H. EMMETT u. E. TELLER: Adsorption of gases in multimolecular layers. J. Amer. Chem. Soc. 60 (1938) S. 309–319.

* Bei Trockenkartoffeln erwies sich die BET-Gleichung bei Annahme einer Ausbildungsmöglichkeit von 5 Molekülschichten auf den Kapillarwänden bis zu $\varphi = 50$ bis 60% als brauchbar[7].

gungsdruck und p_{Dgl} der herrschende Gleichgewichtsdampfdruck bei der betreffenden Temperatur. Trägt man

$$y \equiv \frac{p_{Dgl}}{V(p_s - p_{Dgl})} \quad \text{über} \quad \varphi \equiv \frac{p_{Dgl}}{p_s}$$

auf, so ergibt sich eine Gerade mit dem Ordinatenabschnitt $b = \frac{1}{V_1 \cdot c}$ und der Neigung $a = \frac{c-1}{V_1 \cdot c}$ (Bild 2).

Ersetzt man V durch $\mathfrak{r}$ und V_1 durch $\mathfrak{r}_1$ und trägt man aus den gemessenen Werten der Sorptionsisotherme die numerischen Werte von $\frac{\varphi}{\mathfrak{r}(1-\varphi)}$ als Funktion von φ auf, dann ist die Neigung der sich ergebenden Geraden $a' = \frac{c-1}{\mathfrak{r}_1 \cdot c}$ und der Abschnitt auf der Ordinate $b' = \frac{1}{\mathfrak{r}_1 \cdot c}$. Gl. (1) heißt dann $\frac{\varphi}{\mathfrak{r}(1-\varphi)} = b' + a' \varphi$.

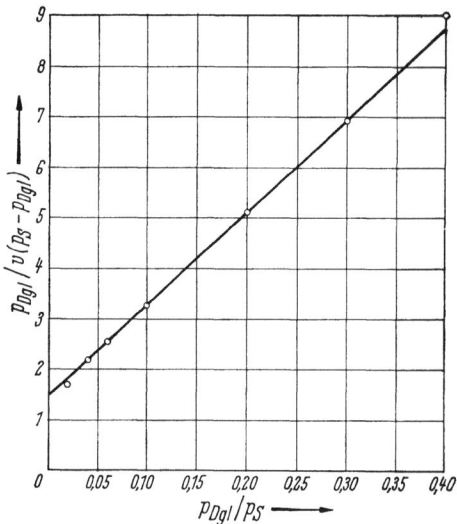

Bild 2. Zur Auswertung der BET-Beziehung (vgl. Text)
$a' = 18{,}12$; $b' = 1{,}462$; $c = 13{,}39$; $\mathfrak{r}_1$ (a_1-Punkt) $= 0{,}051$ kg/kg; $E_1 = E_v + RT \cdot \ln c = 10540 + 1{,}986 \cdot 293 \ln 13{,}39 = 11783$ kcal/kmol $= 655$ kcal/kg; E_1 Adsorptionswärme der ersten Schicht; E_v Verdampfungs- bzw. Konzentrationswärme

Damit ergibt sich die für die Bindungswärme charakteristische Konstante c aus $\frac{a'}{b'} + 1 = \frac{(c-1)(\mathfrak{r}_1 \cdot c)}{\mathfrak{r}_1 \cdot c} + 1$ und der Gleichgewichtswassergehalt bei monomolekularer Bedeckung $\mathfrak{r}_1$ (auch a_1-Punkt genannt) aus:

$$\frac{1}{b' \cdot c} = \frac{1}{c} \cdot (\mathfrak{r}_1 \cdot c) \quad \text{oder aus} \quad \frac{1}{a' + b'} = \frac{1}{\frac{c-1}{\mathfrak{r}_1 \cdot c} + \frac{1}{\mathfrak{r}_1 \cdot c}}.$$

Methodisch ist dieses Vorgehen mit dem Mangel behaftet, daß die Neigung a' gegen geringe Abweichungen in den Kurvenpunkten recht empfindlich ist, weshalb der a_1-Punkt nicht übermäßig sicher ist. Zudem ergaben nicht alle Erzeugnisse (z.B. Instant-Milchpulver bei höheren Temperaturen) hierbei Gerade. Eine andere Möglichkeit, den a_1-Wert festzustellen, besteht nach HARKINS und JURA[5] auf Grund der Beziehung

$$\log \frac{p_{\text{Dgl}}}{p_s} = B - A/\mathrm{r}^2.$$

Die Neigung der Geraden A entspricht a_1^2, woraus sich der Wassergehalt bei monomolekularer Belegung ergibt[6].

Die Bindungskräfte nehmen mit zunehmender Zahl der Lagen der Wassermoleküle (polymolekulare Bedeckung) ab. Wenn die Bindungskräfte an den Makromolekülen völlig abgesättigt sind, ergibt sich bei weiter ansteigender Feuchtigkeit eine irreguläre Kondensation, und schließlich werden dabei submikroskopische und mikroskopische Kapillarräume mit Wasser gefüllt. Die Dampfdruckabsenkung, die sich im konkaven Ast der Sorptionsisotherme über den Kapillarmenisken bei der jeweiligen Gutsfeuchtigkeit einstellt, läßt sich nach Untersuchungen im Institut mit Hilfe der Thomsonschen Beziehung ermitteln[7]. Die Dampfdruckabsenkung ist um so größer, je feiner die Kapillaren sind. Nähert sich die relative Feuchtigkeit dem Wert 100%, dann erreicht der Wassergehalt bei porösen Trockengütern häufig Werte zwischen 50 und 60%. Hier haben sich die grobkapillaren Zwischenräume zwischen den Fasern gefüllt. Die Lage dieses „Fasersättigungspunktes" ist aber nicht sehr genau zu bestimmen, da im hohen Feuchtigkeitsintervall bereits geringfügige Temperaturschwankungen zu einer Kondensation führen. Das Wasser in den groben Kapillaren ist als freies Wasser anzusehen, sein Wasserdampfteildruck ist infolgedessen gleich dem Sattdampfdruck.

Der Anstieg der Sorptionsisotherme – im wesentlichen eine Folge der Dicke der adsorbierten Schicht und des Anteils der Oberfläche, welche für die Adsorption zur Verfügung steht – ist ein Charakteristikum für die *Hygroskopizität* des Gutes. Theoretisch völlige Hygroskopizität würde dann vorliegen, wenn die Sorptionsisotherme mit der Ordinate $\varphi = 0$ zusammenfiele; bei der Hygroskopizität Null würde sie mit der Abszisse

---

[5] HARKINS, W. D., u. G. JURA: Surface of solids. XIII. A vapour adsorption method for the determination of the area of a solid without the assumption of a molecular area, and the areas occupied by nitrogen and other molecules on the surface of a solid. J. Amer. Chem. Soc. 66 (1944) S. 1366–1373.

[6] LIANG, S. C.: On the calculation of a surface area. J. Phys. Coll. Chem. 55 (1951) S. 1410.

[7] GÖRLING, P.: Untersuchungen zur Aufklärung des Trocknungsverhaltens pflanzlicher Stoffe (VDI-Forschungsheft 458), Düsseldorf: VDI-Verlag 1956, S. 17–18. – POERSCH, W.: Sorptionsisothermen, ihre Ermittlung und Auswertung. Stärke 15 (1963) S. 405–412.

$X = \mathfrak{x} = 0$ zusammenfallen. Gebräunte Zuckerarten weisen eine besonders steile Sorptionsisotherme auf, sind also besonders hygroskopisch. Die Neigung mancher Obstpulver zum Klumpen ist darauf zurückzuführen, daß bestimmte Zucker entweder von Natur aus in amorpher Form vorliegen oder sich der Glaszustand beim raschen Trocknen (oder Gefrieren) aus hochkonzentrierten Lösungen einstellt. Derartige Zucker sind ganz besonders hygroskopisch und feuchtigkeitsempfindlich. Stark stärkehaltige Erzeugnisse (Stärke, Kartoffeln, Reis, Spaghetti) zeigen auch noch eine relativ steile Sorptionsisotherme. Stark eiweißhaltige Erzeugnisse (Fleisch, Geflügel, Fische, Eier) ergeben eine schwächere Neigung. Relativ gering ist die Neigung von Sorptionsisothermen bei Gütern mit hohem Rohfasergehalt (viele Gemüse). Blanchieren von Gemüse verringert den Gleichgewichtswassergehalt relativ stark. Vorbehandlungsmethoden, Reifezustand, Obst- bzw. Gemüseart scheinen den Verlauf einer Sorptionsisotherme stärker zu beeinflussen als die Trocknungstemperatur. Doch wurde bei Mais beobachtet, daß bei Verwendung steigender Trocknungstemperaturen ($> 60\,°C$) die Gleichgewichtsfeuchtigkeit zu- bzw. der Gleichgewichtswassergehalt abnimmt[8].

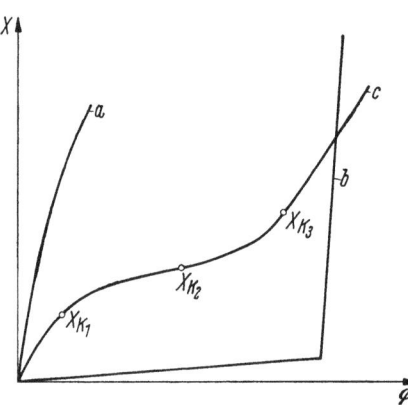

Bild 3. Typen von Sorptionsisothermen
a stark hygroskopisch (Silicagel); b in einem weiten Bereich wenig hygroskopisch (Adsorptionsisotherme für Saccharose); c übliche Sorptionsisotherme; X_{K_1} kritischer Wert für Geschmackserhaltung; X_{K_2} kritischer Wert für Rösche; X_{K_3} kritischer Wert für Schimmelpilzwachstum (bei einer Dauerbackware)

Bei Kochsalz- und bei Zuckerkristallen ist die Wassersorption außerordentlich gering, solange nicht die Gleichgewichtsfeuchtigkeit erreicht ist, die der Sättigungskonzentration entspricht (Bild 3, Kurve b).

Wenn Zucker im Glaszustand vorliegt, bereitet die Aufnahme der Sorptionsisotherme deshalb Schwierigkeiten, weil diese ja eine Gleichgewichtskurve vorstellt, der Glaszustand aber nicht. Das Gleichgewicht herrscht erst im Ordnungszustand. Die Wassermenge, die beispielsweise von Lactose nach dem Übergang ins Monohydrat gebunden wird, beträgt 5,34%, bezogen auf das α-Lactose-Anhydrid, bzw. 5,07%, bezogen auf das α-Lactose-Monohydrat. Bei Lagerung von Lactose bzw. von Milchpulver bei Gleichgewichtsfeuchtigkeiten, welche diesen Wassergehalt

---

[8] TURTE, J., u. G. H. FOSTER: Effect of artificial drying on the hygroscopic properties of maize. Cereal Chem. 40 (1963) S. 630–637.

überschreiten, beginnt jenseits des Oswald-Mierschen Bereiches* die Kristallisation[9]. Der Überschuß an Wasser, der zur Einleitung spontaner Kristallisation nötig ist, wird beim Auskristallisieren wieder abgegeben, d. h., die Wassergehalts/Zeit-Kurve durchschreitet ein Maximum (Bild 4); mit dem Abfallen nach dem Maximum setzt eine starke Kristallisation ein. Die Dauer der Induktionsperiode hängt stark von der relativen Feuchtigkeit der Umgebung ab. Den Sorptionsisothermen muß der Endwert zugrunde gelegt werden, dem bei der betreffenden Feuchtigkeit die Wassergehalts/Zeit-Kurve nach Passieren des Maximums zustrebt. Dies bedeutet, daß die betreffende Substanz im ersten Ast der Sorptionsisotherme physikalisch gesehen etwas anderes vorstellt als im zweiten Ast. Das Anhydrid ist bedeutend hygroskopischer als das Hydrat.

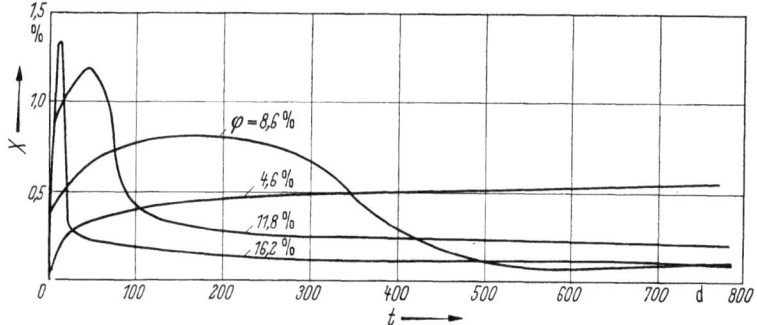

Bild 4. Adsorption von Wasserdampf bei verschiedenen relativen Feuchtigkeiten durch amorphe Dextrose (nach MAKOWER u. DYE**) abhängig von der Zeit in Tagen

Als Folge kristallographischer Ungleichmäßigkeiten an der Oberfläche können in der Sorptionsisotherme Stufen auftreten[10].

Der Einfluß der Trocknungsgeschwindigkeit und überhaupt der Trocknungsbedingungen bei den verschiedenen Verfahren (Gefriertrocknen, BIRS-Trocknen) bedürfte noch genauerer Überprüfung. Es scheint, als ob manche Güter (Bananen, Tomaten) bei schonendem Trocknen hygroskopischer würden. Andererseits wirken während der Trocknung eingeleitete Bräunungsreaktionen in erhöhten Lagerveränderungen fort, weil kleine Mengen von Aminosäuren immer wieder Zuckermoleküle

---

[9] HEISS, R.: Zur Frage der chemisch-physikalischen Veränderungen getrockneter Milcherzeugnisse bei der Lagerung. Dtsch. Lebensm.-Rdsch. 46 (1950) S. 4–6.

[10] ROSS, S., u. G. E. BOYD: New observations on two-dimensional condensation phenomena. MDDC Report Nr. 864 (1947).

* Nach neueren Ergebnissen ist die Annahme, daß in der metastabilen Zone keine Kristallisation stattfindet, nur eine Approximation. Von Makrokristallen abgesehen scheinen die Grenzen nicht scharf definiert zu sein.

** MAKOWER, B., u. W. B. DYE: J. Agric. Food Chem. 4 (1956) S. 72–77.

umbauen und abspalten können, also damit eine Induktionsperiode bereits durchschritten ist[11]. Die genaue Zuordnung der Wasserbindungsverhältnisse funktioneller Gruppen ist noch wenig erforscht[2, 12].

Bei Trockeneipulver und bei Trockenaprikosen ist festgestellt worden, daß die Geschwindigkeit der Sauerstoffaufnahme mit steigendem Wassergehalt wächst.

2. Feuchtigkeitsempfindlichkeit von Lebensmitteln

Offensichtlich ist ein Gut dann *feuchtigkeitsempfindlich*, wenn eine geringfügige Wasserzunahme in kurzer Zeit bereits starke Veränderungen auslöst, und feuchtigkeitsgefährdet, wenn die Wahrscheinlichkeit solcher Veränderungen eben einfach deshalb hoch ist, weil sie schon bei niedrigen relativen Feuchtigkeiten auftritt und die Umgebungsfeuchtigkeit weit höher zu sein pflegt. So ist z. B. Raffinadezucker gar nicht hygroskopisch, jedoch ziemlich feuchtigkeitsempfindlich, weil schon Spuren einer Feuchtigkeitszunahme ein Zusammenballen hervorrufen können (Bild 3, Kurve b). Ähnlich können geringfügige Spuren von Wasser Seifigwerden von Kokosfett – das in keiner Weise hygroskopisch ist – hervorrufen. Auch Eisen ist unhygroskopisch, aber sehr feuchtigkeitsempfindlich, während andererseits Stärke ziemlich stark hygroskopisch, aber wenig feuchtigkeitsempfindlich ist. Die Feuchtigkeitsempfindlichkeit kann sich auf physikalische Prozesse (Zusammenballen, Hartwerden, Lösen, Kristallisieren), auf chemische Prozesse (nichtenzymatische Bräunung, Wirkung von Enzymen, hydrolytische Ranzigkeit und als deren Auswirkung Farbveränderung, Geschmacksveränderung, evtl. Vitaminverluste) wie auch auf mikrobiologische Veränderungen erstrecken.

Heiss[13] hat erstmalig darauf hingewiesen, daß ohne Kenntnis des kritischen Intervalls die Sorptionsisotherme wenig nützt, denn man müsse klar zwischen der Hygroskopizität und der Feuchtigkeitsempfindlichkeit eines Stoffes unterscheiden. Beispielsweise weichen die Sorptionsisothermen von Frischbrot und von Knäckebrot nur wenig voneinander ab; man darf sie aber keinesfalls beide zusammen lagern, weil die den eigentlichen Genußwert charakterisierenden Wassergehalte völlig verschieden sind. Auf der Sorptionsisotherme markiert ein Wassergehalt, bei dem nach der üblichen Umlaufzeit ein Gut unter praxisnahen, definierten Bedingungen aus irgendeinem Grund gerade noch verkäuflich bleibt, den *zulässigen* Wassergehalt (r_{zul}). Ist aber das zulässige Maß an

---

[11] Heyns, K.: Über Bräunungsreaktionen, 25. Diskussionstagung des Forschungskreises der Ernährungsindustrie, Selbstverlag 1966, S. 5–18.

[12] Hofer, A. A.: Zur Aufnahmetechnik von Sorptionsisothermen und ihre Anwendung in der Lebensmittelindustrie. Dissertation Basel 1962, S. 21–22.

[13] Heiss, R.: Verpackung feuchtigkeitsempfindlicher Güter, Berlin/Göttingen/Heidelberg: Springer 1956.

(der gleichen) Qualitätsschädigung gerade *über*schritten, so spricht man von *Gefahrenpunkt* (r_{gef}). Zwischen beiden liegt der *kritische* Wassergehalt (r_k) als interpolierter Grenzwert, d. h., man wird im allgemeinen nicht angeben können, daß dieser Wert eben erreicht ist, sondern nur, daß er eben unter- bzw. überschritten wurde. Es gilt demgemäß $r_{gef} > r_k > r_{zul}$. Die Höhe all dieser Werte hängt etwas von der Temperatur ab, sie gelten also strenggenommen nur für die Temperatur, bei welcher die betreffende Sorptionsisotherme aufgenommen wurde und bei welcher die Lagerversuche stattfanden. Nicht selten sind diese *zeitabhängig*, d. h., sie liegen bei langen Lagerzeiten niedriger als bei kurzen. *Optimal* ist derjenige kritische Wassergehalt, bei dem die längste Haltbarkeitszeit erzielt wird*. Dies muß aber nicht der *wirtschaftlichste* Wassergehalt sein; bei diesem darf in der zu erwartenden Umlaufzeit der kritische Wassergehalt nicht überschritten werden. Es ist erstaunlich, daß die Wassergehalts/Zeit-Toleranz den Beobachtungen bisher entgangen ist, obwohl die völlig verschiedene Haltbarkeit rezepturmäßig vergleichbarer Erzeugnisse wie Frischbrot und Knäckebrot dies nahelegt. Jedenfalls sind hieraus nie in aller Systematik Folgerungen gezogen worden, obwohl die Überwindung einer diesbezüglichen Empirie bei vielen Lebensmitteln eine Wirtschaftlichkeitsfrage ersten Ranges vorstellt.

SALWIN[1] meinte, daß der berechnete Wassergehalt beim a_1-Punkt, also im Bereich monomolekularer Belegung (mit einigen Ausnahmen, wo der empfohlene Wassergehalt niedriger liegt), eine besonders gute Lagerstabilität vieler Trockengüter sichere, und zwar offensichtlich gleichzeitig das Minimum des Tolerierbaren (Verhinderung der Oxydation) und das Maximum des zulässigen Wassergehaltes (Bräunung, Hydrolyse) repräsentiere. Bei geringerer als monomolekularer Belegung nimmt die Sauerstoffaufnahme des Gutes stark zu[14], wogegen eine monomolekulare Schicht vor der Einwirkung von Sauerstoff schützt[1]. Diese Hypothese ist einleuchtend, stellt aber auf Grund des eingangs Gesagten offensichtlich eine zu weitgehende Vereinfachung dar, vor allem auch, weil die Adsorption von Wasser durch polare Bereiche der Proteine etwas anderes vorstellt als eine unspezifische Adsorption inerter Gase an der Oberfläche. Der a_1-Punkt stellt in solchen Fällen bestenfalls einen empirischen „*Orientierungspunkt*" für eine mögliche abiotische Empfindlichkeit von Trockenlebensmitteln vor. Weiterhin erklärt diese Hypothese weder, wieso der kritische Wert unter dem a_1-Punkt liegen, noch, wieso er sich

---

[14] SIDWELL, C. G., H. SALWIN u. R. B. KOCH: The molecular oxygen content of dehydrated foods. J. Food Sci. 27 (1962) S. 255–261.

* Das Wort „optimal" muß stets mit der Angabe verbunden werden, worauf es sich bezieht. Es gibt nämlich bei Trockenobst einen optimalen Wassergehalt für den unmittelbaren Verzehr, bei Trockengemüse einen, bei dem der Feingutanteil beim Pressen am kleinsten wird, u. dgl. Für die optimale Haltbarkeitszeit muß zudem definiert werden, auf welche sensorische Beobachtung sich diese stützt.

abhängig von der Lagerzeit weiter nach unten verschieben kann. MALONEY[15] glaubt, daß die Schutzwirkung, die Wasser in dem Modell Methyllinoleat auf mikrokristalliner Cellulose auf die Autoxydation bis zu Gleichgewichtsfeuchtigkeit von 50% ausübt, eventuell auf die Bildung von Wasserstoffbrücken mit Hydroperoxiden zurückzuführen sein könnte, welche den bimolekularen Zerfall hemmen. Im übrigen war die Schutzwirkung von Wasser auch noch bei niedrigeren Wassergehalten festzustellen, als dem a_1-Wert dieses Modells entsprach[15]. Wie LABUZA[16] an dem gleichen mit Metallsalzen versetzten Modellsystem zeigen konnte, wirkt Wasser auch auf die durch Schwermetalle katalysierte Oxydation hemmend. Es wird angenommen, daß die Inhibitorwirkung auf einer Hydratation der Koordinationsstellen des Metallions beruht. In einer späteren Arbeit[17] mit gefriergetrocknetem Salm wurde die Schutzwirkung von Wasser und ihre Unabhängigkeit vom a_1-Punkt bestätigt. DUCKWORTH[18] hat dagegen unter Verwendung von markierter Glucose festgestellt, daß bei getrocknetem Schellfisch unter 6,3 g W/100 g TS keine Flüssigkeitswanderung mehr auftritt, der a_1-Punkt aber bei 4,9 g W/100 g TS lag. Ähnliche Unterschiede wurden auch bei Kartoffeln festgestellt, d.h., daß generell die Beweglichkeit gelöster Stoffe knapp über dem a_1-Punkt aufhören kann. In Zahlentafel 1 sind einige aus der Literatur entnommene a_1-Punkte[18,19] aufgeführt. Auch bei gleichartigen Produkten zeigt der a_1-Wert Abweichungen.

Zahlentafel 1. a_1-*Punkte* [g W/100 g TS]

Erbsen	3,64	Fisch	4,92 bis 5,0
Bohnen	4,21	Hühnchen	5,48
Rhabarber	5,71	Eiweiß	6,78
Erdbeeren	4,78	Eialbumin	5,0 bis 6,15
Himbeeren	2,14	Gelatine	8,73
Limabohnen	5,37	Trockenvollmilch	1,2 bis 1,97
Kartoffeln	5,1 bis 7,8	Instantmilch	5,7
Stärke	5,68	Trockenkäse	5,4
Kartoffelstärke	6,58; 7,92	Kakao	3,9
Fleisch	6,19; 4,0 bis 5,0	Kaffee	8,3

[15] MALONEY, J. F., et al.: Autoxidation of methyl linoleate in freeze-dried model systems. 1. Effect of water on the autocatalyzed oxidation. J. Food Sci. 31 (1966) S. 878–883.

[16] LABUZA, T. P., et al.: Autoxidation of methyl linoleate in freeze-dried model systems. 2. Effect of water on cobalt catalyzed oxidation. J. Food Sci. 31 (1966) S. 885.

[17] MARTINEZ, F., u. T. P. LABUZA: The rate of deterioration of freeze-dried salmon as a function of relative humidity, Vortragsmanuskript. 1967.

[18] DUCKWORTH, R. B., u. G. M. SMITH: Diffusion of solutes at low moisture levels. Rec. Adv. Food Sci. 3, London: Butterworths 1963, S. 230–237. – DUCKWORTH, R. B., u. G. M. SMITH: The environment for chemical change in dried and frozen foods. Proc. Nutrit. Soc. 22 (1963) S. 182.

[19] MAKINO, T., u. T. SONE: On hygroscopicity of dehydrated powdered food (private Mitteilung aus der Snow Brand Milk Products Co. Ltd. Shinagawa, Tokio).

Maßgeblich für die auftretenden Veränderungen ist stets der *Wassergehalt*, ausgenommen die Fälle, wo die Verhältnisse innerhalb intakter Membranen vom osmotischen Druck abhängen, vor allem der mikrobiologische Verderb und damit gekoppelte Enzymwirkungen. Der osmotische Druck π hängt mit der Gleichgewichtsfeuchtigkeit bei gegebener Temperatur zusammen durch die Beziehung:

$$\pi = \frac{\varrho_F}{\varrho_D} \cdot p_0 \left(\frac{1}{\varphi_D} - 1\right),$$

wobei ϱ_F Dichte des Lösungsmittels im flüssigen Zustand, ϱ_D Dichte des Lösungsmittels bei gegebener Temperatur im dampfförmigen Zustand (φ in Bruchteilen von 1), p_0 Normaldruck.

Da Veränderungen, die vom Wassergehalt abhängen, oftmals mit mikrobiologischen Veränderungen gemischt auftreten und da die Partialdruckdifferenz zwischen Umgebungsfeuchtigkeit und Gleichgewichtsfeuchtigkeit über dem Gut für Ausmaß und Geschwindigkeit des möglichen Stoffaustausches zwischen Außenatmosphäre und verpacktem Gut und letztere auch innerhalb des Gutes (falls dieses z. B. aus mehreren Komponenten besteht) entscheidend ist sowie weil eine Raumfeuchtigkeit für Prüfzwecke leichter einzustellen ist als ein Wassergehalt, hat es sich eingeführt, die *Gleichgewichtsfeuchtigkeit* bei konstanter Temperatur ganz allgemein als Vergleichsgröße einzuführen.

a) Mikrobiologische Veränderungen

Nach MOSSEL und INGRAM[20] liegen die niedrigsten Wachstumsgrenzen von Mikroorganismen bei folgenden Gleichgewichtsfeuchtigkeiten:

95 bis 91% für die meisten Bakterien (Cl. botulinum
    Type A: 95%; Type B: 94%; Type E: 97%)[20a],
88% für die meisten Hefen,
80% für die meisten Schimmelpilze,
75% für halophile Bakterien,
70% für osmophile Hefen,
65% für xerophile Schimmelpilze.

Manche Gewürze, wie Nelken und Pfeffer, enthalten natürliche fungizid wirkende Stoffe, weshalb sie erst bei erhöhten Feuchtigkeiten mikrobiologisch verderben. Von 10 Micrococcus-Arten, die aus Meersalz isoliert wurden und in salzfreiem Medium wachsen konnten, wuchsen 6

---

[20] MOSSEL, D. A. A., u. M. INGRAM: J. Appl. Bact. 18 (1955) S. 232.
[20a] OHYE, D. F., u. J. H. B. CHRISTIAN: 5th Int. Symp. Food Microbiol., 1966. Es scheint, daß zum Auskeimen von Sporen eine höhere Gleichgewichtsfeuchtigkeit notwendig ist als für das vegetative Wachstum.

in einer gesättigten Kochsalzlösung ($\varphi = 75\%$), 2 in einer 20%igen ($\varphi = 86\%$) und 2 in einer 10%igen Lösung ($\varphi = 93\%$)[21]. Auf Grund der Kenntnis des Zusammenhanges zwischen Konzentration und Gleichgewichtsfeuchtigkeit einer Lösung (vgl. das spätere Bild 7) läßt sich aussagen, daß eine Bakterienart, die ihre Wachstumsgrenze bei z.B. 94% relativer Feuchtigkeit erreicht, in einer 9- bis 10%igen Salzlösung, einer 37%igen Dextroselösung bzw. einer 49%igen Saccharoselösung nicht mehr wachsen kann*.

Unter aeroben Bedingungen lag die untere Wachstumsgrenze bei Staphylococcus aureus zwischen 85 und 88%, unter anaeroben lag sie aber höher, etwa bei 90%[21]. Es scheint aber nicht, daß diese Feststellung generell gilt, auch nicht für verwandte Arten[22]. Grampositive Bakterien tolerieren üblicherweise niedrigere Gleichgewichtsfeuchtigkeiten als gramnegative. In Bild 5 ist bei 30°C der Zusammenhang zwischen der mittleren Wachstumsgeschwindigkeit von Staphylococcus aureus und der relativen Feuchtigkeit dargestellt[21]. Es ergibt sich daraus, daß im Bereich der unteren Wachstumsgrenze die Wachstumsgeschwindigkeit sehr gering ist. Ähnlich liegen nach Untersuchungen im Institut die Verhältnisse bei Schimmelpilzen[23], lediglich, daß z.B. bei Aspergillus niger das Wachstumsoptimum bei etwa 90% liegt und bei $\varphi \geq 98\%$ das Wachstum Null wird. Die niedrige Wachs-

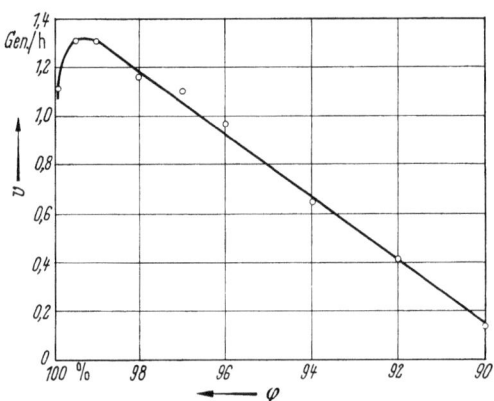

Bild 5. Zusammenhang zwischen der mittleren Wachstumsrate (in Generationen je Stunde) und der relativen Gleichgewichtsfeuchtigkeit von 14 Stämmen von Staphylococcus aureus (nach Scott)

---

[21] Vgl. auch BAIN, N., W. HODGKISS u. J. M. SHEWAN: The bacteriology of salt used in fish curing. 2nd Int. Symp. Food Microbiol. Cambridge, London: HMSO 1959, S. 1. — CHRISTIAN, J. H. B., u. J. A. WALTHO: J. Appl. Bact. 25 (1962) S. 369–377. — SCOTT, W. J.: Water relations of Staphylococcus aureus at 30°C. Aust. J. Biol. Sci. 6 (1953) S. 549.
[22] WODZINSKI, R. J., u. W. C. FRAZIER: Moisture requirements of bacteria. J. Bact. 81 (1961) S. 409–415.
[23] KAESS, G.: Über die Haltbarkeit und Verpackung einiger Süßwaren. Dtsch. Lebensm.-Rdsch. 45 (1949) S. 29–40 (Abb. 7-8).
* Bei Halophilen darf aber nicht immer von der zulässigen Gleichgewichtsfeuchtigkeit auf den begrenzenden Salzgehalt geschlossen werden, d.h. es können auch noch spezifische Nebeneffekte wirksam sein.

tumsrate sowie die verlängerte latente Phase im niedrigen Bereich hätten gemäß Bild 6 (Kurve 5) zur Folge, daß die Gleichgewichtsfeuchtigkeit hier ruhig 81% sein dürfte, falls die Umschlagszeit 4 Wochen nicht überschreitet[23]. Man hat hierauf beispielsweise Rücksicht zu nehmen, wenn man Frischgebäcke dampfdicht verpackt oder aber mit einem Schokoladenguß versieht (Baumkuchen, Schokoladenmakronen) und nicht schnell genug umschlägt. Ist für die notwendige Umschlagszeit die Gleichgewichtsfeuchtigkeit des Inhalts nicht tief genug, dann ist das Auftreten von Schimmelpilzen – oder je nach Milieu bei höheren Feuchtigkeiten auch von Hefen – unvermeidlich.

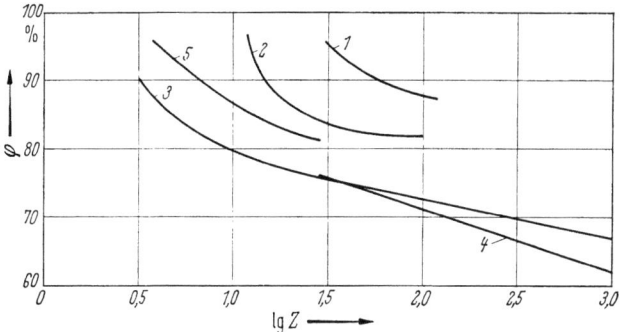

Bild 6. Untere Grenze des Schimmelpilzwachstums auf Lebensmitteln, abhängig von der Lagerzeit. Keimzeiten (Z) in Tagen: 1 Mehl bei 5°C [24]; 2 Mehl bei 20°C[24]; 3 Haferflocken bei Raumtemperatur[24]; 4 getrockneter Dorsch bei 20°C[25]; 5 Penicillium-Stamm auf Trockenweißkraut bei 20°C (nach Ermittlungen im Institut)[23]

Der Pilz, der bei sinkenden Gleichgewichtsfeuchtigkeiten zuletzt das Feld behauptet, ist üblicherweise immer Aspergillus glaucus; da die Zeitabhängigkeit stets in die praktischen Überlegungen eingeht, gibt es bei einem gegebenen Nährsubstrat nur eine zulässige Feuchtigkeit, bezogen auf einen bestimmten Zeitabschnitt. Obwohl die Umgebungsfeuchtigkeit eines Frischgebäcks häufig viel höher liegt als die untere Grenze des Schimmelpilzwachstums, ist dieses mikrobiologisch unter anderem deshalb nicht gefährdet, weil es innerhalb der Latenzperiode des Schimmelpilzwachstums längst altbacken geworden wäre. Wenn man aber dampfdicht verpackten Pumpernickel unsteril längere Zeit lagert, ist plötzlich der mikrobiologische Verderb begrenzender Faktor

---

[24] BARTON-WRIGHT, E. C., u. R. G. TOMKINS: The moisture content and growth of mould in flour, bran and middlings. Cereal Chem. 17 (1940) S. 323–342. – SNOW, D., M. H. G. CRICHTON u. N. C. WRIGHT: Mould deterioration of feeding stuffs in relation to humidity of storage. Ann. Appl. Biol. 31 (1944) S. 102–106, 111–116.
[25] SHEWAN, J. M.: The bacteriology of dehydrated fish. II. The effect of storage conditions on the bacterial flora. J. Hyg. 51 (1953) S. 347–358.

geworden, falls man ihn aber offen lagert, das Rissig- und Trockenwerden. Dies verdeutlicht den ,,Wettlauf" zwischen Verschimmeln bei hoher und Austrocknen bei niedriger relativer Feuchtigkeit bei feuchteren Gütern. Der Gesichtspunkt der Zeitabhängigkeit der mikrobiologisch zulässigen Gleichgewichtsfeuchtigkeit wird häufig übersehen. Er spielt beispielsweise eine entscheidende Rolle bei der Toxinbildung durch Clostridium botulinum, die bei bestimmten Salzgehalten und Kühltemperaturen während bestimmter Zeiten vermieden werden kann.

Man hat bei Trockengütern zu bedenken, daß mit sinkender Gleichgewichtsfeuchtigkeit die Zahl der Schimmelpilzarten, die wachsen können, sinkt, daß auch die Zahl der Sporen des gleichen Schimmelpilzstammes, die auskeimen, kleiner wird, wobei abgesehen vom Einfluß der Temperatur auch Milieueinflüsse* und in hohem Maße statistische Faktoren (Zahl und Art der Mikroorganismen, welche das Gut befallen haben) hereinspielen. Da zudem die Dauer der latenten Phase und die Wachstumsgeschwindigkeit von der Gleichgewichtsfeuchtigkeit abhängen, ist es schwierig, für einen bestimmten Fall eine absolut sichere Grenze anzugeben (vgl. Bild 6). $\varphi = 65\%$ dürfte auch bei günstigstem Nährmedium für 2 bis 3 Jahre sicher sein, wäre aber für eine Lagerzeit von 6 bis 9 Monaten unnötig. In diesem Fall pflegen üblicherweise Gleichgewichtsfeuchtigkeiten von 72 bis 75% bei gemäßigtem Klima voll auszureichen. In diesem Sinne dürfen die Werte auf den Sorptionsisothermen lediglich als (relativ sichere) ,,*Markierungspunkte*" zur Vermeidung von mikrobiologischem Verderb verstanden werden.

In den bisherigen Überlegungen wurde lediglich der Einfluß der relativen Feuchtigkeit auf die Wachstumshemmung betrachtet. Bei relativen Feuchtigkeiten unterhalb der Wachstumsgrenze sterben vegetative Formen allmählich ab, Sporen werden davon praktisch nicht betroffen. Hefen sterben dabei viel langsamer ab als Bakterien. Die Absterbequote von gramnegativen Bakterien kann bei niedrigen Gleichgewichtsfeuchtigkeiten größer sein als bei hohen, und zwar offenbar beginnend, wenn das gebundene Wasser entzogen wurde, d.h. vom Feuchtigkeitsintervall 60 bis 70% ab, je nach Mikroorganismenart[26]. Im Vakuum starben aber die vegetativen Zellen aerober Arten um so rascher ab, je höher die Gleichgewichtsfeuchtigkeiten waren[27]. Bei der optimalen Wachstums-

---

[26] WEBB, S. J.: Bound water in biological integrity, Springfield, Ill.: C. C. Thomas Publ. 1965. Vgl. hierzu aber auch MURREL, W. G., und W. J. SCOTT: J. gen. Microbiol. 43 (1966) S. 411–425.

[27] SCOTT, W. J.: The effect of residual water on the survival of dried bacteria during storage. J. gen. Microbiol. 19 (1958) S. 624–633.

* Ungünstig wirken fehlende Nährstoffe und ein hoher Fettgehalt, andererseits weiß man, daß die Wachstumsgrenze von Schimmelpilzen auf Keimlingsteilchen etwas niedriger liegt als bei den übrigen Mehlbestandteilen.

temperatur für eine Mikroorganismenart werden ungünstigere Gleichgewichtsfeuchtigkeiten leichter ertragen. Auch bei ungünstigen pH-Werten verschiebt sich die Wachstumsgrenze nach höheren Gleichgewichtsfeuchtigkeiten.

Sonstige biologische Einflüsse. Die *Keimfähigkeit* von Samen wird bei niedrigen Wassergehalten besser bewahrt als bei höheren. Bei 20 °C und 8 % WG konnte eine 90 %ige Erhaltung der Keimfähigkeit von Getreidearten 6 Jahre lang erreicht werden, ausgenommen Roggen und eine bestimmte Hafersorte[28].

Milben entwickeln sich nicht mehr bei Wassergehalten von Mehl von $\leq 13\%$ und von Trockenpflaumen von 16 bis 17% (Gleichgewichtsfeuchtigkeit in beiden Fällen etwa 60%)[29]. Beim Trocknen tropischer Fische ist beobachtet worden, daß Dermestes maculatus sich im Gleichgewicht mit $\varphi < 55\%$ relativer Feuchtigkeit nicht mehr richtig vermehrte.

Bei gefriergetrockneten Pfirsichen wurde festgestellt, daß die Aktivität der Polyphenoloxydase bei 28 °C und Wassergehalten unter 3,4 % im Verlauf von 6 Monaten sehr viel langsamer abfällt als bei Wassergehalten von 5,4 und 12,7 %, die Peroxydaseaktivität aber bei gleichen Wassergehalten unvergleichlich schneller[30].

b) Physikalische und chemisch-physikalische Veränderungen

Durch Feuchtigkeitsaufnahme wird Lösen, Klumpen, Verlust der Rösche, Bildung von Hydraten verursacht, durch Feuchtigkeitsabgabe Auskristallisieren aus unterkühlten Schmelzen, Retrogradation der Stärke. Lösen und Kristallisieren hat mit dem a_1-Punkt nichts zu tun, sondern lediglich mit dem Verlauf der Sättigungskurve sowie mit dem Grenzflächenverhalten, das von der Übersättigung abhängt und von der Wahrscheinlichkeit, daß die Moleküle infolge der zu hohen Zähigkeit (geringen Selbstdiffusion) in das ihnen energetisch und räumlich gegebene Raumgitter einspringen. Bei zu geringer Übersättigung findet keine spontane Kristallisation statt. (Dieser sogenannte Oswald-Mierssche Bereich ist bei einer Kristallisation aus Lösungen wesentlich schmäler als beim Kristallisieren aus Schmelzen.) Da die Gleichgewichtsfeuchtig-

---

[28] BLACKITH, R. E., u. O. F. LUBATTI: Prolonged storage of cereals fumigated with methylbromide. J. Sci. Food Agric. 16 (1965) S. 455–457.

[29] KNÜLLE, W.: Untersuchungen über den Einfluß der Raumfeuchte, Temperatur und Lagerhöhe auf die Vermilbung. Z. angew. Ent. 52 (1965) S. 275.

[30] DRAUDT, H. N., u. I-YIH HUANG: Effect of moisture content of freeze-dried peaches and bananas on changes during storage related to oxydative and carbonylamin-browning. J. Agric. Food Chem. 14 (1966) S. 170–176. – Vgl. auch HUANG, I-YIH, u. H. N. DRAUDT: Effect of moisture on the accumulation of carbonylamine-browning intermediates in freeze-dried peaches during storage. Food Technol. 18 (1964) S. 1234–1236.

keit von Lösungen von der molaren Konzentration abhängt*, läßt sich aus Bild 7 ableiten, daß die Gleichgewichtsfeuchtigkeit einer Glucose- oder Fructoselösung gegebener Gewichtskonzentration (Molekulargewicht 180) niedriger liegt als die von Saccharose (342 g/mol); bei Dextrinen (aus Stärkesirup gewonnen) liegt sie höher als bei Saccharose. Dementsprechend liegt die Sorptionsisotherme für Saccharose niedriger als diejenige für Fructose bzw. Glucose, diejenige für Dextrin noch tiefer. Lösungen aus Saccharose benötigen demnach eine stärkere Eindickung als solche aus Invertzucker, um die gleiche osmotische Wirkung hervorzurufen (Zahlentafel 2). Infolge der unterschiedlichen Löslichkeiten erreicht man folgende untere Grenzwerte:

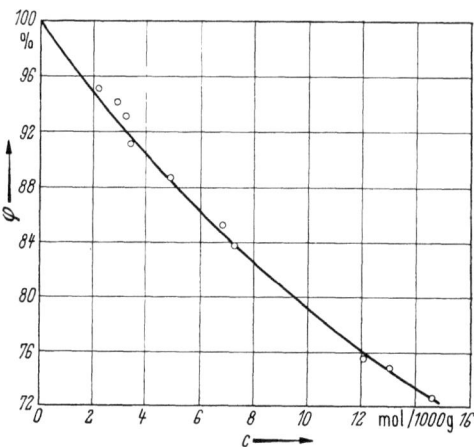

Bild 7. Gleichgewichtsfeuchtigkeiten von Zuckerlösungen (Mono- und Disaccharide) abhängig von der molaren Konzentration c (nach verschiedenen Messungen interpoliert; Molekulargewichte: Saccharose 342, Hexosen 180, Sorbit 182, Stärkesirup 60 bis 63 DE etwa 260; 40 bis 42 DE etwa 340; 30 bis 34 DE etwa 580)

Zahlentafel 2.
Gleichgewichtsfeuchtigkeit von gesättigten Zuckerlösungen bei 20°C

Zuckerart	Molare Löslichkeit [mol/1000 g H_2O]	Prozentuale Löslichkeit [g Zucker/100 g Lösung]	Gleichgewichtsfeuchtigkeit [%]
Saccharose	5,8	66,8	86,0
Dextrose	4,9	47,0	91,5
Invertzucker	9,3	62,6	82,0
Fructose	20,7	78,8	63,0
Saccharose + Invertzucker 1:1 (37,6%) Saccharose	12,85	75,2	71,5

* Nach MONEY, R. W., u. R. BORN: Equilibrium humidity of sugar solutions. J. Sci. Food Agric. 2 (1951) S. 180–185, wird die Gleichgewichtsfeuchtigkeit bei steigender Konzentration solcher Lösungen stärker verringert, als dies bei einer verdünnten Lösung nach dem Raoultschen Gesetz zu erwarten wäre [$\varphi = 100/(1 + 0{,}27 N)$, wobei N die Zahl der Mole des Gelösten, bezogen auf 100 g Wasser, bedeutet].

Die *Proteinveränderungen* als Folge des Wasserentzuges und der Konzentrierung der Restlösung, die sich in einer Verringerung der Wasserbindung auswirken, sind stets bei tierischen Geweben als Folge des Trocknens (auch des Gefriertrocknens) erheblich höher als infolge des Wasserentzuges beim Einfrieren. Wie RIEDEL[31] nachweisen konnte, ist Wasser unter 5 bis 10% im allgemeinen vollständig an Eiweiß oder an Kohlenhydrate gebunden.

In der nachfolgenden Übersicht sind einige der möglichen Mechanismen der Vernetzung zusammengestellt, die mit der Abnahme des Wasserbindungsvermögens verknüpft sind:

$$\text{Proteine (Actomyosin)} \xrightarrow[\substack{\text{Wasserstoffbrückenbil-}\\\text{dung, Salzbrücken}}]{\text{Entfernung von Wasser}} \text{vernetzte Proteinstruktur}$$

$$\text{Cellulose, Stärke} \xrightarrow[\substack{\text{Wasserstoffbrückenbil-}\\\text{dung}}]{\text{Entfernung von Wasser}} \text{Veränderung}^{31a} \text{ der Kristallinität, Zunahme der Vernetzung}$$

$$\text{Proteine} \xrightarrow[\text{hohe Salzkonz.}]{\text{Temperatur}} \text{Denaturierung} \xrightarrow{\substack{\text{Entfernung}\\\text{von Wasser}}} \text{vernetzte denaturierte Proteine}$$

$$\text{Protein + Zucker} \rightarrow \text{Bräunung, vernetzte Strukturen (Carbonylverbindungen)}$$

c) Chemische Veränderungen

Zu den chemischen Veränderungen gehören bei wasserarmen Lebensmitteln unter anderem: Proteinoxydation, Oxydation von Muskel- und Blutfarbstoffen und von phenolischen Substanzen (oxydative Bräunung), von Aromabestandteilen, Oxydation von Neutralfetten und von an die Zellstruktur gebundenen Fetten (Fettranzigkeit), nichtenzymatische Bräunung. Bräunungsreaktionen zwischen Carbonylgruppen von reduzierenden Zuckern bzw. Zuckerbruchstücken (Pentosen sind hierbei viel aktiver als Hexosen) und Aminogruppen aus Peptiden oder auch aus

---

[31] RIEDEL, L.: Zur Frage der Bindung des Wassers in tierischem Eiweiß. Naturwiss. 43 (1956) S. 514. – Kalorimetrische Untersuchungen über das Gefrieren von Fleisch. Kältetechn. 9 (1957) S. 38–40.
[31a] SCHIERBAUM, F., u. K. TÄUFEL: Zum Stand der Kenntnisse über die Wechselwirkungen zwischen nativer Stärke und Wasser. Ernährungsf. 7 (1962) S. 647 bis 679.

Phospholipiden, verbunden mit einer Abspaltung von CO_2 und Wasser und evtl. Sauerstoffaufnahme, sind bei wasserarmen Lebensmitteln häufig die dominierenden Veränderungen. Eine Verfärbung kann in fetthaltigen Lebensmitteln auch durch Reaktionen zwischen Carbonylverbindungen, die beim oxydativen Abbau von ungesättigten Fettsäuren entstanden sind, und Aminogruppen von Proteinen (Carbonyl-Amin-Bräunung, Kopplung zwischen Fettoxydation und Bräunungsreaktion) oder auch durch Bildung von Oxypolymeren der Fettanteile zustande kommen[17,31b]. Das Auftreten derartiger Reaktionsprodukte wird beispielsweise für das Braunwerden von ranzigem Speck bei der Lagerung verantwortlich gemacht[32]. Bräunungsreaktionen sind nicht die einzigen gekoppelten Reaktionen. Beispielsweise wurde festgestellt, daß das Denaturieren von mikrofibrillärem Protein mit der Bildung freier Fettsäuren (und dem pH-Wert) im Verlauf der Hydrolyse von Phospholipiden während der Gefrierlagerung von Fisch in Zusammenhang steht.

Bei Trockengemüsen wurde festgestellt, daß Dehydroascorbinsäure mit α-Aminosäuren stark bräunende Substanzen ergibt[33].

Bräunungsreaktionen nach Art der Maillard-Reaktion führen bei Proteinen zur Verringerung des Wasserbindungsvermögens; der Geschmack kann bitter bis toastartig, die Farbe dunkler bis braun werden. Es kommt durch Aktivierung des Zuckermoleküls zur Bildung ungesättigter, sehr reaktionsfähiger Zwischenprodukte, die sich unter Bräunung zu Makromolekülen vereinigen. Da aus einem Molekül Glucose im Zuge der Bräunung bis zu 3,5 Mol Wasser abgespalten werden können, wird der Wassergehalt auch bei dichtem Abschluß ansteigen. Da die Reaktionsgeschwindigkeit der nichtenzymatischen Bräunung mit steigendem Wassergehalt zunimmt, kann sich demnach die erwähnte Bildung von Wasser im Sinne einer Reaktionsbeschleunigung auswirken. (Dies gilt aber offenbar nur für ein bestimmtes Feuchtigkeitsintervall.) Zu berücksichtigen ist fernerhin, daß die Produkte der Bräunungsreaktion hygroskopischer sein können als die Ausgangsstoffe. Vorteilhaft kann sich an den Produkten der Bräunungsreaktionen lediglich auswirken, daß sie antioxydative Eigenschaften aufweisen können. Durch entsprechende Vorerhitzung der Milch wird diese Tatsache bei der Milchpulverher-

---

[31b] POKORNY, I.: Über die Bildung von Komplexverbindungen bei der Reaktion oxydierter Lipide mit Eiweißstoffen. Fette, Seifen, Anstrichmitt. 65 (1963) S. 278. – VENOLIA, A. W., u. A. L. TAPPEL: Brown coloured oxypolymers of unsaturated fats. J. Amer. Oil Chem. Soc. 35 (1958) S. 135.

[32] NARAYAN, K., et al.: Complex formation between oxidized lipids and egg albumin. J. Amer. Oil Chem. Soc. 41 (1964) S. 254–259.

[33] ENGL, R.: Einfluß des Blanchierens auf die Qualität und auf das Lagerverhalten von Trockengemüsen. I. Mitt. Industr. Obst- u. Gemüseverw. 50 (1965) S. 831–840. – II. u. III. Mitt. Dtsch. Lebensm.-Rdsch. 62 (1966) S. 170–175; 63 (1967) S. 35–40.

stellung ausgenutzt[34]. Die Bräunung von fettfreiem Trockenfleisch in Stickstoffatmosphäre zeigt ein Maximum bei einer Gleichgewichtsfeuchtigkeit $\varphi = 57\%$ (etwa 10% WG), sie verringert sich sowohl in der Richtung $\varphi = 38\%$ wie auch gegen $\varphi = 70\%$[35]. LEA und HANNAN[36] fanden in dem Modellsystem Casein + Glucose bei 37°C ein Maximum des Aminostickstoffverlustes bei $\varphi = 65$ bis 70% (etwa 15% WG), wogegen dort die Abdunklung der Farbe stetig mit dem Wassergehalt zunahm. Gemäß Bild 8 zeigt in diesem Feuchtigkeitsintervall (7 bis 8% WG bzw. bezogen auf den fettfreien Zustand 9 bis 10%) sowohl der Lysinverlust wie auch die Gelbfärbung von Vollmilchpulver ein Maximum[37]. Bei Volleipulver liegt das Maximum für die Salzwasserfluoreszenz bei $\varphi = 50$ bis 55% (5,5 bis 7,5% WG bzw. bezogen auf den fettfreien Zustand 8 bis 11%). Bei Kartoffelpulver ergab sich während des Trocknens ein Maximum der Bräunung zwischen 13 und 15% WG ($\varphi = 73\%$). Auch in Stickstoffatmosphäre gelagerte Aprikosen zeigten ein Bräunungsmaximum, und zwar im Intervall 6 bis 8% WG ($\varphi = 25$ bis 45%). Beim 10stündigen Erhitzen von Weizenvollkornmehl zeigte sich ein Maximum der Thiaminzerstörung im Intervall von 13% WG

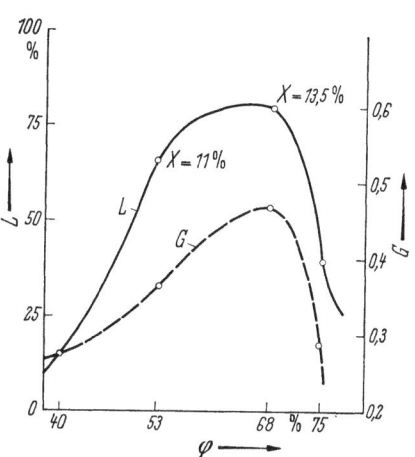

Bild 8. Lysinverlust (L) und Gelbfärbung (G) von Vollmilchpulver bei 40°C abhängig von der relativen Feuchtigkeit nach 10 Tagen (nach LONCIN)

(Gleichgewichtsfeuchtigkeit etwa 80%; bei 20°C entspräche dies etwa 64%), das durch Teilnahme des Vitamins B_1 an einer nichtenzymatischen

---

[34] Nach FINDLAY, J. D., J. A. B. SMITH u. C. H. LEA: The effect of the preheating temperatures on the bacterial count and storage life of whole milk powder. J. Dairy Res. 14 (1946) S. 378–399, steigt die Haltbarkeit von Trockenvollmilch, wenn eine Vorerhitzung auf 88 bis 93°C stattgefunden hat, auf das Doppelte bis Dreifache gegenüber einer Vorerhitzung auf 71 bis 77°C.
[35] SHARP, J. G.: Deterioration of dehydrated meat during storage I. J. Sci. Food Agric. 8 (1957) S. 14–20.
[36] LEA, C. H., u. R. S. HANNAN: Studies of the reaction between proteins and reducing sugars in the dry state I. Biochem. Biophys. Acta 3 (1949) S. 313–325.
[37] Vgl. LONCIN, M.: Influence de l'activité de l'eau sur les réactions chimiques et biochimiques, Vortrag beim 2. Europ. Symposium „Lebensmittel – Neuzeitl. Entwicklung in der Wärmebehandlung", Frankfurt a. M. 1965 (Dechema-Monographien Nr. 976–992), Weinheim: Verlag Chemie 1965, S. 193–205.

Bräunungsreaktion gedeutet wird[38]. Solche Maxima dürften sich daraus erklären, daß mit steigender Konzentration der Reaktionspartner zwar die Reaktionsgeschwindigkeit zunimmt, andererseits aber auch ein zusätzlicher Diffusionswiderstand in Erscheinung tritt. Deshalb können Konzentrate (beispielsweise Kaffee-Extrakte) lagerempfindlicher sein als Pulver. Bei sehr niedrigen Wassergehalten kommen die Bräunungsreaktionen wieder weitgehend zum Stillstand. Es wurde vermutet[1], daß zwischen dem a_1-Punkt und dem bezüglich nichtenzymatischer Bräunungserscheinungen zulässigen Wassergehalt ein Zusammenhang besteht, doch ist dieser zumindest nicht eindeutig, nachdem GÖRLING[39] folgende höchstzulässige Wassergehalte (in % des Naßgewichtes) im Institut bei Lagerung von Gemüse (das vor allem nichtenzymatischen Bräunungsreaktionen unterliegt) fand:

Zahlentafel 3a. *Zulässige Wassergehalte und zulässige Gleichgewichtsfeuchtigkeiten von Trockengemüsen bei 20°C (in %) und verschiedenen Lagerzeiten (in Luft)*

	1 Jahr		2 Jahre	
	WG	φ_{gl}	WG	φ_{gl}
Weißkohl	6,0	20	3,5	5
Wirsing	5,5	25	3,0	5
Rotkohl	6,5	30	4,0	5
Karotten	9,0	45 bis 50	nicht erreichbar	
Schnittbohnen	9,0	45	4,5	20 bis 30

Offenbar hängt die zulässige Grenze weitgehend vom Diffusionswiderstand zwischen den Reaktionspartnern ab. Ist dieser klein, dann sind auch sehr niedrige Wassergehalte nicht sicher*. In dieser Richtung

---

[38] HERRMANN, J., u. L. TUNGER: Zur thermischen Zerstörung von Thiamin in Abhängigkeit vom Feuchtigkeitsgehalt der Lebensmittel unter besonderer Berücksichtigung von Mehlprodukten. Nahrung 10 (1966) S. 705–712.

[39] GÖRLING, P.: Einfluß der Lagerbedingungen auf die Qualitätserhaltung von Trockenerzeugnissen. Industr. Obst- u. Gemüseverw. 47 (1962) S. 673–675.

* Die Erzielung sehr niedriger Wassergehalte ist beim Gefriertrocknen noch relativ einfach, bereitet aber bei Lufttrocknung Schwierigkeiten, weil hierzu die Trockenluft entsprechend vorbereitet werden muß und trotzdem der „Trocknungsschwanz" relativ lang wird. Man löst diese Aufgabe dadurch, daß man das weitgehend vorgetrocknete Erzeugnis durch Beigabe von gebranntem Kalk (4 g CaO je g zu entziehendes Wasser) in der Packung selbst fertigtrocknet. Wichtig ist, daß ein Gut niemals bei Wassergehalten im Bereich des Maximums der Bräunungsreaktion längere Zeit gelagert wird. Dieses Intervall muß stets rasch und bei möglichst tiefen Temperaturen durchschritten werden. Wie tief bei der Nachtrocknung die Lagertemperatur sein muß, hängt von der Empfindlichkeit des Trockengutes, der Lage des Maximums der Bräunungsreaktion, der Stückgröße und vom Diffusionswiderstand zwischen Gut und Trockenmittel ab. Generell ist der Temperaturkoeffizient des Wasserverlustes bei der Trocknung merklich geringer als der der Bräunung.

c) Chemische Veränderungen 21

dürfte die Beobachtung[40] liegen, daß bei Orangensaftkristallen die Bräunungsreaktionen erst bei 0,8% WG völlig ausbleiben (Bild 9). Bei Homogenisaten von Kabeljaumuskeln scheinen ähnliche Beobachtungen vorzuliegen[41]; bei Salm und Makrelen findet noch bei Wassergehalten unter 2% ein weiteres Denaturieren der Proteine statt[42]. Die Umwandlung von Chlorophyll zu Phaeophytin kommt aber schon bei höheren Wassergehalten zum Stillstand.

Da freie Fettsäuren schneller oxydieren als Triglyceride, kommt der Anwesenheit von Lipase große Bedeutung zu. ACKER und LÜCK[43] schließen aus eigenen Versuchen und aus denen von ROCKLAND[44], daß der *enzymatische Effekt* über dem Wendepunkt der Sorptionsisotherme beginnt, vorwiegend im mobilen Wasser, d. h. im Bereich der Kapillarkondensation.

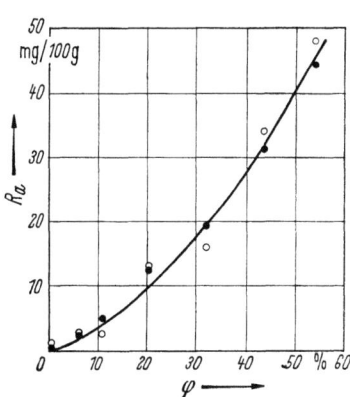

Bild 9. Geschwindigkeit des Ascorbinsäureabbaues R_a (in mg/100 g · Woche) in Orangensaftpulver abhängig von der relativen Feuchtigkeit (nach KAREL)
○ Lagerung im Vakuum;
● Lagerung in Luft

Anscheinend kann, so wie Lipase in Fleischerzeugnissen, Lipoxydase in einigen pflanzlichen Produkten und Polyphenolase in einigen Früchten bei < 3% WG noch wirksam sein[45]. Der begrenzende Faktor dürfte aber nach Untersuchungen im Institut nicht der a_1-Punkt sein; vielmehr ist entscheidend, ob neues Substrat an die Enzymmolekeln gelangt und keine Verarmung auftritt. Deshalb wird mit sinkendem Wassergehalt im Bereich aktiver Zentren (polare Gruppen der Seitenketten der Proteine) die lokalisierte Adsorption und Diffusion für das Reaktionsgeschehen mehr und mehr geschwindigkeitsbestimmend sein, womit die Art, Menge und Verteilung

---

[40] Vgl. GOLDBLITH, S. A.: Freeze dehydration of foods. Food Technol. 17 (1963) S. 22 (140).
[41] Vgl. LEA, C. H.: Proc. 2nd Int. Congress on Canned Foods, Paris, Oct. 1951.
[42] SCHWARZ, H. M., u. C. H. LEA: Biochem. J. 50 (1952) S. 713.
[43] ACKER, L., u. H. LÜCK: Über den Einfluß der Feuchtigkeit auf den Ablauf enzymatischer Reaktionen in wasserarmen Lebensmitteln. Z. Lebensm.-Unters. u. -Forsch. 110 (1959) S. 349.
[44] ROCKLAND, L. B.: Recent progress on the utilization of shelled walnuts. Food Res. 22 (1957) S. 604–628.
[45] KAREL, M.: Physical and chemical considerations in freeze-dehydrated foods in exploration in future food-processing techniques, Cambridge, Mass.: MIF Press 1963, S. 60.

des Trägermaterials Einfluß gewinnen[46], während es bei höheren Wassergehalten allein auf die Reaktionsgeschwindigkeit ankommt. Dies gilt nicht nur für den enzymatischen Abbau, sondern generell für chemische Veränderungen, und zwar überwiegt hierbei bei niedrigen Temperaturen und Wassergehalten der Einfluß der Diffusions-*, bei höheren Wassergehalten und Temperaturen der Einfluß der Reaktionsgeschwindigkeit. Dies könnte auch die Zeitabhängigkeit der zulässigen Wassergehalte gemäß Zahlentafel 3a erklären. Der Wassergehalt als integrale Größe ist aber auch – abgesehen von den verschiedenen Bindungskräften bei polaren bzw. apolaren Bausteinen – von zweifelhaftem Wert, weil er im Makro- gegenüber dem Mikrobereich abweichen wird. Man erkennt dies schon an dem relativ groben Modell einer Milchschokolade, bei der das Fett und die Saccharosekristalle kein Wasser enthalten, so daß das freie Wasser vorwiegend auf das Milcheiweiß und die Kakaorohfaser verteilt sein muß. Ausgleichen wird sich innerhalb verschiedener Komponenten stets der Wasserdampfpartialdruck, nicht der Wassergehalt. Zu bedenken ist, daß sich eine Abnahme des Feuchtigkeitsgehaltes auf die Aktivität gewebseigener und mikrobieller Enzyme (beispielsweise Lipasen) nicht in gleicher Weise auswirken muß; dies sowie der unterschiedliche Fettgehalt dürfte Unterschiede in der Empfindlichkeit verschiedener Getreidearten erklären[47]. Die Lipolyse im Feuchtigkeitsbereich weit unter der Wachstumsgrenze von Mikroorganismen verläuft nicht nur um so rascher, je höher die Gleichgewichtsfeuchtigkeit ist, sondern mit wachsender Feuchtigkeit steigt auch der erzielbare Grenzwert der lipolytischen Veränderungen. Im Gleichgewicht mit einer relativen Luftfeuchtigkeit bis 70% nähert sich der Säuregrad von Mahlprodukten einem Endwert (dessen Höhe vom Fettgehalt abhängt), während er bei der Wachstumsgrenze der Schimmelpilze etwa linear und bei 80% sogar exponentiell ansteigt[47]. Da die Lipasen auch in abgestorbenen Mikroorganismen wirksam sind, hängt die Lagerfähigkeit nicht selten von der hygienischen Arbeitsweise, d.h. von einem niedrigen Anfangskeimgehalt ab, auch wenn pasteurisiert (unter bestimmten Bedingungen sogar sterilisiert) wird. Geringfügig erscheinende Restaktivitäten können im Falle langer Lagerzeiten selbst bei niedrigen Temperaturen noch eine entscheidende Rolle spielen. Insbesondere ist damit zu rechnen, daß bei Wasserzugabe während der Zubereitung eines Trocken-

---

[46] PURR, A.: Der Ablauf chemischer Veränderungen in wasserarmen Lebensmitteln. I. Der enzymatische Abbau der Fette bei niedrigen Wasserdampfteildrücken. Fette, Seifen, Anstrichmitt. Ernährungsind. 68 (1966) S. 145–154.

[47] ACKER, L., u. E. LÜCK: Enzymatische Veränderungen in Getreideerzeugnissen in Abhängigkeit von der Feuchtigkeit. Getreide u. Mehl 9 (1959) S. 1–5. – Vgl. auch [157].

* Bei luftgetrockneten Lebensmitteln scheint der Diffusionskoeffizient exponentiell mit dem Wassergehalt zuzunehmen.

produktes die Enzymwirkung wieder energisch einsetzt. Hier herrscht eine Parallelität zu den Qualitätsveränderungen beim Auftauen von Gefriererzeugnissen, mit denen das Trockengut auch den Wasserentzug gemeinsam hat (wobei allerdings erstere den Vorzug besitzen, auch noch bei niedrigeren Temperaturen gelagert zu werden, bei letzteren aber der Wasserentzug weitgehender ist).

In Bild 10 ist der Zusammenhang zwischen Wassergehalt und Lagerzeit von Rohreis bis zur Erreichung einer bestimmten Fettsäurezahl dargestellt[48].

Bei *nicht* fetthaltigen Lebensmitteln ist mit einer Verlängerung der Haltbarkeitszeit zu rechnen, wenn der Wassergehalt möglichst tief gewählt wird; die Frage ist nur, ob ein relativ teurer „Trockenschwanz" im Hinblick auf die vorgesehene Lagerzeit nötig ist bzw. ob auf diese Weise die Gesamtkosten nicht höher werden als durch Wahl eines höheren Wassergehaltes mit häufigerer Erneuerung des Lagergutes.

Bei Lebensmitteln, welche einem oxydativen Verderb unterliegen, vor allem bei *fetthaltigen Gütern* kann deren Reaktionsgeschwindigkeit bei sehr niedrigen Wassergehalten höher werden, als

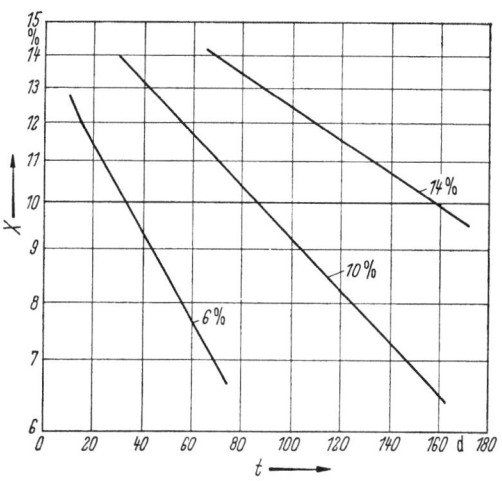

Bild 10. Haltbarkeit (in Tagen) von Reis mit verschiedenen Wassergehalten im Hinblick auf den Gehalt an sich bildenden freien Fettsäuren (6%, 10%, 14%) (nach HOUSTON u. KESTER)

bei etwas höheren Wassergehalten die Reaktionsgeschwindigkeit des hydrolytischen Verderbs war. Der hemmende Einfluß eines steigenden Wassergehaltes auf die Autoxydation wirkt sich in der ersten Oxydationsstufe aus, vor allem in der Periode, während der der Abbau der Hydroperoxide einer monomolekularen Reaktion folgt[15]. Es ist möglich, daß während des Trocknungsprozesses die Induktionsperiode der Fettoxydation bereits abgelaufen ist, so daß die Ranzigkeit im Trockenprodukt rascher fortschreitet als im Ausgangserzeugnis. Dabei ist zu bedenken, daß vom Gut aufgenommener Sauerstoff nur sehr schwer wieder zu entfernen ist. Dies bedeutet beispielsweise bei gefriergetrockneten Gütern, daß sich

---

[48] Vgl. HOUSTON, D. F., u. E. B. KESTER: Development of free fatty acids during storage of brown rice. Cereal Chem. 28 (1951) S. 232, 394. – Vgl. auch [132].

eine sauerstofffreie Lagerung je nach dem Grad der Empfindlichkeit nur dann ausreichend auswirkt, wenn sich das Verpacken unmittelbar an das Brechen des Vakuums mit Stickstoff anschließt. Anderenfalls können zu Beginn der Lagerung schon irreversible Veränderungen eingeleitet sein.

Kombinierte Effekte: Aus Bild 11 gewinnt man den Eindruck, daß beim a_1-Punkt die Summe der oxydativen und hydrolytischen Veränderungen ein Minimum bildet. Ob sich eine Art von Kettenlinie ergäbe, wenn man die geschmacklichen Veränderungen als Funktion des Wassergehaltes auftrüge, hängt von deren ,,Gewicht" ab. Schließlich ist es ja durchaus möglich, daß zwei Reaktionen zwar eine Abhängigkeit vom Wassergehalt aufweisen und trotzdem nur eine davon sensorisch in Erscheinung tritt. (Beispielsweise sollen die beim enzymatischen Abbau entstehenden Fettsäuren bei reinen Getreideprodukten nur wenig geschmackswirksam sein, solange er auf lipolytische Reaktionen beschränkt bleibt.) Immerhin nimmt mit sinkendem Wassergehalt die Möglichkeit zu, daß der oxydative Verderb der dominierende wird, weshalb man ihn durch Lagerung bei niedrigen Sauerstoffpartialdrücken zu hemmen sucht. Auch bei gleichzeitig möglichst weitgehender Entfernung des Sauerstoffs aus dem Binnenklima der Verpackung sind jedoch nicht alle Arten oxydativer Veränderungen unterbunden. So bleibt der Entzug von Wasserstoff und seine Übertragung beispielsweise auf chinoide Systeme unberührt. Weiterhin deutet die Entwicklung des braunen Metmyoglobins in Inertgaspackungen, die in einem Übergang des Häm (Fe^{2+}) in Hämin (Fe^{3+}) besteht, an, daß ein zweiter Oxydationsmechanismus wirksam wird, in dessen Verlauf es zu einer Elektronenübertragung auf bestimmte Elektronenacceptoren kommt. Manche aeroben Mikroorganismen sind in der Lage, sich bei Sauerstoffentzug anderer Wasserstoffacceptoren zu bedienen; sie können z. B. Nitrat zu Nitrit reduzieren. Man wird also stets bedenken müssen, welche Veränderungen im Einzelfall die Lagerfähigkeit begrenzen bzw. in der

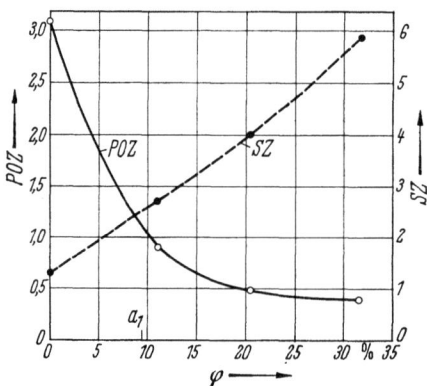

Bild 11. Einfluß der relativen Feuchtigkeit auf die Bildung von Peroxiden (POZ) und freien Fettsäuren (SZ) in rohem, gefriergetrocknetem Schweinefleisch nach einer 2wöchigen Lagerung bei 38 °C (nach SALWIN*)

---

* SALWIN, H.: Moisture levels required for stability in dehydrated foods. Activity Rep. 4 (1961) S. 196.

c) Chemische Veränderungen

üblichen Umlaufzeit stören, um dementsprechend die richtigen Gegenmaßnahmen treffen zu können. Bei solchen Überlegungen ist auch stets zu berücksichtigen, daß selbst beim gleichen Fett oder Öl je nach dem Gehalt an natürlichen Pro- und Antioxydantien, der Struktur des Lebensmittels bzw. dem Emulgierzustand des Fettes, dessen Empfindlichkeit abweichen kann. Beispielsweise ist das Kartoffelöl in Kartoffelpulver weit empfindlicher als im gemahlenen Trockengut, das aus ungekochten Kartoffeln hergestellt wurde. Mit steigendem Feinheitsgrad von Getreideerzeugnissen vergrößert sich nicht nur die spezifische Oberfläche, sondern es scheint auch ein stärkeres „Verschmieren" der Lipide über diese Oberfläche (Freisetzen von Einschlußverbindungen?) dabei eine Rolle zu spielen. Ganz generell ist das ganze Getreidekorn viel haltbarer als das daraus gewonnene Mehl, was entweder für einen Schutzmechanismus spricht, der beim Zerkleinern und damit bei Zerstörung der biologischen Ordnung aufgehoben wird, oder einfach dadurch zu erklären ist, daß bei unzerstörtem Zellgewebe sich die Hydrolyse auf die Substratanteile beschränkt, die in unmittelbarem Enzymkontakt stehen. Flocken und Granulate sind haltbarer als pulverförmige Lebensmittel. Gefriergetrocknetes Pfirsichpulver von sehr niedrigem Wassergehalt ist nicht wesentlich haltbarer als Dörrpfirsiche mit relativ hohem Wassergehalt. Dies beweist ebenfalls, daß die spezifische Oberfläche für die Geschwindigkeit der Stoffwanderung maßgeblich ist, was die hohe Empfindlichkeit gefriergetrockneter Erzeugnisse einerseits und die relative Unempfindlichkeit von Knäckebrot andererseits erklärt.

Selbst wenn bei Steigerung des Wassergehaltes auf den Wert, der dem a_1-Punkt entspricht, die Autoxydation entscheidend gehemmt würde, wäre es keineswegs sicher, ob nicht schon bei niedrigeren Wassergehalten längst Bräunungsreaktionen, die Oxydation von Hämfarbstoffen, hydrolytische Veränderungen oder was sonst für die Qualitätsveränderung des betreffenden Erzeugnisses charakteristisch sein mag, sich qualitativ auszuwirken beginnen. Eigene Versuche mit Milchpulver[49] machen dies wahrscheinlich. An anderer Stelle[17] wurde festgestellt, daß Produkte der Autoxydation von Lipiden auch bei sehr niedrigen Wassergehalten mit Aminogruppen der Proteine reagieren, und CO_2 und Bräunungsstoffe bilden. Mit zunehmender Autoxydation bilden sich damit auch Antioxydantien, womit die Autoxydation (mit steigendem Wassergehalt zunehmend) gehemmt wird.

Verallgemeinernd läßt sich eigentlich nur sagen, daß, wenn oxydative

---

[49] PURR, A., u. R. HEISS: Untersuchungen über den Einfluß der relativen Luftfeuchtigkeit auf die chemischen Vorgänge während der Lagerung von Vollmilchschokoladen und von den bei ihrer Herstellung verwendeten Walzen- und Sprühvollmilchpulvern. Fette, Seifen, Anstrichmitt. I. Ernährungsind. 65 (1963) S. 1018–1022.

und nichtoxydative Veränderungen gleichzeitig eine Qualitätsabwertung bewirken, man durch Senkung des Sauerstoffpartialdrucks auf sehr niedrige Werte häufig in der Lage ist, solche Trockenlebensmittel mit niedrigeren Wassergehalten einzulagern als bei Lagerung in Luft und damit eine längere Haltbarkeit erreichen kann. Lediglich bei oxydativ weniger empfindlichen Trockengütern (beispielsweise Magermilchpulver) ist diese auch ohne Inertgasatmosphäre erreichbar. Bei höheren Wassergehalten lohnt verständlicherweise eine Stickstofflagerung im allgemeinen nicht, weil die oxydativen Veränderungen bei dunkler Lagerung nur noch selten die begrenzenden Faktoren für die Haltbarkeitszeit bilden.

Praktische Schlußfolgerungen: Stets sollte bedacht werden, daß bei der Lagerung eines Lebensmittels bei gegebener Temperatur in einer gegebenen Zeit je nach Art und Ausmaß der sich überhaupt abspielenden Reaktionsmechanismen ganz bestimmte Wassergehalte (beispielsweise für die Geschmackserhaltung) optimal und andere ganz besonders ungünstig sein werden. Da sowohl die Geschwindigkeit der Einzelreaktionen abweicht, wie auch die geschmackliche Wirksamkeit der Anhäufung bestimmter Reaktionsprodukte unterschiedlich ist, können bei stark veränderten Lagerzeiten andere Reaktionen dominierend werden als bei kurzen, d.h., es kann sich auch der optimale Wassergehalt verändern. Inaktiviert man Enzyme, können sich die geschmacklichen Veränderungen verlangsamen, was beweist, daß der enzymatische Einfluß größer war als beispielsweise der der Autoxydation; erst damit wird es lohnend, die autoxydativen Veränderungen anzugehen. Bei gefriergetrockneten Bananen herrschen bei 10% WG Veränderungen vor, die durch Polyphenoloxydasen hervorgerufen werden, bei 5 bis 8% nichtenzymatische Bräunungsreaktionen. Da die einzelnen Reaktionen bei gleichem Wassergehalt unterschiedliche Geschwindigkeits/Temperatur-Beziehungen aufweisen, können Reaktionen, die bei einer Temperatur entscheidend sind, bei einer anderen unbedeutend werden und umgekehrt (vgl. hierzu auch [185]).

Weiterhin ist zu bedenken, daß außer den Geschmacksveränderungen auch Farb-, Konsistenzveränderungen, Abbau von Wirkstoffen usw. erfolgen können. Nichtenzymatische Bräunungsreaktionen und enzymatische Veränderungen lassen unterschiedliche Abhängigkeiten vom Wassergehalt erwarten; außerdem müssen sie nicht gleich wichtig sein. Ebenso dürfte in einem Tomatenpulver die Veränderung des Vitamin-C-Gehaltes während der Lagerung nur wenig stören, weil dieses Erzeugnis keine wichtige Vitamin-C-Quelle vorstellt*. Andererseits wäre hierbei

---
* Zum Beispiel bei Kartoffeln und Kohl könnte aber dieser Gesichtspunkt Bedeutung erhalten, ebenso bei Maiskorn der Einfluß des Wassergehaltes auf die Carotinerhaltung[146].

eine Farbveränderung mindestens ebenso verkaufsschädigend wie eine Geschmacksverschiebung. Man wird deshalb stets diejenige Eigenschaft als maßgebend für den kritischen Wassergehalt bezeichnen, deren Veränderung zuerst zu einer merklichen Verringerung der Verkaufseignung bei der betreffenden Temperatur führt. Meist ist dies der Geschmack; es gibt aber auch Fälle, wo die Farbveränderung zuerst oder zumindest gleichzeitig eintritt, z.B. bei getrockneten Zwiebeln.

Im ganzen ergibt sich, daß abhängig vom Wassergehalt bzw. von der Gleichgewichtsfeuchtigkeit eines Lebensmittels, welches Fett, Kohlenhydrate und Proteine enthält und dessen Mikroorganismen und Enzyme nicht abgetötet wurden, eine Vielzahl nebeneinander wirkender sowie ineinandergreifender – also voneinander nicht unabhängiger – chemischer, mikrobiologischer und physikalischer Vorgänge ablaufen, die unterschiedlich wahrscheinlich und verschieden einschneidend sind: bei hohen relativen Feuchtigkeiten mikrobiologischer Verderb – dabei handelt es sich fast immer um einen totalen und relativ raschen Verderb –, dann enzymatischer Verderb und Bräunungsreaktionen sowie bei sehr viel niedrigeren Wassergehalten oxydativer Verderb. Die Bräunungsreaktionen zeigen abhängig vom Wassergehalt ein Maximum, die oxydativen Veränderungen nehmen im allgemeinen mit sinkendem Wassergehalt zu. Welche dieser Veränderungen zuerst zur Geltung kommt – welcher Wassergehalt also kritisch ist –, ist guts-, fabrikations-, feuchtigkeits- und zeitabhängig sowie davon abhängig, wie stark die Reaktionsprodukte sensorisch in Erscheinung treten. *Verallgemeinernd* läßt sich lediglich sagen, daß die jeweils dominierende Veränderung Zug um Zug auf spezifische Weise bekämpft werden muß, daß bei sauerstofffreier Lagerung die oxydativen Veränderungen weitgehend entfallen* sowie daß der abiotische Verderb im „mikrobiologischen Bereich" (Gleichgewichtsfeuchtigkeiten über 70 bis 73%) nicht mehr zu dominieren pflegt, solange sterilisiert und steril verpackt wurde, daß zu Bräunungsreaktionen neigende Erzeugnisse niemals bei einem Wassergehalt gelagert werden dürfen, bei dem diese Reaktion ein Maximum zeigt, sowie daß es bezüglich der Lagerfähigkeit empfehlenswert ist, ein wasserarmes Lebensmittel auf einen möglichst niedrigen Wassergehalt einzustellen (und gegebenenfalls sauerstofffrei zu lagern). Ob dies freilich im Einzelfall nötig und wirtschaftlich ist, ist eine andere Frage. Welche unheilvollen Folgen auf diesem Gebiet laienhafte Vorstellungen haben können, demonstriert die Qualität von Trockengemüsen im zweiten Weltkrieg: Die maßgeblichen Stellen vertraten damals die Ansicht, daß der für Mehl zulässige Wassergehalt allgemein anwendbar sei. Damit ergab sich, daß man Trockengemüse in der gleichen Sackart wie Mehl verpackte und den langen Trocken-

---

* Es ist auch beobachtet worden, daß Bräunungsreaktionen in Stickstoffatmosphäre langsamer ablaufen.

schwanz sparte. (Mit ähnlichen Begriffsverwirrungen muß man immer wieder rechnen.) Trockengemüse ist aber im Gegensatz zu Mehl mikrobiologisch wenig gefährdet, wohl aber durch nichtenzymatische Bräunungsreaktionen, die schon in einem weit tieferen Feuchtigkeitsintervall beginnen und seinerzeit die Ursache für eine tabakartige Qualität großer Trockengemüsemengen bildeten.

3. Die praktische Bedeutung der Sorptionsisotherme und des kritischen Wassergehaltes

Um die *Trocknung* eines Gutes auf einen bestimmten Endwassergehalt durchführen zu können, muß der Dampfteildruck der Luft (bzw. die relative Feuchtigkeit) kleiner sein als die aus der Sorptionsisotherme des Gutes für die entsprechende Temperatur für den Endwassergehalt zu entnehmende Gleichgewichtsfeuchtigkeit (Bild 12). Wenn einesteils der kritische Wassergehalt (X_K) des Gutes bekannt ist, der bei der Trocknung zur Erzielung einer ausreichenden Lagerzeit unterschritten werden muß, und man andererseits weiß, welche Trocknungstemperatur (ϑ_K) bei dem betreffenden Gut keinesfalls überschritten werden darf, kann man auf der Sorptionsisotherme für diese Temperatur ϑ_K die zu X_K gehörige Gleichgewichtsfeuchtigkeit φ_K ablesen (● entspricht p_{D_K}, dem Wasserdampfpartialdruck bei der Trocknungstemperatur ϑ_K). Frei wählbar ist lediglich die relative Feuchtigkeit der Trockenluft bzw. ihr Taupunkt. Liegen diese z. B. durch Vortrocknung der Luft entsprechend tief, dann steht ein relativ großes „Trockenpotential" $\varDelta p_D = p_{D_K} - p_{D_L}$ zur Verfügung. Verwendet man aber Umgebungsluft, die zufällig warm und feucht ist, und liegt zudem ϑ_K bei dem betreffenden Gut niedrig, dann wird unter Umständen $\varDelta p_D$ Null oder sogar negativ, d.h., der erwünschte Endwassergehalt ist bei der

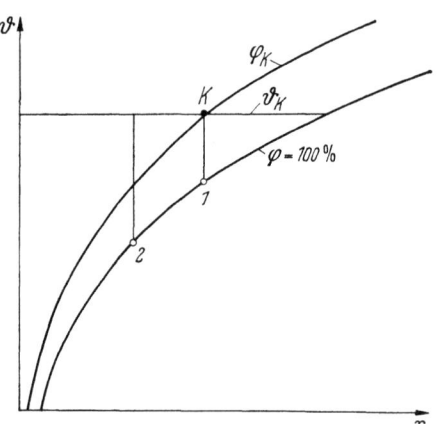

Bild 12. Ausschnitt aus einem vereinfachten i/x-Diagramm für feuchte Luft (x absoluter Feuchtigkeitsgehalt der Luft): Notwendige Gleichgewichtsfeuchtigkeit φ_K (bzw. Gleichgewichtsdampfdruck p_{D_K}) entsprechend der Sorptionsisotherme des Trockengutes für die noch zulässige höchste Trocknungstemperatur ϑ_K. (Hätte die zum Trocknen verwendete Luft mit der Temperatur ϑ_K und dem Wasserdampfteildruck p_{D_L} den Taupunkt 1, dann wäre $p_{D_K} - p_{D_{L_1}} = 0$. Bei Luft mit dem Taupunkt 2 wäre dagegen $p_D = p_{D_K} - p_{D_{L_2}}$; vgl. Text)

zulässigen Trocknungstemperatur überhaupt nicht erreichbar. Man muß also abhängig von der Jahreszeit überprüfen, ob man bei der noch zulässigen Trocknungstemperatur ϑ_K den erforderlichen Endwassergehalt mit einem Gut vorgegebener Sorptionsisotherme in tragbaren Trocknungszeiten mit Frischluft erreichen kann oder nicht. Wenn sowohl die Gleichgewichtsfeuchtigkeit am Ende der Trocknung φ_K wie auch die kritische Trocknungstemperatur ϑ_K niedrig liegen, ist diese Forderung schwierig zu erfüllen. Da – wie bereits erwähnt wurde – Bräunungsreaktionen bei einem relativ niedrigen Wassergehalt ein Maximum aufzuweisen pflegen, muß dieses Intervall *rasch* durchschritten werden, was dadurch erreicht werden kann, daß man bei Lufttrocknung mit niedrigen Temperaturen, aber möglichst hohem Partialdruckunterschied, also mit stark vorgetrockneter Luft arbeitet oder noch besser die Endtrocknung im Vakuum durchführt sowie eine Gutsteilung in sehr dünne Schichten, Gutsumwälzung u. dgl. vornimmt[50]. Als letzte Möglichkeit bleibt, in die gefüllte Packung zwecks Nachtrocknung Trockenmittel einzulegen[51] (vgl. S. 20).

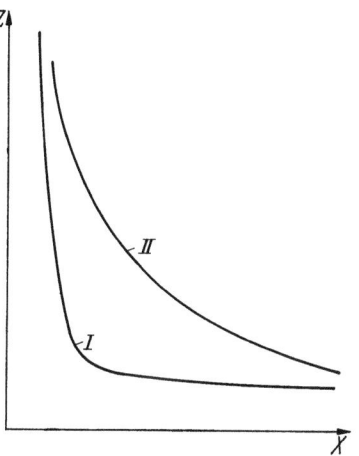

Bild 13. Haltbarkeitszeit Z, abhängig vom Wassergehalt. *I* Gut verdirbt erst nach Überschreitung eines bestimmten Wassergehaltintervalls (physikalische und gegebenenfalls mikrobiologische Veränderungen dominieren); *II* Haltbarkeitszeit verringert sich stetig mit steigendem Wassergehalt bis zu einem bestimmten Wert (chemische Veränderungen dominieren)

Für die Berechnung der *Haltbarkeit eines feuchtigkeitsempfindlichen verpackten* Gutes ist die Kenntnis der Wasserdampfdurchlässigkeit des Packmittels nur eine notwendige Voraussetzung. Auf Grund der Kenntnis des Verlaufs der Sorptionsisotherme ist sie unter folgenden Voraussetzungen möglich:

a) Die Qualitätsveränderung, die durch Feuchtigkeitseinwirkung ausgelöst wird, ist diejenige, welche zuerst in Erscheinung tritt.

b) Der Permeationskoeffizient $P_\text{Packst.} \ll P_\text{Gut}$, d. h. der Dampfdruckgradient im Gut ist gegenüber dem im Packstoff vernachlässigbar. (Dies trifft im allgemeinen immer zu, falls das Gut ausreichend wasserdampfdicht verpackt werden muß.)

---

[50] Vgl. KLUGE, G., u. R. HEISS: Untersuchungen zur besseren Beherrschung der Qualität von getrockneten Lebensmitteln unter besonderer Berücksichtigung der Gefriertrocknung. Verfahrenstechn. 1 (1967) S. 251–260.
[51] Vgl. GÖRLING, P.: Über die Qualitätserhaltung von Trockenerzeugnissen. Industr. Obst- u. Gemüseverw. 48 (1963) S. 32–38.

c) Der kritische Wassergehalt ist nicht stark zeitabhängig (Bild 13). (Ist letzteres der Fall, so muß die Zeit bestimmt werden, bis das Gut bei einer möglichen Änderung des Wassergehaltes die Verkaufsgrenze erreicht[13].)

d) Eine weitere Voraussetzung ist, daß die Feuchtigkeitsaufnahme der Verpackung im Vergleich zu der des Gutes vernachlässigbar ist.

Ist der kritische Wassergehalt, bezogen auf Trockensubstanz (r_k) des Gutes, sowie der Gutszustand nach der Fabrikation (f) bekannt, dann muß die Verpackung so berechnet werden, daß die Differenz ($r_k - r_f$) in der zu erwartenden Umlaufzeit unter den wahrscheinlichen Klimabedingungen nicht überschritten wird (Bild 14).

$$t_K = \frac{Tr}{100 \cdot F} \left(\frac{\Delta p_D}{q}\right)_{\text{prüf}} \int_{r_f}^{r_k} \frac{d\,r}{p_{D_A} - p_{D_f(r)}} . \qquad (2)$$

q Wasserdampfdurchlässigkeit des Packstoffes unter Partialdruckgefälle $\Delta p_{D\text{prüf}}$ in g/m² d (wobei vorausgesetzt wird, daß die Wasserdampfdurchlässigkeit der maschinell hergestellten Packung derjenigen einer flächengleichen Packstoffprobe entspricht),
F Oberfläche der Verpackung in m²,
p_{D_A} Partialdruck der Außenatmosphäre,
Tr Trockengewicht des Gutes in g.

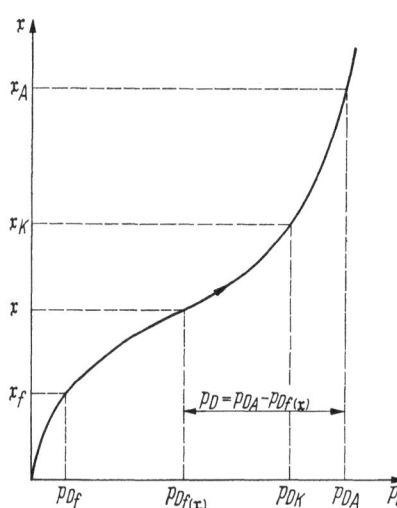

Bild 14. Gleichgewichtswassergehalte eines Gutes, das einer Außenfeuchtigkeit A ausgesetzt ist
f Frischzustand; K kritischer Wassergehalt

Der numerische Wert dieses Integrals läßt sich dadurch bestimmen, daß man die Sorptionsisotherme des Gutes $p_D = f(r)$ aufzeichnet, für kleine Intervalle Δr, $p_{D_A} - p_{D_f(r)}$ bestimmt und für diese Intervalle jeweils $t_1, t_2, t_3 \ldots$ zur Errechnung von r_k summiert, woraus sich die zulässige Lagerzeit t_K ergibt[13]. Ist aber die Umschlagszeit vorgegeben, dann läßt sich natürlich auch die erforderliche Dicke des gewählten Packstoffs bzw. die erforderliche Wasserdampfdichtigkeit desselben berechnen.

Für $p_{D_f(r)}$ kann man in erster grober Näherung einen mittleren konstanten Wert annehmen, der sich aus dem arithmetischen Mittel der

---

[13] Vgl. HEISS, S. 132ff., 140ff. Es kann auch vorkommen, daß in ein und demselben Gut stärker zeitabhängige und wenig zeitabhängige Vorgänge gleichzeitig ablaufen; in diesem Fall pflegen letztere zuerst eine Qualitätsverschlechterung auszulösen (Bild 13).

3. Sorptionsisotherme und kritischer Wassergehalt

Wasserdampfdrücke bzw. Gleichgewichtsfeuchtigkeiten beim Anfangswassergehalt und beim maximal zulässigen Wassergehalt ergibt. Diese grobe Näherung liefert stets etwas zu kleine Werte für t_K. Eine bessere Näherung ergibt sich, wenn man die Sorptionsisotherme im interessierenden Bereich durch eine Näherungsgerade ersetzt, welche mit der Abszisse den Winkel α bildet, die Ordinate im Punkt r_0 schneidet und damit Gl. (2) exakt auswertet. Setzt man φ an Stelle von p_D, so ergibt sich:

$$t'_K = \left(\frac{\Delta\varphi}{q}\right)_{\text{prüf}} \cdot \frac{Tr}{100 \cdot F} \cdot \tan\alpha \cdot 2{,}303 \lg\frac{C - r_f}{C - r_k} \tag{2a}$$

mit $C \equiv \varphi_A \cdot \tan\alpha + r_0$.

t'_K unterscheidet sich von t_K üblicherweise nur recht wenig. Angesichts der Unsicherheit, mit der φ_A behaftet ist, und weil die Voraussetzung c) nicht immer genau zutrifft, ist die Anwendung der Beziehung (2a) immer zulässig.

Ist gemäß Bild 14 $(r_k - r_f)$ groß, dann kann man im allgemeinen bei einer üblichen Umlaufzeit von einer sehr wasserdampfdichten Verpackung vor allem dann absehen, wenn r_k oder – noch besser – $(r_k - r_f)$ in einem hohen Intervall der relativen Feuchtigkeit liegt, womit die mittlere Partialdruckdifferenz klein bleibt. Letzteres ist bei Lebensmitteln der Fall, die ihre Qualität vorzugsweise durch Lösen von Bestandteilen und durch Wachstum von Mikroorganismen (Beispiel: Kakao, Mehl) verschlechtern. Ist aber die Differenz $(r_k - r_f)$ klein und liegt sie bei niedrigen Intervallen der relativen Feuchtigkeit, dann benötigt man auch bei üblichen Umlaufzeiten sehr dampfdichte Verpackungen (Beispiel: Trockenmilchpulver). Da bei Erzeugnissen aus Sprühtrocknern der Endwassergehalt (r_f) durch den Taupunkt der Frischluft bestimmt wird (vgl. Bild 12), der in der wärmeren Jahreszeit recht hoch liegen kann, ist hierbei $(r_k - r_f)$ oft recht klein. Sinnvoll ist – wo möglich – eine Senkung von r_f im steilen Ast der Sorptionsisotherme, weil dabei $(r_k - r_f)$ zunimmt, ohne daß sich damit das mittlere Partialdruckgefälle wesentlich erhöht.

Zur Berechnung der Haltbarkeitszeit eines Gutes, für welche die Voraussetzung c) nicht gültig ist, d.h. mit stark zeitabhängigen Veränderungen (Bild 13), kann man unter Zugrundelegung der Sorptionsisotherme ein ähnliches Verfahren anwenden, wie es BIGELOW für die Berechnung des „Sterilisierwertes" von Konservendosen entwickelt hat[13, 50].

Bei hydrophilen Packstoffen kann ein Gut mit niedriger Gleichgewichtsfeuchtigkeit auf den Packstoff zurückwirken und dessen Versprödung bewirken. (Vgl. Hartkaramellen in nicht genügend weichgemachtem Zellglas. In außen mit Aluminiumfolie kaschierten Karto-

---

[13] Vgl. HEISS, S. 139–143.

nagen kann ein Feuchtigkeitsausgleich zwischen Karton und Trockengut für letzteres nachteilig sein.)

Obwohl für die Qualitätsabwertung eines Lebensmittels in erster Linie dessen Wassergehalt maßgeblich ist, ist die Beziehung zur Gleichgewichtsfeuchtigkeit deshalb wichtig, weil sich damit übersehen läßt, welchem mittleren Feuchtigkeitsgefälle das Gut bei der (zulässigen) Wasserzunahme ausgesetzt ist bzw. welche Reserve in der zugelassenen Wasserzunahme vorliegt*. Auf diese Weise läßt sich rasch abschätzen, ob das Gut sehr oder wenig wasserdampfdicht verpackt werden muß und ob ein bestimmter Packstoff für eine gegebene Umlaufzeit ausreicht, ob eine Verkürzung der Umlaufzeit durch das Selbstbedienungssystem eine Verbilligung der Verpackung zuläßt u. dgl. Kennt man die Sorptionsisotherme des Gutes, dessen Wassergehalt nach der Verarbeitung sowie den kritischen Wassergehalt vergleichsweise zu diesen Werten für ein ähnliches Gut, dessen Verpackung sich bewährt hat, dann läßt sich auch rasch beurteilen, ob man das erste Gut für eine entsprechende Lagerzeit stärker oder weniger wasserdampfdicht verpacken muß.

4. Hysterese, Vorgeschichte

Wenn man das gesamte Feuchtigkeitsintervall einer Sorptionsisotherme einmal vom oberen und einmal vom unteren Ende kommend durchläuft, ergeben sich Abweichungen, die bei mittleren relativen Feuchtigkeiten am größten sind. Die Desorptionsisotherme liegt stets etwas höher als die Adsorptionsisotherme (Bild 15). Mit steigender Temperatur wird die Hystereseschleife breiter. Auch Bakterienkulturen zeigen eine schwache Hysterese, was zumindest ihre Wirkung im kritischen Feuchtigkeitsintervall von der Vorgeschichte nicht unabhängig macht[52]. Wäßrige Lösungen besitzen

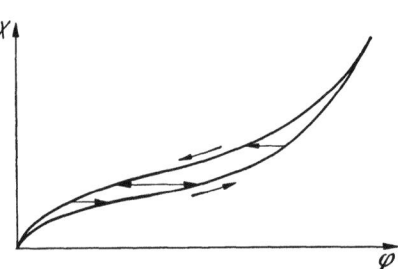

Bild 15. Desorptions- und Adsorptionsisotherme; Änderung des Wassergehalts bei Änderung der relativen Feuchtigkeit

---

[52] MARSHALL, B. J., W. G. MURRELL u. W. J. SCOTT: The effect of water activity, solutes and temperature on the viability and heat resistance of freeze-dried bacteria spores. J. gen. Microbiol. 31 (1963) S. 451–460.

* Bei Anwendung einer Näherungsgerade kommt es hierbei auf das Verhältnis
$$\frac{\mathfrak{r}_k - \mathfrak{r}_f}{\varphi_A - (\varphi_k + \varphi_f)/2}$$
an. Ist dieses klein, muß man bei einer gegebenen Verpackungsgröße eine sehr dampfdichte Verpackung wählen; mit zunehmender Größe wird deren Wasserdampfdichtigkeit aber immer unerheblicher.

4. Hysterese, Vorgeschichte

keine Hysterese. Versuche im Institut mit Gelatine[53] haben ergeben, daß die Adsorptions- und Desorptionswerte sich auch nach langen Zeiten nicht völlig ausgleichen, d. h., das System ist trotz eines Potentialgefälles im Stillstand. Dies läßt vermuten, daß entweder der Desorptions- oder der Adsorptionszustand das eigentliche Gleichgewicht vorstellt und das andere wegen zu hoher Aktivierungsenergie nur ein Scheingleichgewicht*. Diese Aktivierungsenergie kann ausgelegt werden als Energie, die für den Grenzübertritt Dampf/Feststoff, für die Quellung, für Relaxationsvorgänge usw. aufgebracht werden muß. Reaktionskinetisch wird die Geschwindigkeit eines Vorganges hauptsächlich von Entropieänderungen, die während des Vorganges ablaufen, beeinflußt. Bei einem Sorptionsvorgang können Entropieabnahme (Dampfkondensation) und Entropiezunahme (Mischung der Komponenten sowie Relaxation bzw. Bewegungsfreiheit der Moleküle) auftreten, wobei der Vorgang, bei dem eine größere Entropiezunahme auftritt, begünstigt wird.

Daß sich das System nicht im Gleichgewicht befindet, wird auch dadurch deutlich, daß eine Zustandsänderung, die von einer Feuchtigkeit zu einem anderen Punkt der Sorptionsisotherme führt, dann, wenn man sie in mehreren Stufen ansetzt, zu einem anderen Endpunkt führt als in einem Schritt. Ob allerdings bei der stufenweisen Sorption jeweils der Endzustand erreicht worden war, inwieweit also eine mangelhafte Versuchstechnik vorgelegen hat, läßt sich aus der Literatur nicht ersehen. Allein die mögliche Differenz zwischen Adsorptions- und Desorptionsast ließe es aber für genaue Messungen nicht geraten erscheinen, als Ausgangspunkt einer Sorptionsisotherme einen beliebigen Wert zu verwenden und dabei teilweise niedrigere Werte bei Desorption und höhere bei Adsorption zu gewinnen.

Zusammenfassend sind folgende Theorien auf die Hysterese der einen oder der anderen Art anwendbar.

a) Die Kapillarkondensationstheorien[54, 55]: Diese gelten für die Sorptionshysterese in kapillar-porösen Stoffen, die im Bereich der relativen Luftfeuchtigkeit auftritt, in dem Kapillarkondensation stattfindet. Für die meisten Stoffe würde das über $\varphi \approx 85\%$ der Fall sein.

b) Die Phasenumwandlungstheorien[56–59]: Sie setzen das Vorhandensein der Grenzflächen in dem Stoff voraus und können im ganzen Bereich

---

[53] AKBAR, M.: Untersuchungen über den Zusammenhang zwischen Feuchtigkeitsbewegung und Schwindung bei der Trocknung von gel- und pastenartigen Stoffen. Dissertation München 1959.

[54] BARKAS, W. W.: Swelling in gels, London 1949.

[55] BRUNAUER, S.: The adsorption of gases and vapours, London: Princeton Univ. Press 1943.

[56] PIERCE, C., u. R. N. SMITH: Adsorption-desorption hysteresis in relation to capillarity of adsorbents. J. Phys. Coll. Chem. 54 (1950) S. 784–794.

* M. AKBAR (persönliche Mitteilung) nimmt an, daß die Desorption den eigentlichen Gleichgewichtszustand vorstellt.

der relativen Luftfeuchtigkeit angewendet werden. Diese gelten sowohl für poröse als auch für porenlose Stoffe. Bei den letztgenannten findet die Hysterese an der wahrnehmbaren Oberfläche statt.

c) Theorien, deren Grundgedanke ist, daß die Ursache der Hysterese in einem Mechanismus bzw. Vorgang zu finden ist, der sich in der ganzen Masse des Stoffes abspielt. Diese sind insbesondere für die Erklärung der Hysterese in porenlosen Stoffen geeignet. Der einzige bedeutsame Versuch in dieser Richtung ist von BARKAS[54] gemacht worden, der eine Beziehung zwischen dem Spannungszustand und dem Gleichgewichtswassergehalt eines Stoffes abgeleitet hat.

Als Beispiel für ein porenhaltiges Lebensmittel wurde gemeinsam mit HINTZE die Adsorptions- bzw. Desorptionskurve von Porree im Intervall von $\varphi = 5$ bis 95% durchgemessen[60]. Es ergab sich, daß bei kleinen Feuchtigkeitsänderungen im mittleren Bereich (20 bis 60%), die nach Einstellen des Gleichgewichts bei Adsorption in Richtung Desorption liefen (oder umgekehrt), die X-Werte so lange konstant blieben, bis die andere Kurve erreicht war.

Die Geschwindigkeit der Desorption ist geringer als die der Adsorption; generell nimmt die Sorptionsgeschwindigkeit mit sinkendem Druck[12] zu. Im Vakuum kann die Desorptionsgeschwindigkeit höher werden als die Adsorptionsgeschwindigkeit[61]. Kinetisch betrachtet unterscheidet man zwischen 2 Stufen der Feuchtigkeitsaufnahme bzw. -abgabe: Die erste Stufe verläuft relativ schnell, da sie auf der Diffusionsgeschwindigkeit beruht, die zweite langsam, da sie auf viskoelastische Fließvorgänge zurückgeht[62]. Damit müßte keine Hysterese eintreten, wenn man einen Adsorptionsvorgang vor Antritt der zweiten Stufe umkehren würde[62a]. Tatsächlich hat AKBAR mit Gelatine[53] nach-

---

[57] GREGG, S. J.: Adsorbed film of gases on solids. J. Chem. Soc. (1942) S. 696.

[58] GREGG, S. J.: The surface chemistry of solids, London 1951.

[59] WYLIE, R. G.: On the hysteresis of adsorption on solid surface. Austr. J. Sci. Res. Serie A 5 (1952) S. 288–302.

[60] HINTZE, F.: Bestimmung der Sorptionsisothermen von Lebensmitteln. Diplomarbeit an der TH München 1962.

[61] Bei manchen Lebensmitteln wurde beobachtet, daß die Sorptionsisotherme im Temperaturintervall 10 bis 30 °C am höchsten und nicht nur bei steigenden Temperaturen, sondern vor allem auch bei Temperaturen unter dem Gefrierpunkt niedriger liegt. Vgl. SARAVACOS, G. D., u. R. M. STINCHFIELD: Effect of temperature and pressure on the sorption of water vapour by freeze-dried food materials. J. Food Sci. 30 (1965) S. 779–786.

[62] DOWNES, J. S., u. B. H. MACKAY: Sorption kinetics of water vapour on wool fibres. J. Polym. Sci. 28 (1958) S. 45–67.

[62a] Vgl. hierzu die Feststellung von MELLON, F. E., A. H. KORN u. S. R. HOOVER: Water absorption of proteins II. J. Amer. Chem. Soc. 70 (1948) S. 1144–1146, daß, ausgehend von einer von der relativen Feuchtigkeit unabhängigen Hysterese, diese im höheren Feuchtigkeitsintervall von der adsorbierten Wassermenge abhängig wird.

weisen können, daß nach Feuchtigkeitsaufnahme mit nachfolgender Desorption sich ein Punkt auf der Adsorptionsisotherme ergibt, falls der Ausgangspunkt nicht über 40% lag*. Im darüberliegenden „viskoelastischen Bereich" kann die Desorption auch innerhalb der Hystereseschleife verlaufen, falls bei der Adsorption kein Gleichgewicht abgewartet wird und sich die Desorption sofort anschließt.

Vom Standpunkt der Praxis aus sind Desorptionsisothermen stets für die Trocknung wichtig, für die Lagerung von Trockengütern aber vorzugsweise Adsorptionsisothermen, deren Ausgangswert üblicherweise nicht Null beträgt, sondern dem Zustand unmittelbar nach der Verarbeitung des betreffenden Gutes entsprechen sollte, auch wenn nur die beim Wert Null beginnende Sorptionsisotherme physikalisch eindeutig ist**. Da im Zusammenhang mit der Lagerung feuchtigkeitsempfindlicher Güter im allgemeinen nur die Adsorptionsisotherme interessiert, beschränken sich die Sorptionsisothermen im II. Teil im wesentlichen hierauf und gehen vom Zustand nach der Fabrikation aus.

5. Gleichgewichtszustand zwischen zwei oder mehr Substanzen

Wenn zwei Substanzen mit verschiedenen Gleichgewichtsfeuchtigkeiten ohne ausreichende wasserdampfdichte Barriere miteinander vermischt oder in einem abgeschlossenen System zusammengelagert werden, erfolgt bei Trockengütern an den Berührungsstellen ein Ausgleich der Wasserdampfpartialdrücke durch De- und Adsorption, nicht etwa der Wassergehalte (Bild 16). Die Ausgleichszeit dürfte mit dem mittleren Korndurchmesser quadratisch ansteigen. Wenn a das eine und b das andere Trockengut hinsichtlich der Trockengewichte Tr, Wassergehalte $\mathfrak{r}$ und Gleichgewichtsfeuchtigkeiten φ charakterisiert und $\tan \alpha$ bzw. $\tan \beta$ den Gradienten der Sorptionsisotherme

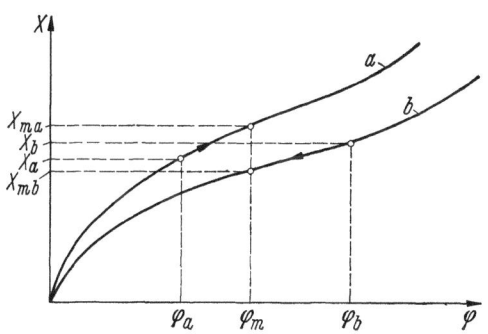

Bild 16. Sorptionsisothermen zweier Substanzen (X_a, φ_a und X_b, φ_b) vor und nach der Gleichgewichtseinstellung (X_m, φ_m)

---
* Mit dieser Feststellung könnte die Auffassung von SMITH, S. E.: The sorption of water vapour by high polymers. J. Amer. Chem. Soc. 69 (1947) S. 646–651, zur Deckung gebracht werden, daß eine der Voraussetzungen für die Hysterese die Vergrößerung der sorbierenden Oberfläche infolge von Quellung ist.

** Wie sich aus den Sorptionsisothermen im II. Teil dieses Buches ergibt, liegt φ_{krit} in der Mehrzahl der Fälle unter 40%.

5. Gleichgewichtszustand zwischen zwei oder mehr Substanzen

an den Gutspunkten, so ist die Gleichgewichtsfeuchtigkeit, die nach entsprechender Zeit annähernd erreicht wird,

$$\varphi_m = \frac{Tr_a \cdot \varphi_a \cdot \tan\alpha + Tr_b \cdot \varphi_b \cdot \tan\beta}{Tr_a \cdot \tan\alpha + Tr_b \cdot \tan\beta} . \tag{3}$$

Bei einem Gemisch mehrerer Substanzen kann diese Beziehung im Zähler und Nenner entsprechend ausgeweitet werden. Sie gilt nur näherungsweise, da hierbei die Möglichkeit einer Hysterese vernachlässigt wird und weil es sich im Zwischenintervall nicht um Gerade handelt, also $\tan\alpha$ bzw. $\tan\beta$ nicht genau konstant sind. Wie ersichtlich, gilt sie strenggenommen nur für auf Trockensubstanz bezogene Sorptionsisothermen, doch ist der bei Zugrundelegung von Sorptionsisothermen, die auf Gesamtgewicht bezogen sind, sich ergebende Fehler üblicherweise vernachlässigbar.

Bei einem Zweikomponentensystem errechnet sich

$$\mathfrak{r}_m = \frac{\mathfrak{r}_a \cdot Tr_a + \mathfrak{r}_b Tr_b}{Tr_a + Tr_b} . \tag{4}$$

In der Praxis kommen zwei wichtige Fälle vor: Der eine ist, daß man für eine *bestimmte Gleichgewichtsfeuchtigkeit* den mittleren Wassergehalt kennen will, wenn die Wassergehalte der einzelnen Komponenten bei dieser Gleichgewichtsfeuchtigkeit bekannt sind. Hierfür gilt die Mittelwertbildung gemäß Gl. (4). Der andere praktische Fall ist, daß man verschiedene Komponenten mit verschiedenen Gleichgewichtsfeuchtigkeiten mischt und wissen will, *welche Gleichgewichtsfeuchtigkeit* sich einstellen wird. Für ein Mehrkomponentensystem wurde gemäß Gl. (3) bzw. Bild 16 ein Beispiel gerechnet, aus dem man ersieht, welche Bestandteile im Wassergehalt und in der Gleichgewichtsfeuchtigkeit ab- und welche zunehmen. Der Feuchtigkeitsausgleich erfolgt während des Mischvorganges sehr rasch, weil der Übergangswiderstand der entscheidende ist.

Beispiel 1: Berechneter Wassergehalt einer Hühnertrockensuppe (nach SALWIN[1]):

Bestandteile	Gewicht G [g]	Gleichgewichtsfeuchtigkeit φ [%]		Gleichgewichtswassergehalt $\mathfrak{r}$ [%]		
		Anfang	Ende berechnet	Anfang berechnet	Ende berechnet	gefunden
Hühnerfleisch	39,9	1,1	7,6	1,07	3,17	3,18
Kartoffelstückchen	30,1	28,4	7,6	5,88	3,45	3,64
Limabohnen	15,2	7,7	7,6	3,68	3,68	3,90
Kremgrundlage	5,0	18,8	7,6	3,49	2,60	2,54
Bouillongrundlage	4,0	37,0	7,6	2,49	1,17	1,19
Mischung				2,9	2,94	3,03

5. Gleichgewichtszustand zwischen zwei oder mehr Substanzen

Mischungen müssen prinzipiell so eingestellt werden, daß die empfindlichste Komponente die „Leitfeuchtigkeit" angibt, deren kritischer Wert in der Gesamtmischung nicht überschritten werden darf (hier das Hühnerfleisch). Beispielsweise ist auch eine Fruchtschnitte eine solche Mischung, deren „Leitfeuchtigkeit" durch die beigegebenen Cerealien bestimmt wird.

Mit der Klärung der Gleichgewichtsfeuchtigkeiten und Empfindlichkeiten der Einzelkomponenten eines Gemisches ist nur eine notwendige, aber nicht immer ausreichende Voraussetzung zur Erreichung einer bestimmten Lagerzeit geschaffen. Je nach der Größe der einzelnen Teilchen erfolgt der Ausgleich der Partialdrücke verschieden schnell, und es können inzwischen schon Veränderungen abgelaufen sein. Außerdem kann in einem Gemisch von Aromastoffen eine Aromaabflachung bzw. ein „Einheitsgeschmack" (Suppen) auftreten, dessen Vermeidung eine Bindung der Aromen an geeignete Träger notwendig macht oder – je nach den Ursachen – die Wahl einer Lageratmosphäre mit niedrigem Sauerstoffpartialdruck.

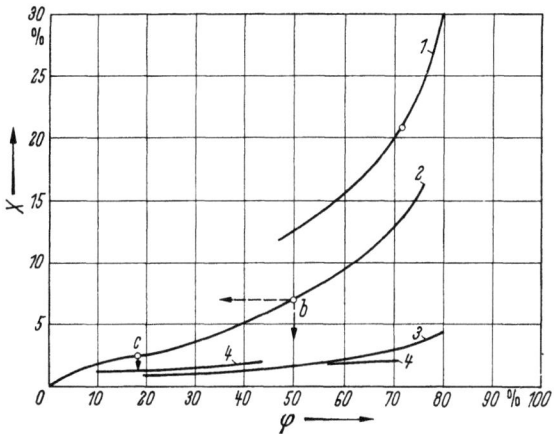

Bild 17. Überlegungen zu den Sorptionsisothermen der Bestandteile von Waffeln
1 Kunsthonig; *2* Waffelblatt; *3* gemessene Sorptionsisotherme einer Waffelfüllung; *4* = 3, aber berechnet aus den Einzelkomponenten der Füllung

Beispiel 2: Wie man durch einen systematischen Einsatz von Sorptionsisothermen die jetzige Empirie ablösen kann und die Zusammenhänge klarer erkennt, ergibt sich aus folgendem Beispiel:

Waffeln sollen so gefüllt werden, daß das Waffelblatt durch die Füllung keine Feuchtigkeit aufnimmt, weil es dadurch weich wird. In Bild 17 ist die Sorptionsisotherme eines Waffelblattes (*2*) und die von Kunsthonig (*1*) dargestellt. Man erkennt hieraus, daß sich eine solche Füllung nicht eignen würde, da die Gleichgewichtsfeuchtigkeit von normalem Kunsthonig (21% WG) viel zu hoch wäre; senkt man den Wassergehalt einer solchen Füllung aber so weit, daß eine krosse Waffel (φ = 50%) garantiert würde (○), wäre die Füllung bereits fondantartig und die Konsistenz der Füllung bei Lagerung in feuchter Atmosphäre stark feuchtigkeitsabhängig. Sinnvoll erscheint es, ein Fett-Zucker-Gemisch einzusetzen, welches bei allen Wassergehalten etwa gleich geschmeidig bleibt. Bei gegebener zulässiger Gleichgewichtsfeuchtigkeit (*b*) bleibt zwar ein wesentlicher Unterschied in den Wassergehalten zwischen Waffel und Füllung, der sich aber in der Konsistenz der Füllung nicht nachteilig auswirkt.

5. Gleichgewichtszustand zwischen zwei oder mehr Substanzen

Die gewählte Rezeptur setzte sich zusammen aus: 9,6% Dextrose, 17,3% Vollmilchpulver, 34,6% Saccharose, 38,5% Kokosfett. Die Sorptionsisothermen der Einzelkomponenten sind bekannt, und es läßt sich hieraus mit Gl. (4) der Wassergehalt des mechanischen Gemisches für jede relative Feuchtigkeit und damit die zu erwartende Sorptionsisotherme errechnen (4). Sie deckt sich in etwa mit der experimentell bestimmten (3). Die Sorptionsisotherme des Gemisches verläuft im Anfangsast sehr flach und würde, wegen der Saccharose- und Dextrosebeimengen im Löslichkeitsbereich des Zuckers (vgl. Zahlentafel 2), sehr steil ansteigen. Dies bedeutet, daß dieses Gemisch im ersten Ast gegen die Zugabe von Wasser äußerst empfindlich ist, d.h., daß bereits einer geringen Feuchtigkeitszufuhr eine bedeutende Steigerung der Gleichgewichtsfeuchtigkeit entspräche. Vollends durch Verwendung von emulgiertem Fett würde die Gleichgewichtsfeuchtigkeit sofort in den Bereich von 85% ansteigen, womit rasche mikrobiologische Veränderungen zu erwarten sind[63]. Da Milchpulver (durch welches eine kleine Diskontinuität in den Anfangsast der Sorptionsisotherme (4) kommt) schon bei weit niedrigeren Gleichgewichtsfeuchtigkeiten, als die Knackigkeit des Waffelblattes verlorengeht, das Auftreten eines abiotischen Verderbs (käsig – leimig) zeigt, bedeutet dies, daß die Gleichgewichtsfeuchtigkeit von Vollmilchpulver (20 bis 25%) als Leitfeuchtigkeit erhalten bleiben soll*, wozu neben der Verpackung die Wasseraufnahmefähigkeit der Waffelblätter (merkliche Neigung der Sorptionsisotherme) ausnutzbar ist, sofern der Stoffübergang zu den Waffelblättern von der Seite der Füllung höher ist als von außen. Die Waffelblätter müssen zur Ausnützung dieses Effektes verarbeitet werden, bevor sie nach dem Ofen wieder Feuchtigkeit anziehen können (möglichst bei niedrigeren Gleichgewichtsfeuchtigkeiten, als Punkt c entspricht).

Weniger feuchtigkeitsempfindlich wäre ein Gemisch, welches die gleiche Sorptionsisotherme wie das Waffelblatt aufweist. Angesichts der starken Neigung der Sorptionsisothermen für Waffelblätter könnte aber die Konsistenz einer solchen Füllung nicht identisch bleiben. Es wäre eine Rezepturfrage, aus Gemischen übersättigter Zuckerlösungen mit Fett solche ausfindig zu machen, welche innerhalb eines bestimmten Feuchtigkeitsintervalls eine erträgliche Konsistenz der Füllung garantieren und gleichzeitig die vorstehende Forderung erfüllen.

Eine weitere Schwierigkeit bei Waffelblättern ist, daß sie zum „Klaffen" neigen. Dies ist verständlich, wenn man bedenkt, daß entsprechend der Neigung der Sorptionsisotherme einem Abgleich mit einer höheren Außenfeuchtigkeit eine hohe Gewichtsaufnahme und damit zweifellos eine merkliche Volumenausdehnung entspricht. Man kann diese Gefahr verringern, wenn man Füllung und Waffeln von vornherein auf genau die gleiche Gleichgewichtsfeuchtigkeit bringt (z.B. c) und hoch-dampfdicht verpackt. Auch gegen das Rissigwerden des Schokoladenüberzugs gibt es keine andere Hilfe als eine sehr dampfdichte Verpackung, da die Feuchtigkeitsausdehnung der Schokolade und der Waffel eine völlig unterschiedliche ist. Sicher könnte man versuchen, Waffelblätter mit ebenso flacher Sorptionsisotherme zu erzeugen, wie sie für Schokolade typisch ist (vgl. Bild 76), die Frage ist aber, ob dabei nicht charakteristische Eigenschaften verlorengehen (Kartoffelchips zeigen beispielsweise infolge ihres hohen Fettgehaltes – eine solche flache Sorptionsisotherme).

---

[63] Vgl. LUBIENIECKI, M.: Studium über die Voraussetzungen für den Verderb fetthaltiger Waffelfüllungen. Süßwaren 8 (1964) S. 1146–1153.

* Ob nicht auch dabei eine Verseifung des Kokosfettes auftritt, falls die Begleitstoffe nicht lipasearm genug sind, bzw. ob zur Verlängerung der Haltbarkeitszeit das Kokosfett nicht besser durch ein Erdnußfett ersetzt werden sollte, war nicht Gegenstand dieser Untersuchung (vgl. Abschn. II 2 f).

Beispiel 3: Die Beimischung von Substanzen muß auch von folgendem Aspekt aus betrachtet werden: Wenn man z. B. einen Backpulvertriebsatz, der aus einem Säureträger und aus Natriumbicarbonat besteht, ohne Trennmittel verpacken würde, hätte dies zur Folge, daß diese Partikel, die ja erst im Kuchen in Reaktion treten sollen, zahllose Kontaktstellen aufweisen. Würde man als Trennmittel beispielsweise $CaCO_3$ verwenden, dann erfolgt zwar geometrisch betrachtet eine Trennung, aber wesentlich besser ist die Beimischung von Stärke, weil diese nicht nur trennt, sondern zudem hygroskopisch ist. Die Folge der Hygroskopizität des Trennmittels ist, daß es bei Lagerung in einer höheren relativen Feuchtigkeit jetzt sehr viel länger dauert, bis die kritischen Bedingungen erreicht werden, d. h., die Stärke übt einen „Speichereffekt" aus. Würde ein Beutel mit einem Natriumpyrophosphat-Triebsatz, der beispielsweise mit 50% relativer Feuchtigkeit im Gleichgewicht steht, anschließend einer hohen relativen Außenfeuchtigkeit ausgesetzt und würde der Inhalt durch Diffusion einer bestimmten Feuchtigkeitsmenge mit $\varphi = 65\%$ ins Gleichgewicht kommen, so ergäbe sich im Falle gleicher Feuchtigkeitsaufnahme, aber ohne Stärke, eine Gleichgewichtsfeuchtigkeit von $\varphi = 75\%$. (Hierbei wäre die CO_2-Entwicklung erheblich stärker als bei $\varphi = 65\%$.) Ähnlich liegen die Verhältnisse in Trockensuppen. Angenommen, es würde eine solche Suppe bis zur kritischen Grenze eine Wassermenge a aufnehmen, so würde bei Zufügung der gleichen Wassermenge lediglich zu den bräunenden Substanzen (also Stärke ausgenommen) der Wassergehalt erheblich stärker ansteigen. Die „Speicherfähigkeit" stärkehaltiger Produkte wird auch ausgenützt, wenn man in Salzstreuern Reiskörner beigibt; sie wird bei Kochsalz vor allem dann wirksam, wenn die Umgebungsfeuchtigkeit 75% überschreitet.

Um die Rieselfähigkeit von granulierten Düngemitteln zu erhalten und die Bildung von Kristallbrücken zwischen den einzelnen Körnern zu vermeiden, pudert man (0,5 bis 5%) mit feingemahlenen hochhygroskopischen Pulvern (beispielsweise Kieselgur). Bei Kochsalz verwendet man Spuren (ppm) von Kaliumcyanoferrat (II), dessen Umwandlungsprodukt ($KNa_3[Fe(CN)_6]$) in kleinen Nadeln kristallisiert und damit die zum „Zementieren" führende Oberflächenkristallisation von NaCl stört[64].

Ist einer der Inhaltsstoffe nicht hygroskopisch, wie beispielsweise der Fettanteil von Vollmilch vergleichsweise zu Magermilch oder der Fettanteil von Fleisch, dann müßten die auf fettfreie Trockensubstanz bezogenen Sorptionsisothermen identisch bleiben, wenn man den Fettanteil als bloße Beimischung auffassen darf*. Ist r_2 der Wassergehalt mit Fett und r_1 ohne Fett und T_f der Fettgehalt, bezogen auf Trockensubstanz des Fleisches, dann ist

$$r_2 = \left(\frac{r_1}{1 + T_f}\right) \cdot 100 \, [\%].$$

Wird einem Monohydrat ein Pulver mit niedrigem Wassergehalt beigemengt, so verringert sich der Wassergehalt des ersteren unter den stöchiometrischen Betrag**.

---

[64] WOTSCHKE, R.: Untersuchungen zur Verhinderung des Zusammenbackens von Kochsalz bei der Lagerung. Dissertation TH Braunschweig 1965.
* Versuche, inwieweit diese Annahme verallgemeinert werden kann, sind geplant.
** Persönliche Mitteilung von W. KÖNIGSDORF, Heilbronn.

6. Temperatureinflüsse

a) Hygroskopizität

Obwohl sich der Sättigungsdruck des Wasserdampfs stark mit der Temperatur ändert, ist der Temperatureinfluß auf die Sorptionsisotherme relativ gering, weil die relative Feuchtigkeit ja das Verhältnis des Dampfdruckes zum Sättigungsdampfdruck bei der betreffenden Temperatur vorstellt. Da die Desorption ein endothermer und die Adsorption ein exothermer Vorgang ist, hat man bei der Trocknung diesen Energiebetrag zusätzlich aufzuwenden, und umgekehrt wird bei der Feuchtigkeitsaufnahme dieser Betrag zusätzlich zur Kondensationswärme frei. Bei niedrigen Feuchtigkeiten kann die Bindungswärme 50% und mehr der Verdampfungswärme betragen. Für die Abhängigkeit des Gleichgewichtsdampfdruckes des sorbierten Wasserdampfes über dem Sorbens von der absoluten Temperatur T gilt eine der Clausius-Clapeyronschen Gleichung analoge Beziehung mit der isosteren Änderung des Wärmeinhalts bei der Phasenänderung unter konstantem Druck.

Die Neigung der Geraden $\left(\dfrac{d(\ln p_D)}{d(1/T)}\right)_r$ ist von der adsorbierten Menge abhängig; bei niedrigem Gleichgewichtswassergehalt ist die differentielle Adsorptionswärme höher, um sich bei höherem Wassergehalt ($X \approx 16\%$ bei Blumenkohl[12] und 16 bis 20% WG bei schnellöslicher Milch[19], bei Fleisch[65] und Mehl, dagegen bei der Modellsubstanz Glycin-Glucose-Cellulose bei 8

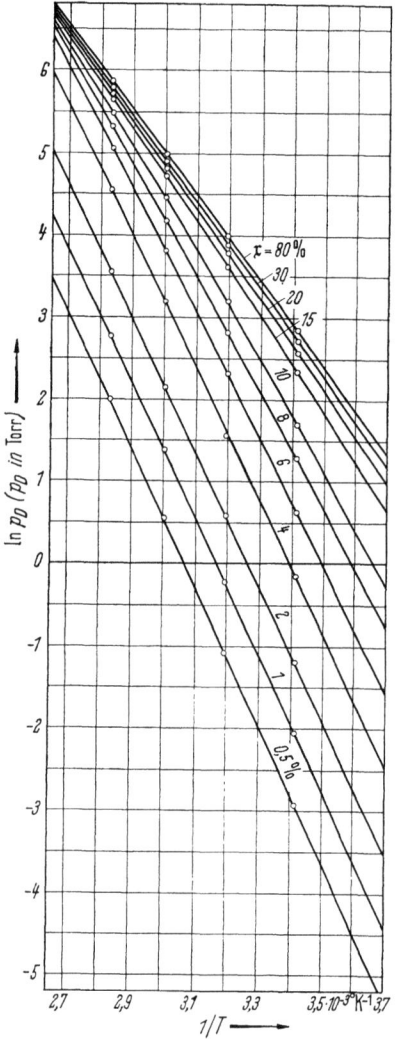

Bild 18. Diagramm zum Bestimmen der Adsorptionswärmen von Kartoffeln (nach GÖRLING). T absolute Temperatur; p_{Dgl} Gleichgewichtsdampfdruck; r Gleichgewichtswassergehalt

[12] Vgl. HOFER, S. 9.
[65] MAKINO, T., u. T. SONE: On hygroscopicity of dehydrated powdered food. UDC 539, 215; 541, 123, 81, 664, 8047 (1961).

bis 9% WG[50]) der Verdampfungswärme des reinen Wassers weitgehend zu nähern. Diese geradlinige Beziehung gilt nur, wenn sich der Kristallisationszustand und die Hydrationszahl nicht verändern[62]; dann können die Isosteren zur Inter- und Extrapolation verwendet werden (Bild 18). Aus dem Vorzeichen der Sorptionswärme folgt, daß die bei *konstanter relativer Feuchtigkeit* aufgenommene Wassermenge bei zunehmender Temperatur abnehmen muß (Bild 19). Bei *konstantem*

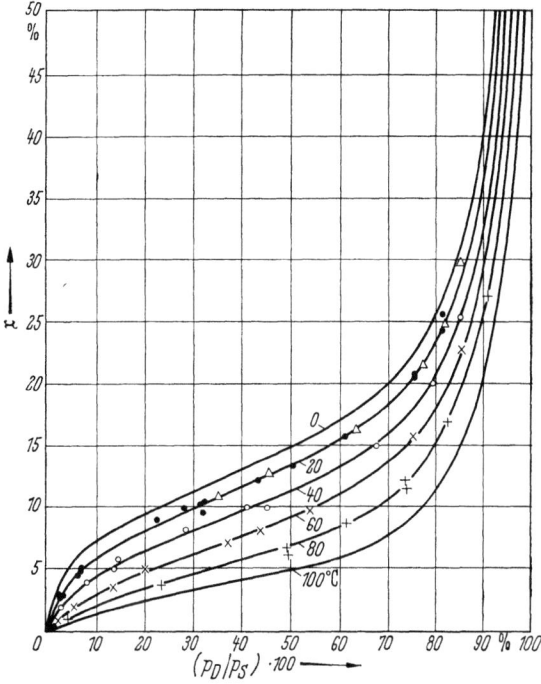

Bild 19. Sorptionsisothermen von Kartoffeln bei verschiedenen Temperaturen (nach Messungen im Institut von GÖRLING)
p_D Wasserdampfpartialdruck; p_S Sattdampfdruck

Wassergehalt (z. B. in einer dichten Dose) wird damit bei höherer Temperatur die Gleichgewichtsfeuchtigkeit merklich höher als bei niedriger Temperatur, d.h., ist eine Veränderung nur vom Wassergehalt abhängig, dann wäre bei einer höheren Temperatur eine höhere Gleichgewichtsfeuchtigkeit zulässig. Ist sie aber von der relativen Feuchtigkeit abhängig, dann liegt bei höheren Temperaturen der zulässige Wassergehalt tiefer. Wenn die Lufttemperatur in einem Lagerraum mit hygroskopischem Gut steigt, gibt dieses Wasser ab, und die relative Feuchtigkeit im Raum steigt an. Die Sorption erfolgt bei höheren Temperaturen schneller als bei niedrigen Temperaturen.

b) Empfindlichkeit

Da sich aus dem Abschnitt 2c ergab, daß *im allgemeinen ein Gut nicht einen einzigen kritischen Wassergehalt aufweist, sondern mehrere, von denen derjenige ausschlaggebend ist, der als erster sensorisch unangenehm in Erscheinung tritt, ist bei einer Temperaturänderung nicht von vornherein eine Konstanz der kritischen Feuchtigkeitsbedingungen vorauszusetzen, weil die den verschiedenen kritischen Wassergehalten zugrunde liegenden Reaktionen nicht die gleiche Temperaturabhängigkeit der Reaktionsgeschwindigkeit aufweisen werden.* In Bild 20 sind zwei derartige Reaktionen aufgezeichnet. Da diejenige Reaktion, welche von sich aus die geringste Haltbarkeit hervorrufen würde, die maßgebliche ist, ist es verständlich, daß bei hohen Temperaturen eine andere Reaktion mit anderem Q_{10} als bei niedrigen Temperaturen die dominierende würde* (z. B. könnte die Kurve *I* eine Bräunungsreaktion, die Kurve *II* eine oxydative Veränderung versinnbildlichen oder *I* die Haltbarkeit bezüglich des Geschmacks und *II* bezüglich der Farbveränderung). Häufig weisen Konsistenzveränderungen und Bräunungsreaktionen ein hohes Q_{10} (bzw. eine hohe Aktivierungsenergie) auf, werden also bei höheren Temperaturen dominieren, während bei niedrigen Temperaturen enzymatische Veränderungen, photochemische Effekte und Diffusionsprozesse den begrenzenden Faktor bilden

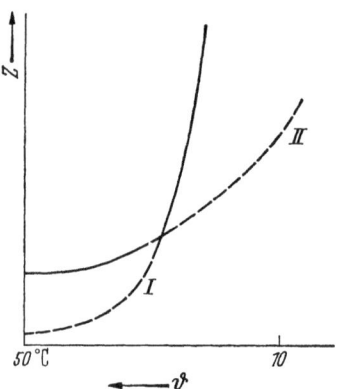

Bild 20. Einfluß der Temperatur auf die Haltbarkeit von Lebensmitteln (*I* bzw. *II* vgl. Text). Z Haltbarkeitszeit

können. In Wirklichkeit werden natürlich alle Reaktionen am Endergebnis mitwirken, nur nicht gleich stark; es handelt sich sozusagen um einen Wettlauf der Veränderungen, dessen Ausgang von Rezeptur, Vorbehandlung und spezifischer Empfindlichkeit des Gutes, Temperatur, Wassergehalt, angewandtem Sauerstoffpartialdruck u. dgl. bestimmt wird. Wenn man sich die Lage der Kurven *I* und *II* in Ordinatenrichtung verschoben denkt, verändern sich die Bereiche, in denen eine Reaktion dominiert. Jedenfalls sind auf Grund dieses Sachverhaltes Schnellversuche, mit deren Hilfe es möglich sein soll, durch Anwendung höherer Temperaturen bei wasserarmen Gütern rascher zu Haltbarkeitsaussagen zu gelangen, ohne Nachprüfung stets fragwürdig, obwohl in der Literatur Versuche mit Trockenkartoffeln (8,4% WG) beschrieben wurden, in de-

---

* Q_{10} ist das Verhältnis von Reaktionsgeschwindigkeiten bei Temperaturunterschieden von 10 °C $Q_{10} \equiv y_{\vartheta+10}/y_\vartheta$.

b) Empfindlichkeit

nen die Bräunung bei 55°C 28mal schneller als bei 37°C ablief[66]. Von LEGAULT und Mitarbeitern[67] wurde durch Transmissionsmessungen an wäßrigen Extrakten gefunden, daß zwischen 30 und 50°C die Q_{10}-Werte für die Bräunung im Intervall 5 bis 9% WG bei Kartoffeln, Karotten und Kohl zwischen 8 und 5, also sehr hoch liegen. Der Temperatureinfluß sank hierbei mit zunehmendem Wassergehalt. GÖRLING[7] konnte allerdings im gleichen Feuchtigkeitsintervall bezüglich der Geschmacksveränderungen zwischen 20 und 30°C nie so hohe Q_{10}-Werte feststellen. Möglicherweise entspricht das Q_{10} von Geschmacksveränderungen dem der Farbveränderungen nicht*. Bei Wassergehalten zwischen 1,2 und 2% liegt bei Vollmilchpulver im Temperaturintervall 47 bis 17°C der Wert für Q_{10} unter 2 (sowohl Geschmacksveränderung wie auch O_2-Aufnahme)[34]. Bei proteinfreien Fleischextrakten (im Gleichgewicht mit $\varphi = 60\%$) liegt im Temperaturintervall 15 bis 50°C das Q_{10} der Bräunungsreaktion zwischen 3,2 und 4,3[68]. Sofern die Haltbarkeitszeit der Arrheniusschen Beziehung folgt, d.h. ihr Logarithmus proportional zu $1/T$ verläuft, ergibt sich zwangsläufig, daß Q_{10} mit sinkender Lagertemperatur kleiner, also die Temperaturempfindlichkeit geringer wird[69]. Will man extrem lange Lagerzeiten erreichen, so hilft im allgemeinen nur eine Gefrierlagerung bei mindestens $-20°C$ unter Stickstoff.

Zusätzlich ist noch folgendes zu bedenken: Für die Geschwindigkeit der Veränderungen eines feuchtigkeitsempfindlichen Gutes ist der zeitliche Verlauf der Dampfdruckdifferenz $(p_{D_A} - p_{D_i})$ maßgeblich. Bei konstanter Temperatur kann man dafür setzen $(p_{D_A} - p_{D_i})/p_D'' = \varphi_A - \varphi_i$. Beim Vergleich der Wirkung verschiedener Temperaturen ist aber bei nicht hermetisch gegen Wasserdampftransport abschließenden Verpackungen nicht nur die bei höheren Temperaturen vergrößerte Reaktionsgeschwindigkeit in Betracht zu ziehen, sondern auch noch die erhöhte

---

[66] GOODING, E. G. B., u. R. B. DUCKWORTH: An accelerated storage test for dehydrated vegetables. J. Sci. Food Agric. (1957) S. 498–504. – Vgl. hierzu auch[160] sowie HOUSTON et al.: Deteriorative changes in the oil fraction of stored parboiled rice. J. Agric. Food Chem. 2 (1954) S. 1185–1190.

[67] LEGAULT, R. R., C. E. HENDEL, W. F. TALBURT u. M. F. POOL: Browning of dehydrated sulfited vegetables during storage. Food Technol. 5 (1951) S. 417 bis 423. – Vgl. auch HENDEL, C. E., V. G. SILVEIRA u. W. O. HARRINGTON: Rates of nonenzymatic browning of white potatoes during dehydration. Food Technol. 9 (1955) S. 433–438.

[7] Vgl. GÖRLING, S. 25, Tafel 8.

[68] SHARP, J. G., u. E. J. ROLFE: Deterioration of dehydrated meat during storage, Conf. on "Fundamental aspects of the dehydration of foodstuffs", Soc. Chem. Ind., London 1958.

[69] Vgl. hierzu auch NURY, F. S., D. H. TAYLOR u. J. E. BREKKE: Research for better quality in dried fruits. Agric. Res. Service, US Dept. Agric. 74 (1960) S. 16–19.

* Dabei wird es nicht unerheblich sein, daß bei[67] sulfitiert wurde, weil dies die Aktivierungsenergie erhöht (negativer Katalysator)[11].

Dampfdruckdifferenz, selbst wenn $\varphi_A - \varphi_i$ konstant bleibt; zudem steigt auch noch die Permeationszahl des Packstoffes entsprechend der Arrheniusschen Beziehung. Bei sehr hohen Temperaturen könnte auch die Gesamtdrucksteigerung als Folge des hohen Wasserdampfpartialdruckes nicht mehr vernachlässigbar sein.

Der Gleichgewichtswassergehalt bei *monomolekularer Belegung** sollte theoretisch temperaturunabhängig sein. Tatsächlich sinkt er aber mit steigender Temperatur ab, die Gleichgewichtsfeuchtigkeit nimmt gleichzeitig etwas zu, und zwar bei Kartoffeln[7] von 15% bei 0°C auf 30% bei 100°C. Die a_1-Werte bei luftgetrocknetem Fleisch waren 5,3 (37,7°C); 6,3 (10°C) und 7,0 % (0°C), die für gefriergetrocknetes Fleisch 5,3 (37,7°C); 6,0 (22,2°C) und 6,1 % (4,4°C)[70]. Diese Abweichung von der Theorie beweist, daß die Voraussetzungen bei nicht einheitlichen Oberflächen mit Stellen erhöhter Reaktionsbereitschaft und Belegung mit Wassermolekeln von den für die BET-Theorie gemachten Voraussetzungen abweichen (vgl. S. 3).

In Zahlentafel 3a waren die Wassergehalte bezogen auf Naßgewichte (bzw. die Gleichgewichtsfeuchtigkeiten) aufgeführt, die bei einer 12monatigen Haltbarkeitszeit verschiedener Trockengemüse *aus Qualitätsgründen* bei 20°C in Luft nicht überschritten werden dürfen[30]. In Zahlentafel 3b werden hierzu die Werte bei 30°C ergänzt.

Zahlentafel 3b. *Zulässige Wassergehalte und zulässige Gleichgewichtsfeuchtigkeiten für eine einjährige Lagerung von Trockengemüsen bei 30°C (in %)*

	WG	φ_{gl}
Weißkohl	4,0	8
Wirsing	4,0	15
Rotkohl	4,5	15
Karotten	nicht erreichbar	
Schnittbohnen	4,5	20

Es sinken demnach bei einer Temperatursteigerung im praktischen Versuch sowohl der zulässige Gleichgewichtswassergehalt wie auch die Gleichgewichtsfeuchtigkeit ab. Ändert man auch noch die Zeit, so ergibt sich folgendes Bild: Für eine Gemüsesuppe mag bei 25°C bei 2monatiger Umlaufzeit der kritische Wassergehalt 10% sein, bei 8monatiger Umlaufzeit liegt er 2,5% tiefer. Bei 37°C liegt er in beiden Fällen nochmals um 2 bis 2,5% tiefer.

---

[70] KAPSALIS, J. G., M. WOLF, M. DRIVER u. A. S. HENICK: The moisture sorption isotherm as a basis for the study of sorption and stability-characteristics in dehydrated foods. Proc. 16th Res. Conf., Amer. Meat Inst., 1964, S. 73–93.

* Monomolekulare Belegung im wörtlichen Sinne gemeint, nämlich als lückenlose Belegung der Festkörperoberfläche mit einer einmolekularen Schicht von Wassermolekeln.

Die *Wachstumsgrenze* für Mikroorganismen (Aspergillus glaucus) fällt mit steigender Lagertemperatur etwas ab[71] (beispielsweise von 73% bei 20°C auf 70% relative Feuchtigkeit bei 30°C); mit abfallender Temperatur steigt sie[72]. Allgemein läßt sich sagen, daß unterhalb (und oberhalb?) des Temperaturwachstumsoptimums die Grenze für das Wachstum zu höheren Gleichgewichtsfeuchtigkeiten ansteigt und auch Inkubationszeit und Generationsdauer zunehmen.

Da die *Löslichkeit* von NaCl wenig temperaturabhängig ist, wird die Gleichgewichtsfeuchtigkeit der gesättigten Lösung mit höherer Temperatur nur wenig abnehmen (bei 20°C 75,8%, bei 30°C 75,2%). Bei Zuckerarten, deren Löslichkeiten mit der Temperatur zunehmen, ist mit steigender Temperatur mit einem niedrigeren Wassergehalt der gesättigten Lösung eine niedrigere relative Feuchtigkeit verknüpft[73] (Glucose bei 20°C $X = 50\%$, $\varphi = 91,5\%$, bei 30°C $X = 38\%$, $\varphi = 88,3\%$).

Aus dem Verlauf der Sorptionsisothermen ergibt sich für den üblichen Fall bei Trockengütern, daß bei gegebenem Wassergehalt mit steigender Temperatur eine höhere Gleichgewichtsfeuchtigkeit zulässig sein müßte (vgl. Bild 19). Dem wirkt aber der Zeiteinfluß entgegen. Gemäß Zahlentafel 3 (a vergleichsweise zu b) ist bei höheren Temperaturen die Einstellung eines niedrigeren Wassergehaltes für die gleiche Haltbarkeit erforderlich, so daß die zulässige Gleichgewichtsfeuchtigkeit niedriger liegt.

7. Instationäre Vorgänge

An jedem Punkt der Sorptionsisotherme herrscht Gleichgewicht zwischen dem Wasserdampfteildruck der umgebenden Luft und dem Dampfdruck der im Gut enthaltenen Feuchtigkeit. In den meisten praktischen Fällen ist aber diese Voraussetzung nicht erfüllt, insbesondere bei Naßgütern wie Fleisch, Butter, aber auch bei Brot und anderen Frischgebäcken. Fleisch besitzt eine Gleichgewichtsfeuchtigkeit von etwa 99%; lediglich eine dünne Randzone wird durch die Umgebungsfeuchtigkeit beeinflußt (vgl. Bild 21); ähnlich ist es bei Butter, wo das Eintrocknen und die damit verbundene Intensivierung der gelben Farbe einer dünnen Oberflächenschicht als „Kantenbildung" beanstandet wird[74]. Ebenso wie Butter ist auch Speck weitgehend ein „feuchter

---

[71] STILLE, B.: Grenzwerte der relativen Feuchtigkeit und des Wassergehalts von Trockenlebensmitteln hinsichtlich des Verderbs durch Mikroorganismen. Z. Lebensm.-Unters. u. -Forsch. 88 (1947) S. 9–12.
[72] ELLIOT, H. P., u. H. D. MICHENER: Factors affecting the growth of psychrophilic microorganisms in foods. Agric. Res. Service, US Dept. Agric., Techn. Bull. Nr. 1320 (1965).
[73] SCHACHINGER, L., u. R. HEISS: Osmotischer Wert und Mikroorganismenwachstum in Zuckerlösungen. Arch. Mikrobiol. 16 (1951) S. 347–357.
[74] HEISS, R.: Untersuchungen über die Kantenbildung von Butter. Milchwissensch. 15 (1960) S. 72–78, 41–48.

46   7. Instationäre Vorgänge

Körper", der bei einer Umgebungsfeuchtigkeit < 100% langsam auf ≈ 1% WG heruntertrocknet. Freigeschobenes Brot ist von einer trockenen (knusprigen) Kruste umgeben. Wenn man es dampfdicht verpackt, wird der Feuchtigkeitsaustausch zwischen der trockenen Kruste und der feuchteren Krume stärker in Erscheinung treten als der mit der Umgebung. Bei Gefriererzeugnissen ist andererseits die Feuchtigkeitswanderung aus dem Inneren an die Oberfläche, an der die Sublimation stattfindet, so gering, daß es zu mehr oder minder begrenzten örtlichen Austrocknungseffekten („Gefrierbrand") kommt[75]. Die Sorptionsisotherme bzw. die Dampfdruckdifferenz ist in solchen Fällen natürlich ebenfalls von Bedeutung, beispielsweise sind Güter mit nur mit geringer Neigung ansteigenden Sorptionsisothermen gegen vorübergehend veränderte Außenfeuchtigkeiten empfindlicher. Daneben spielen aber auch der Diffusions- bzw. der Feuchtleitwiderstand des Gutes (und der Verpackung), die Gutsform und die Gutsdicke eine entscheidende Rolle. Wichtig ist das Verhältnis des Dampfdruckgradienten im Packstoff zu dem in der anliegenden Gutsschicht[13]. Die zur Erreichung einer bestimmten Feuchtigkeit an einer bestimmten Stelle erforderliche Zeit hängt im eindimensionalen Fall vom Quadrat der Gutsdicke ab. Dies macht sich auch bei Trockengütern (mit höherem Diffusionswiderstand) wie z. B. Puderzucker dadurch bemerkbar, daß bei feuchter Lagerung in dünnen Beuteln die Gefahr des Überschreitens der kritischen Feuchtigkeit in den Ober-

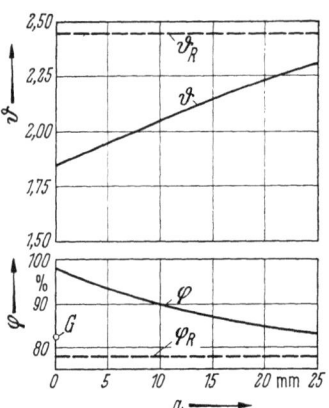

Bild 21. Temperatur- und Feuchtigkeitsfeld an einem Fleischstück in ruhender Luft
a Abstand von der Fleischoberfläche; ϑ_R Raumtemperatur; φ_R Raumfeuchtigkeit; G Kühlgrenze

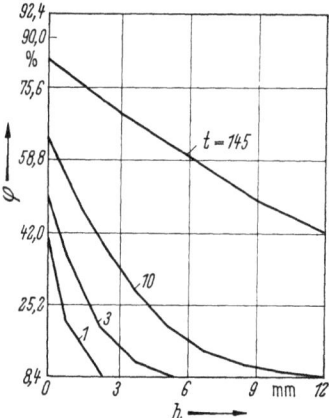

Bild 22. Schematische Darstellung des zeitlich instationären Feuchtigkeitsfeldes in einem Zuckersack bei einseitiger Diffusion (bei $\varphi = 90\%$ und 30 °C). Die t-Parameter sind Vergleichszahlen, welche der Versuchszeit proportional sind
h Schichtdicke in mm von der Oberfläche ab

---

[75] HEISS, R.: Über die Vermeidung von Austrocknungsverlusten bei der Gefrierlagerung von Gemüse und Obst. Kältetechn. 3 (1951) S. 248–252.
[13] Vgl. HEISS, S. 129.

7. Instationäre Vorgänge

flächenschichten sehr viel höher ist als bei dicken Gebinden und daß dünne Schokoladetäfelchen feuchtigkeitsempfindlicher sind als Pralinen. Andererseits macht es verständlich, weshalb Knäckebrot aufeinandergelegt verpackt trotz seiner Hygroskopizität im Fall eines raschen Umschlags keiner dampfdichten Verpackung bedarf. Bezüglich Einzelheiten der Berechnung instationärer Vorgänge wird auf Spezialliteratur verwiesen[13]; dort sind auch Diffusionswiderstandszahlen von Lebensmitteln angegeben[76]. In Bild 22 sind die Verhältnisse in der Randschicht eines Zuckersackes dargestellt. Es ist hieraus ersichtlich, daß die obersten Schichten zwar rasch ihre Gleichgewichtsfeuchtigkeit erhöhen, aber der Abgleich an die relative Feuchtigkeit der Atmosphäre, die ohnedies asymptotisch erfolgen würde, wegen des Feuchtigkeitsaustausches mit den inneren Schichten stark verzögert wird. Im umgekehrten Fall, beim Austrocknen z.B. eines Fleischstückes[77] in einem Kühlraum (Bild 21), bedeutet dies, daß die Bedingungen für das Wachstum von bestimmten Mikroorganismenarten an der Oberfläche rasch ungünstiger werden. (Es handelt sich bei solchen Frischgütern stets um die Entscheidung, was das kleinere Übel ist, das Austrocknen oder das Wachstum von Mikroorganismen; zu gleicher Zeit werden beide nur durch tiefe Lagertemperaturen gehemmt.)

Die Zeit zur Einstellung des Gleichgewichts ist dafür verantwortlich, daß Füllgut, dessen Gleichgewichtsfeuchtigkeit über der Umgebungsfeuchtigkeit liegt, bei der kritischen Feuchtigkeit in der Atmosphäre mikrobiologisch weit gefährdeter ist als Füllgut, dessen Gleichgewichtsfeuchtigkeit unter dieser liegt. Dicke und Diffusionswiderstand des Füllgutes beeinflussen die Zeit bis zum ersten Auftreten des Schimmelpilzrasens ebenfalls entscheidend. Es wird daraus verständlich, weshalb eine oberflächliche Feuchtigkeitsaufnahme als Folge von Temperaturschwankungen vor allem dann so bedeutsam sein kann, wenn die Gleichgewichtsfeuchtigkeit eines Gutes knapp unter der Schimmelpilzgrenze liegt (vgl. S. 53).

Zu den instationären Vorgängen sind auch diejenigen zu zählen, bei denen sich die *Temperatur* ändert. Im i/x-Diagramm für feuchte Luft wird der Schnittpunkt der Geraden $x = $ const mit der Sättigungsgrenze ($\varphi = 100\%$) als Taupunkt bezeichnet (Bild 12). Bei Unterschreitung der Taupunktstemperatur scheidet sich ein zunehmender Anteil der in der Luft enthaltenen Feuchtigkeit in flüssiger Form aus, d.h. kondensiert auf der kalten Oberfläche. Bei größeren Temperaturunterschieden zwischen der kalten Ware und der warmen Luft des Auslagerungsraumes

---

[76] GÖRLING, P.: Diffusionswiderstandsfaktoren poriger Güter unter besonderer Berücksichtigung von Verpackungsproblemen. Chem.-Ing.-Techn. 28 (1956) S. 766–773.

[77] HEISS, R.: Über die Definition der relativen Feuchtigkeit, bei welcher Kühlgut lagert. Landwirtsch. Jahrb. 85, Heft 5, Berlin: Paul Parey 1938.

48 7. Instationäre Vorgänge

oder aber beim Belüften kalter Stapelware mit warmer Luft oder wenn Schiffe mit kalter Ladung in warme Meeresströmungen gelangen, kann es vorkommen, daß die den Stapel umgebende Luft sich so stark abkühlt, daß ihr Taupunkt unterschritten wird (Bild 23) und Kondensation

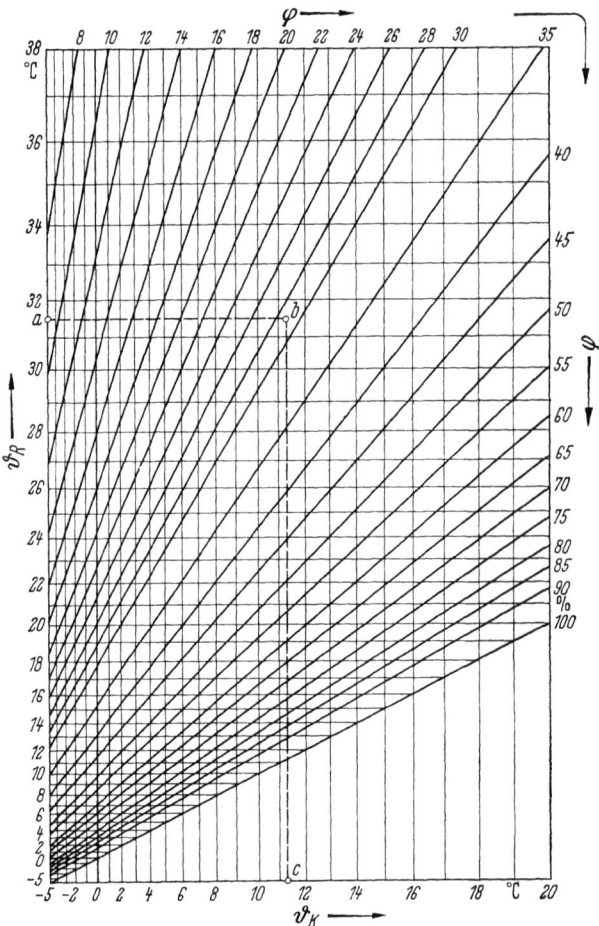

Bild 23. Ermittlung des Luftzustandes (R) bei dem das Kühlgut (K) nicht beschlägt*
ϑ_R Raumtemperatur; ϑ_K Temperatur der Gutsoberfläche

auf dem Gut erfolgt. Aber auch der umgekehrte Fall, daß eine warme Ladung der Einwirkung einer kalten Meeresströmung ausgesetzt wird, kann gefährlich werden, und zwar dann, wenn die Decke des Laderaumes so abgekühlt wird, daß aus der Luft des Laderaumes auf ihrer Innenseite Feuchtigkeit kondensiert und auf die Ladung herabtropft. Die Verhält-

---
* Aus Kältetechn. 4 (1952) Nr. 11.

nisse an der Gutsoberfläche in solchen zeitlich instationären Fällen lassen sich, weil sie „massebelastet" sind, nicht ohne weiteres von einem einzigen Stück auf einen ganzen Stapel – wie er in der Praxis ausgelagert wird und viel länger zur Erwärmung braucht – umrechnen. Deshalb bringen Lagerversuche bei Wechseltemperaturen im allgemeinen nicht genügend, es sei denn, daß der geringe Wassergehalt des Kopfraumes in der Lage wäre, bei Kondensation Schäden an der Oberfläche des Gutes hervorzurufen.

Auch dann, wenn die Gutstemperatur nicht niedriger als der Taupunkt der Luft ist, also kein Beschlagen der Gutsoberfläche erfolgt, ist eine Gutsschädigung nicht ausgeschlossen. Während die Kondensation sehr rasch physikalische und physikalisch-chemische Veränderungen in den Oberflächenschichten auslösen kann (Lebensmittel, deren Knackigkeit oder freie Schüttfähigkeit die Qualität begrenzt), sind chemische und oft auch mikrobiologische Veränderungen, die im Feuchtigkeitsintervall bei der kritischen relativen Gleichgewichtsfeuchtigkeit des Gutes liegen, im allgemeinen wesentlich zeitabhängiger (vgl. Bild 6). Ob sie zur Auswirkung gelangen, hängt also sowohl von dem vorerwähnten Diffusionsverhalten, von der Dicke, der Wärmeleitfähigkeit, der Wärmekapazität des Gutes u.dgl. ab, wie auch von der Dauer der Einwirkung. Jedenfalls sind sie weniger wahrscheinlich als die Auswirkungen der Kondensation; man wird aber vorsorglich im i/x-Diagramm für feuchte Luft nicht den Taupunkt, also den Schnittpunkt der Geraden $x = $ const mit der Sättigungslinie, sondern den Schnittpunkt der Geraden $x = $ const mit der relativen Feuchtigkeit an der Gutsoberfläche, die entsprechend der Sorptionsisotherme dem kritischen Wert des Gutes entspricht, als Kriterium einführen. (Dies ist z.B. wichtig, wenn Zucker oder Salze angelöst werden könnten.) Für die Beurteilung der Änderung des Wassergehaltes eines Stoffes bei Temperaturänderungen ist es nicht zweckmäßig, die Sorptionsisotherme abhängig von der relativen Feuchtigkeit aufzutragen, sondern abhängig vom Gleichgewichtsdampfdruck. Aus Bild 24 läßt sich erkennen, daß bei Auslagerung eines Packstückes mit dem Zustand A in einen Raum mit dem Luftzustand B, also mit einem höheren Wasserdampfdruck, auf Grund der Dampfdruckdifferenz Feuchtigkeit an die Ware abgegeben wird, wobei die Zustandsänderung nach kleineren absoluten Feuchtigkeitsgehalten erfolgt. Infolge der Feuchtigkeitsadsorption aus der umgebenden Luft erhöht sich der Wassergehalt an der Gutsoberfläche, deren Temperatur gleichzeitig ansteigt. Dies führt zu einer Verkleinerung der Dampfdruckdifferenz und damit zur Verringerung der übergehenden Feuchtigkeitsmenge. Bevor die Temperatur der Oberfläche die Raumtemperatur erreicht, überschreitet der Teildruck der in ihr enthaltenen Feuchtigkeit den Wasserdampfteildruck der Luft. Von jetzt an erfolgt – umgekehrt – Feuchtigkeitsabgabe von der Oberfläche an die Raumluft, bis sich der neue Gleichgewichtszustand einstellt. Die genaueren Zusammenhänge bei verpackten Gütern, bei denen also auch noch zwischen den Einzelverpackungen Dampfdruckunterschiede auftreten, wurden im Institut von GÖRLING[78], WEISS[79] sowie von BECKER[80] experimentell und theoretisch untersucht. Maßgeblich für die Feuchtigkeitsgefährdung eines beliebigen in einer Versandpackung befindlichen Gutes ist die Temperaturdifferenz zwischen Gutsoberfläche und Innenwand der Versandschachtel. Sie muß klein bleiben, damit der Gleichgewichtsdampfdruck der Pappe kleiner bleibt als der kritische Wasserdampfdruck (bzw. der Sättigungsdampfdruck) über dem Gut.

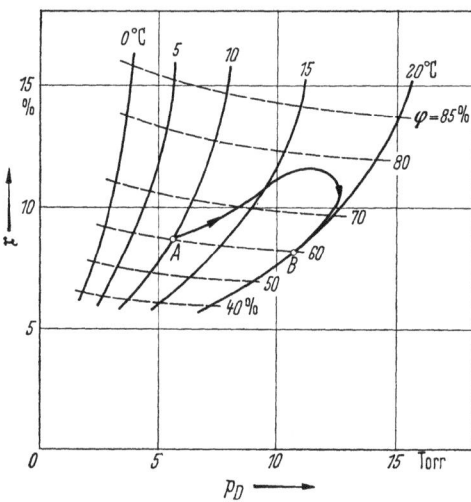

Bild 24. Sorptionsisothermen eines Kartons bei verschiedenen Temperaturen in Abhängigkeit vom Gleichgewichts-Wasserdampfdruck p_D
→ Zustandsänderung an der Oberfläche des Packstückes beim Übergang von 10 °C, 60 % (A) auf 20 °C, 60 % (B)

In wasserdampfdichten Behältern ohne hygroskopisches Füllgut ändert sich die relative Luftfeuchtigkeit φ bei Temperaturänderungen folgendermaßen:

Temperaturerhöhung: φ sinkt,
Temperaturerniedrigung: φ steigt.

Wenn aber innerhalb der wasserdampfdichten Barriere irgendwelche hygroskopischen Packstoffe enthalten sind oder das Füllgut selbst hygroskopisch ist, dann wird sich die Temperaturabhängigkeit der Sorptionsisotherme folgendermaßen auswirken:

Temperaturerhöhung: φ steigt,
Temperaturerniedrigung: φ sinkt.

---

[78] GÖRLING, P.: Über die Auslagerung von Schokoladenerzeugnissen aus Kühlräumen. Verp.-Rdsch. 12 (1961) Nr. 12, S. 89–94. – GÖRLING, P.: Über Ursachen und Verhütung von Korrosion bei verpackten Metallgegenständen. Verp.-Rdsch. 8 (1957), techn.-wiss. Beilage S. 2–8.
[79] Vgl. WEISS, G., R. HEISS u. P. GÖRLING: Untersuchungen über die Änderung des Binnenklimas in Versandpackungen bei Änderungen des Außenklimas. Verp.-Rdsch. 16 (1965), techn.-wiss. Beilage S. 59–67.
[80] BECKER, K.: Klimaänderungen in Pralinenpackungen beim Auslagern aus Kühlräumen. Fette, Seifen, Anstrichmitt. 67 (1965) S. 591–596.

7. Instationäre Vorgänge

Es ist viel sicherer, zur Vermeidung einer Feuchtigkeitsbeeinflussung des Füllgutes dieses mit hygroskopischen Einlagen zusammen zu verpacken, als wenn diese nicht hygroskopisch sind. Voraussetzung ist freilich, daß die Packstoffe vor dem Einbringen ausreichend heruntergetrocknet wurden und das zu schützende Gut zusammen mit den Packstoffeinlagen genügend wasserdampfdicht verpackt wird. Dieser Gesichtspunkt kann auch bei sehr feuchtigkeitsempfindlichen Füllgütern eine Rolle spielen, die in Kartonagen mit außenliegender, wasserdampfdichter Barriere verpackt werden. Ein Zusatzschutz durch Trockenmittel ist auf dem Lebensmittelsektor Sonderfällen vorbehalten, beim Versand empfindlicher Instrumente in tropische Gebiete aber nötig.

Die Temperaturabhängigkeit der Sorptionsisotherme (vgl. Bild 19) ist nicht so hoch, daß bei einer Heißabfüllung, beispielsweise von Keksen, die Gleichgewichtsfeuchtigkeit in der Verpackung unerträglich anstiege. Beim Abkühlen kann wegen des geringen Luftinhaltes in einer absolut dichten Verpackung der Wassergehalt in den Randschichten der Kekse nur in unbedenklicher Weise ansteigen. Etwas anders ist es aber, wenn die Gleichgewichtsfeuchtigkeit des abzupackenden Gutes im Bereich der Wachstumsgrenze für Schimmelpilze oder gar darüber liegt. Beispielsweise bei Kuchen oder bei Brot herrscht beim Abfüllen bei höherer Gutstemperatur ein hoher Dampfdruck, und es ist beim Abkühlen eine Kondensation des Wasserdampfes – bevorzugt an der Innenwand – zu erwarten. Ist die Verpackung dampfdicht, so weicht beispielsweise die Kruste von Brot auf, und bei Abfülltemperaturen unter 70 °C ist Verschimmeln zu erwarten. Beim Abfüllen bei höheren Temperaturen wird im Falle kleinster Poren in dampfdichten Verpackungen zusätzlich beim Abfüllen als Folge der Dampfdruckabsenkung im Innern keimhaltige Luft eingesaugt. Ist zudem der Diffusionswiderstand der Oberflächenschicht des Gutes hoch, dann herrschen im Hohlraumvolumen zwischen Verpackung und Gutsoberfläche für das Wachstum von Schimmelpilzen die idealen Verhältnisse einer „feuchten Kammer". Falls man nicht absolut porenfrei und verschlußdicht verpacken kann, muß man deshalb bei der Verpackung von frischem Brot – vor allem bei einer Warmverpackung – einen weitgehend wasserdampfdurchlässigen Packstoff verwenden, welcher eine Verdunstung an der Oberflächenschicht ermöglicht. Die Verpackung bildet in diesem Fall lediglich einen Berührungsschutz und führt nicht in irgendeiner Weise zu einer Verbesserung der Haltbarkeit.

Es läßt sich aus diesem Beispiel erkennen, daß die Gefährdung durch Temperaturschwankungen dann besonders groß werden kann, wenn das Füllgut bereits durch Feuchtigkeitsspuren an der Oberfläche gefährdet wird und der Diffusionswiderstand des Gutes hoch ist. Bei gefärbten Fondants in Blechbehältern (Gleichgewichtsfeuchtigkeit 88 bis 67% je nach Invertzuckergehalt) läßt sich folgendes beobachten: Bei ansteigender Raumlufttemperatur steigt die relative Feuchtigkeit und der lösliche Anteil an der Fondantoberfläche; vor allem werden hierdurch die kleinsten Kristalle angelöst. Bei Temperaturumkehr diffundiert der Wasserdampf von der Gutsoberfläche zur kälteren Wand zurück. Das Aussehen der Gutsoberfläche kann sich hier beim Nachkristallisieren völlig verändern, da die Kristallgröße nicht mehr die gleiche sein wird wie ursprünglich und die gelöste Farbe Flecken bildet. Auch das Hartwerden von Puderzucker beruht auf einem Zyklus: Wasseradsorption der Kristalle → Wiedertrocknen der angelösten Schicht und damit „Verkitten". Die Gefährdung wird naturgemäß besonders groß, falls der Zucker heiß eingefüllt wird und der Luftraum im Sack groß ist. Beim Abkühlen können dann Kristalle angelöst werden, und da bei der Lagerung und beim Transport stets Temperaturschwankungen auftreten, ist ein Verhärten wahrscheinlich. Wenn zudem noch Kristallisationsvorgänge aus dem amorphen Zustand ausgelöst werden, dann tritt der Unterschied zwischen Desorption und Adsorption besonders deutlich in Erscheinung. Dies ist beispielsweise bei Milchpulver, dessen Wassergehalt im kritischen Intervall liegt, zu erwarten.

Auch im normalen Temperaturbereich kann ein Hartwerden von Puderzucker erfolgen, ohne daß die hierzu erforderliche Feuchtigkeit von außen eindringen muß; bei ungleichmäßiger Trocknung des Zuckers können schon die Wasserdampfpartialdruckunterschiede innerhalb eines sich abkühlenden Sackes oder gar eines Haufens genügen, um an der kalten Oberfläche den kritischen Wassergehalt 0,2 bis 0,27 % zu erreichen. Diese Erscheinung tritt auch auf, wenn pulvrige Lebensmittel an kalten Außenwänden anliegen; sie kann in extremen Fällen zur Überschreitung der Wachstumsgrenze von Schimmelpilzen führen. Auch für das Auftreten von Gefrierbrand (freezer burn*) ist ein Gewichtsverlust nach außen nicht nötig; es genügt das Vorhandensein von Hohlräumen in der Packung allein. Infolge unvermeidlicher Temperaturschwankungen entsteht in einer Binnenatmosphäre, welche annähernd den Sättigungsdampfdruck über Eis bei der betreffenden Temperatur aufweist, bei einem Abfall der Lufttemperatur im Gefrierlagerraum eine Eiskristallschicht an der Innenwand der Sperrschicht. Bei einem Temperaturanstieg der Lagerraumatmosphäre erfolgt zwar eine Rücksublimation an die Gutsoberfläche, diese erfolgt aber, offenbar wegen der Unterschiede in der Kristallgröße, langsamer als in umgekehrter Richtung[75].

Falls die Verpackung Poren aufweist oder die Verschlüsse undichte Stellen besitzen, kommt zur Wasserdampfpermeation des Packstoffes

---

* Als „freezer burn" bezeichnet man als Folge des Austrocknens auf der Oberfläche von Gefriergut entstehende helle Flecken. An diesen Stellen geht das Wasseraufnahmevermögen des Eiweißes verloren, und die große Oberfläche solcher Gewebe bildet eine größere Angriffsfläche für den Luftsauerstoff.

7. Instationäre Vorgänge

durch Lösungsdiffusion noch Ficksche Diffusion durch diese Poren. Bei Schwankungen des Barometerstandes überlagert sich auch noch eine gewisse Poiseuillesche Strömung durch die Poren.

Häufig pflegt man solche instationären Vorgänge mit dem Vermerk abzutun, daß sie eben eine *„atmende Verpackung"* erfordern. Strenggenommen ist ein hermetischer Abschluß nur da nicht zulässig, wo Stoffwechselvorgänge stattfinden, also bei Obst, Gemüse und Käsearten mit äußerer Reifung. Die Wahl einer wasserdampfdurchlässigen Verpackung für feuchtigkeitsempfindliche Güter mit hoher Gleichgewichtsfeuchtigkeit ist insofern spekulativ, als man dabei damit rechnet, daß die relative Feuchtigkeit der Außenatmosphäre unter der kritischen Gleichgewichtsfeuchtigkeit des Füllgutes bleibt. Bei Mehl, das häufig eine Gleichgewichtsfeuchtigkeit aufweist, die knapp unterhalb der Wachstumsgrenze für Schimmelpilze liegt, bedeutet ein Ansteigen der Feuchtigkeit im Lagerraum, daß die Randzone gefährdet wird, und zwar um so stärker, je geringer die kleinste Gebindeabmessung und je höher die Außenfeuchtigkeit ist. Da die Latenzzeit zur Entwicklung von Schimmelpilzen im Bereich der kritischen Feuchtigkeitsbedingungen aber schon relativ lang ist (Bild 6), kann mit einer gewissen Wahrscheinlichkeit damit gerechnet werden, daß sich in gemäßigten Zonen in einem einzigen Zyklus noch nichts ereignen wird, zumal sich zwischenzeitlich auch einmal wieder bedeutend niedrigere Außenfeuchtigkeiten einstellen werden. Sofern die Gleichgewichtsfeuchtigkeit des Mehles knapp über der Wachstumsgrenze der Schimmelpilze liegt, ist eine „atmende Verpackung" dann nützlich, wenn in der Umgebung des Sackes eine genügend tiefe relative Luftfeuchtigkeit herrscht; dies ist aber viel riskanter als der vorher beschriebene Fall. Die in erster Linie gefährdete Randschicht (vgl. Bild 22) wird durch Umstapeln oder durch „Durchwalken" immer wieder der Gutsfeuchtigkeit angeglichen. Bei unserem Klima scheinen diese Maßnahmen ausreichend zu sein, bei längeren Lagerzeiten und feucht-tropischen Klimata oder gar in Fällen, wo Feuchtigkeit kondensieren könnte, muß man das Mehl aber weiter heruntertrocknen und dampfdicht verpacken.

Ganz allgemein kann bei Gütern, deren Gleichgewichtsfeuchtigkeit im Bereich der Grenze des Schimmelpilzwachstums liegt, eine zu wasserdampfdichte Verpackung höchst bedenklich sein, falls man nicht den Anfangswassergehalt unter strenger Kontrolle hält. Auf die Vermeidung von Veränderungen als Folge vorgegebener Temperatur- und Feuchtigkeitsschwankungen lassen sich dann im ganzen gesehen aber nur wenige zu verallgemeinernde Regeln anwenden, weil die praktischen Fälle zu unterschiedlich gelagert sind. Fast immer ist eine weitgehend wasserdampfdichte Verpackung notwendige Voraussetzung. Bei Gefriergütern vermeidet man unliebsame physikalische Veränderungen am sichersten durch Aufschrumpfen der wasserdampfdichten Barriere, bei oberflächlichen Hohlräumen durch Evakuieren. Bei Trockengütern muß zusätzlich einesteils die zulässige Gleichgewichtsfeuchtigkeit des Gutes, andererseits die Beigabe von Stoffen mit entsprechender „Speicherwirkung" erwogen werden.

Ist die Lagertemperatur ϑ = const und ist y die Reaktionsgeschwindigkeit des Verderbs sowie m der verdorbene Anteil, welcher die Verkaufsgrenze bedeutet, so ist die Lagerzeit bis zur Erreichung der Verkaufsgrenze $Z = m/y$ (z.B. in Tagen). Schwankt die Temperatur symmetrisch um eine mittlere Lagertemperatur (ϑ_{mitt}), so ist, weil y mit der Temperatur stark ansteigt, nicht die mittlere Lagertemperatur für die Zeit zur Erreichung der Verkaufsgrenze maßgebend. Für die Lagerzeit ergibt sich bei einer Reaktion erster Ordnung im Gültigkeitsbereich eines konstanten Q_{10}-Wertes folgende Beziehung:

$$\lg Z_\vartheta = \lg Z_{\vartheta\,mitt} - \frac{\vartheta}{10} \lg Q_{10}.$$

POWERS et al.[81] haben an Beispielen nachgewiesen, daß sich die Zeit bis zur Erreichung der Verkaufsgrenze bei einer symmetrischen Temperaturschwankung $\Delta\vartheta$ um das tatsächliche ϑ_{mitt} um einen Betrag

$$\Delta Z_\vartheta = -\frac{Z_{\vartheta\,mitt}}{10} Q_{10}^{-\vartheta/10} \Delta\vartheta$$

verkürzt.

Anhang: Messung der Sorptionsisothermen

a) Bestimmung des Gleichgewichtswassergehaltes

Die Einstellung der Gleichgewichtsfeuchtigkeit einer Substanz über Schwefelsäure/Wasser-Gemischen verschiedener Konzentration (Bild 25) ist verhältnismäßig einfach[13], sofern man den Exsikkator nicht mit Proben überfüllt bzw. eine entsprechende Luftzirkulation garantiert, daß sich keine „Feuchtigkeitsfelder" ausbilden, und die Temperatur ausreichend konstant hält. Durch Evakuieren wird der Angleich beträchtlich beschleunigt, vor allem, solange der Teildruck der Luft höher ist als der des Wasserdampfes. Bei sehr niedrigen und bei hohen relativen Feuchtig-

---

[81] POWERS, J. J., W. LUKASZEWICZ, R. WHEELER u. T. P. DORNSEIFER: Chemical and microbiological activity rates under square-wave and sinusoidal temperature fluctuations. J. Food Sci. 30 (1965) S. 520–530.
[13] Vgl. HEISS, S. 16–17, sowie D'ANS/LAX: Taschenbuch für Chemiker und Physiker, 2. Aufl., Berlin/Göttingen/Heidelberg: Springer 1949, S. 776–779, 888–891, sowie SCHNEIDER, A.: Neue Diagramme zur Bestimmung der relativen Luftfeuchtigkeit über gesättigten Salzlösungen und wäßrigen Schwefelsäurelösungen bei verschiedenen Temperaturen. Holz als Roh- u. Werkstoff 18 (1960) S. 269–272. (Die Gleichgewichtsfeuchtigkeit über H_2SO_4 ist wenig temperaturabhängig.)

keiten ergibt sich eine besonders lange Einstellzeit. Oberhalb etwa 75%
relativer Luftfeuchte versagt die übliche Angleichmethode wegen der bei
vielen Substanzen auftretenden Schimmelbildung, mit der ein Substanz-
verlust verbunden ist. Man muß dann zur direkten Messung des Gleichgewichtsdampfdruckes über dem Gut übergehen[82]. In den letzten Jahren
fanden vielfach elektronische Vakuumwaagen Anwendung, die es ge-

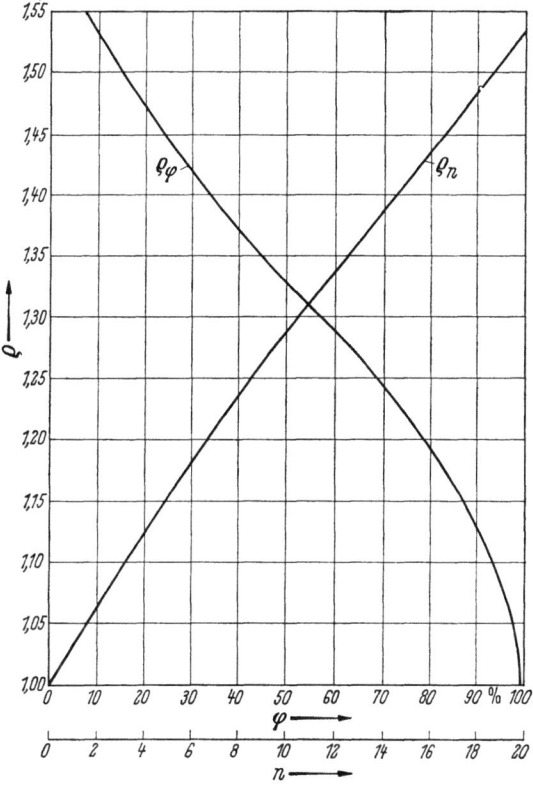

Bild 25. Beziehungen zwischen Normalität (n), relativer Feuchtigkeit (φ) und Dichte (ϱ) von Schwefelsäurelösungen (bei 20 °C)

statten, unter Ausschluß von Luft die Gewichtsänderung der Probe
bei einer Änderung des Wasserdampfdruckes laufend zu verfolgen
und zu registrieren. Vorteilhaft ist diese Methode deshalb, weil sie
gestattet, das Eintreten des Gleichgewichtszustandes sofort zu erkennen und damit unter Umständen erheblich Zeit zu sparen. Außerdem können alle Meßpunkte einer Sorptionsisotherme an einer einzi-

---

[82] LEGAULT, R. R., B. MAKOWER u. W. F. TALBURT: Apparatus for measure-
ment of vapour pressure. Anal. Chem. 20 (1948) S. 428. – Vgl. auch S. 58.

gen Probe bestimmt werden, wobei wegen des Fehlens von Sauerstoff auch bei hohen relativen Feuchtigkeiten keine Gefahr des Schimmelpilzwachstums besteht.

Da die Bindungsarten des Wassers in Lebensmitteln sehr unterschiedlich sind, ergeben die in der heutigen Betriebsanalytik angewandten Bestimmungsmethoden auch verschiedene Wassergehalte. Die Angabe von Wassergehalten sollte daher stets in Verbindung mit einer möglichst genauen Beschreibung der Versuchsbedingungen erfolgen.

Die klassischen Verfahren der Wasserentfernung durch Erhitzen in Schliffdeckelgläschen ergeben meist Fehler durch den Verlust flüchtiger Stoffe sowie durch Zersetzungserscheinungen, beispielsweise als Folge von Bräunungsreaktionen bzw. Oxydation. Naturgemäß sind diese Effekte bei einer Normaldrucktrocknung bei 105°C beträchtlich höher als bei einer Vakuumtrocknung bei 60°C. Bei Trockengemüse beispielsweise dürfte nach neueren Forschungsergebnissen eine Vakuumtrocknung bei 50°C dem wahren Wert am nächsten kommen[83].

Die Karl-Fischer-Methode[84] kann, so universell sie als chemische Bestimmungsmethode ist, bei kohlenhydrathaltigen Systemen Nebenreaktionen ergeben. Nach SCHIEBLICH[85] fallen die Ergebnisse für zuckerhaltige Erzeugnisse bei der Karl-Fischer-Titration, bedingt durch Jod verbrauchende Nebenreaktionen, zu hoch aus. Trockenmilchprodukte ergeben vergleichsweise zur Vakuumtrocknung den um das Kristallwasser des Lactosehydrats erhöhten Wassergehalt. Die Vergleichbarkeit von Karl-Fischer-Titrationen untereinander dürfte letztlich nur durch eine Standardisierung der Methode, wie dies auch bei den klassischen Wasserbestimmungsmethoden geschieht, erreicht werden. Dabei ist einer sinnvollen Gestaltung der recht aufwendigen Titrationsapparatur besondere Aufmerksamkeit zuzuwenden.

Bei einem wesentlichen Teil der nachfolgenden Versuche wurde noch nicht die verbesserte Karl-Fischer-Methode angewandt, sondern die Normaldrucktrocknung bei 105°C oder die Vakuumtrocknung bei 60°C bzw. 70°C bis zur Gewichtskonstanz unter Verwendung einer Drehschieberpumpe. Einige Beispiele der verwendeten Wasserbestimmungsmethoden sind in der nachfolgenden Tabelle angeführt.

---

[83] THUNG, S. B.: Comparative moisture determinations in dried vegetables by drying after lyophilisation or by the Karl Fischer method. J. Sci. Food Agric. 15 (1964) S. 236–244.

[84] Vgl. EBERIUS, E.: Wasserbestimmung mit Karl-Fischer-Lösung, Weinheim: Verlag Chemie 1958.

[85] SCHIEBLICH, H. J.: Vergleichende Wasserbestimmungen an Lebensmitteln. Dissertation TU Berlin 1962. – Ein ausgezeichneter Vergleich der Wasserbestimmungsmethoden stammt von STITT, F.: Moisture equilibrium and the determination of water content of dehydrated foods in fundamental aspects of the dehydration of food stuffs, London 1958, S. 73–86.

a) Bestimmung des Gleichgewichtswassergehaltes

Stoff	Trocknungs-art*	Temperatur [°C]	Dauer**
Stärke	V	105	GK
Apfelpulver	V	70	GK
Kaba-Getränk	V	70	6 + 2 Std.
Ovomaltine	V	60	GK
Fruchtpulver	V	60	GK
Tomatenpulver	V	70	4 Std.
Tomatenpulver (BIRS)	V	70	30 Std.
Tomatensuppe	V	70	4 Std.
Nudelsuppe mit Brühwürze	V	70	4 Std.
Zucker	V	65	6 + 2 Std.
Weinsäure	V	60	4 Std.
Kekse	T	105	6 Std.
Zwieback	T	105	GK
Kartoffelbreipulver	T	105	GK
Milchpulver	T	88	6 Std.
Pralinenfüllmasse	P	70	10 Min.
Salami (mit Sand verrieben)	T	105	4 + 2 Std.
Reis (gemahlen/Starmix)	T	105	3 Std.
Trockenfrüchte (mit Sand)	V, 2 Torr	60	30 Std.
Pektin	T	103	GK
α-, β-Lactose (3 bis 5 g)	T	87 bis 90	GK
Walnüsse (gemahlen)	T	105	GK
Kakaobohnen (20 g Sand + 5 g Kakao verrieben)	T	100	GK

Aus einer Arbeit von SCHAUSS[86] ergibt sich, daß die – notgedrungen – konventionelle Methode der Wasserbestimmung noch den schwächsten Punkt bei der Bestimmung einer Sorptionsisotherme vorstellt. Ohne ausreichende Vorsichtsmaßnahmen (Drehschieberpumpe oder besser Öldiffusionspumpe evtl. mit vorgetrockneter Spülluft bei thermischer Wasserbestimmung) werden im allgemeinen zu niedrige Wassergehalte bestimmt, da eine Restfeuchte im Ofen und damit im Gut verbleibt. (Dies wirkt sich besonders bei steilen Sorptionsisothermen aus.) Insbesondere wenn Hydratbildung und Zersetzungen während des Trocknens auftreten können, müßte strenggenommen für jedes Gut von Fall zu Fall festgelegt werden, nach welchen Verfahren und unter welchen speziellen Bedingungen die Gutsfeuchtigkeit mit den geringsten Fehlern erfaßt werden kann. Die Vereinheitlichung der Wasserbestimmungsmethoden für die wichtigsten Trockenlebensmittel (einschließlich der Zerkleinerungsart) wäre eine Grundvoraussetzung für eine bessere Über-

---

[86] SCHAUSS, H.: Problematik der Wassergehaltsbestimmung von Feststoffen. Chem.-Ing.-Techn. 36 (1964) S. 469–479.
* P = im Planwägegläschen, T = im Trockenschrank, V = im Vakuum.
** GK = bis zur Gewichtskonstanz.

einstimmung an verschiedenen Orten gemessener Sorptionsisothermen. Offenbar ist keine Methode für alle Lebensmittel optimal, falls man mit einer 20stündigen Vakuumtrocknung bei 70°C vergleicht[86a]. Die Bestimmung des „richtigen" Wassergehaltes ist mit erheblichen Kompromissen verknüpft. Praktisch erhält man ihn (falls sich das Lebensmittel währenddessen nicht verändert) nur durch Trocknung im Vakuum über Magnesiumperchlorat während vieler Monate bei Zimmertemperatur!

b) Bestimmung des Gleichgewichts-Wasserdampfpartialdruckes über hygroskopischen Stoffen*

Zur Bestimmung des Gleichgewichts-Wasserdampfpartialdruckes einer Substanz wurde eine einfache, transportable Meßapparatur entwickelt. Sie besteht im wesentlichen aus einem Feinstmembranvakuummeter, einem Eckventil, dem Probenkolben und dem Anschluß für die

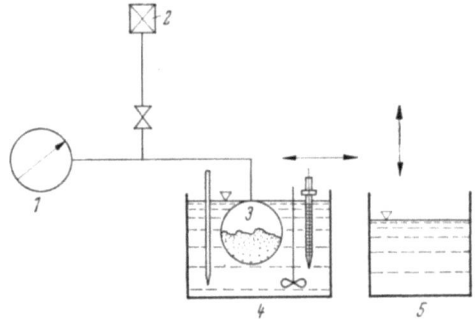

Bild 26. Apparatur zur Bestimmung von Wasserdampfpartialdrücken über hygroskopischen Gütern
1 Manometer; *2* Vakuumpumpe; *3* Probe; *4* Thermostat; *5* Temperierbad

Vakuumpumpe. Der Meßbereich des Manometers umfaßt 0,1 bis 20 Torr. Die Ablesegenauigkeit beträgt 0,1 Torr. Zwischenwerte können noch geschätzt werden. Das Manometer ist völlig unempfindlich gegen Lufteinbrüche. Zusätzlich werden zur Meßdurchführung noch eine Vakuumpumpe, ein Gefäß mit einer Kältemischung und ein Thermostat benötigt.

[86a] BALLSCHNIETER, H. H. B.: Vergleichende Wasserbestimmungen von Lebensmitteln nach verschiedenen Methoden. Dtsch. Lebensm.-Rdsch. 63 (1967) S. 203 bis 207.

* Diese Entwicklung erfolgte durch Dr.-Ing. F. HINTZE im Institut für Lebensmitteltechnologie und Verpackung, München.

b) Bestimmung des Gleichgewichts-Wasserdampfpartialdruckes

Arbeitsweise: Das flüssige oder feste Gut wird in den Probenkolben eingebracht und bei geschlossenem Eckventil in der Kältemischung auf etwa − 70 °C eingefroren. Die Gefrierzeit beläuft sich je nach Menge und Art des Gutes auf 5 bis 15 Minuten. Nachdem die Apparatur völlig evakuiert ist (der Zeitbedarf hierfür liegt in der Größenordnung von wenigen Minuten), wird nun bei abgesperrter Pumpe die Kältemischung durch ein Temperierbad der gewünschten Temperatur ersetzt. Die Endeinstellung des Manometers gibt dann direkt den Gleichgewichts-Wasserdampfdruck der Probe bei der entsprechenden Temperatur wieder. Durch nochmaliges Ausfrieren können noch nachträglich aus dem Gut freigewordene Gasmengen oder eventuelle Undichtigkeiten in der Apparatur festgestellt werden (Bild 26)[87].

---

[87] Bezüglich weiterer Geräte zur Bestimmung des Gleichgewichts-Wasserdampfpartialdruckes wird auf das Buch LÜCK, W.: Feuchtigkeit. Grundlagen, Messen, Regeln. München/Wien: Oldenbourg 1964, sowie auf den zusammenfassenden Bericht von TAYLOR, A. A.: Determination of moisture equilibria in dehydrated foods. Food Technol. 15 II (1961) S. 536, verwiesen. Eine umfassende Darstellung enthält das Buch von GAL, S.: Die Methodik der Wasserdampf-Sorptionsmessungen (Anleit. f. d. chem. Laboratoriumspraxis Bd. 11), Berlin/Heidelberg/New York: Springer 1967.

II. Teil

Sorptionsverhalten sowie Abhängigkeit der Haltbarkeit vom Wassergehalt einzelner Trockenlebensmittel

Die nachfolgenden Sorptionsisothermen stellen den Zusammenhang dar zwischen dem Wassergehalt X, bezogen auf das Naßgewicht, abhängig von der relativen Feuchtigkeit φ, die mit dem Gut bei 20 °C im Gleichgewicht steht. Planmäßige Sorptionsmessungen an Lebensmitteln wurden von GANE[88] und von NEMITZ[89] durchgeführt. Sie beginnen, wenn nicht speziell vermerkt, bei 0% WG. Die sich darauf beziehenden Literaturstellen wurden im Text nicht wiederholt. Überall, wo Ergebnisse auf Grund von Messungen im Institut vorliegen, wurde bei den Abbildungen auf Namenshinweise verzichtet, falls es sich nicht um Gegenüberstellungen in einer Abbildung handelte. Die Messungen wurden von Fräulein J. PÖLLNER durchgeführt.

Das Wort ,,Sorptionsisotherme'' ist in den Abbildungslegenden nicht enthalten, wenn es sich im Anschluß an den Herstellungsprozeß um Adsorptionsisothermen handelte.

In den Abbildungen werden dann keine Grenzwerte angegeben, wenn deren Festlegung nicht ausreichend sicher erschien, sei es, daß die Sorptionsisothermen zu unterschiedlich waren, sei es, daß die Lage des Grenzwertes zu sehr von der Umlaufzeit abhing, sei es, daß eine Lagerung vorzugsweise im Inertgas zu empfehlen ist.

1. Erzeugnisse tierischen Ursprungs

a) Fleisch

Die Sorptionsisotherme von Fleisch und von Fleischwaren (Bild 27) hängt naturgemäß stark vom Fettgehalt ab. Will man Fleisch bzw. Fleischwaren lange haltbar machen, so wird man den Fettgehalt auf ein Minimum senken, da oxydative und lipolytische Veränderungen auch bei erniedrigten Wassergehalten ablaufen. Die Oxydation des Gewebe-

---

[88] GANE, R.: The water relations of some dried fruits, vegetables and plant products. J. Sci. Food Agric. 1 (1950) S. 42–46.

[89] NEMITZ, G.: Die hygroskopischen Eigenschaften getrockneter Lebensmittel. Z. Lebensm.-Unters. u. -Forsch. 123 (1963) S. 1–5. (In den Kurven auf Grund der Angaben dieser Arbeit ist der Anfangswassergehalt Null.)

fettes von gefriergetrocknetem Fleisch scheint in 2 Stufen abzulaufen: Die gebundenen Fette, vorwiegend die Phospholipide, werden unter Fortfall der Induktionsperiode zuerst vom Sauerstoff angegriffen, ohne daß es zu einer Anhäufung von Peroxiden kommt. Nach einer Phase verminderter Sauerstoffsorption folgt dann die Oxydation der neutralen Glyceride, die den typischen Verlauf der autokatalytischen Oxydation zeigt[90]. Dabei steigt die Sauerstoffaufnahme bei $> 4\%$ WG stark an[91].

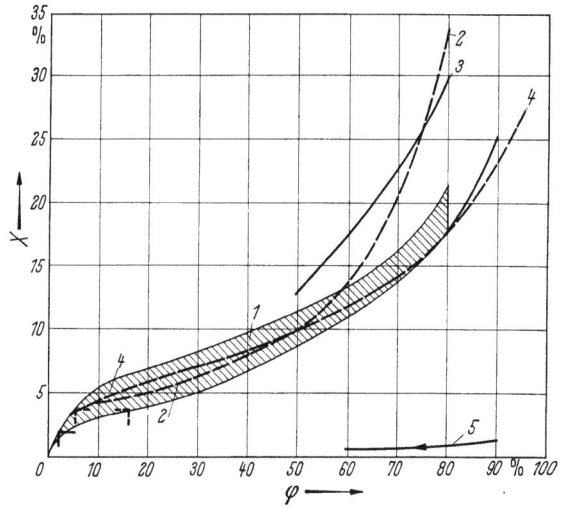

Bild 27. Trockenfleisch sowie Dauerwurst und Speck (*1* bis *3* bezogen auf fettfreie Substanz)
1 rohes und gekochtes Rind- und Schweinefleisch, aus verschiedenen Literaturangaben* (20 bis 23 °C); *2* Rindfleisch gesalzen, Institut (20 °C), Fettgehalt etwa 35%; *3* Dauerwurst, Institut (20 °C), etwa 14% Fett je TS, 5% Salz; *4* Huhn, weißer Muskel, NEMITZ (20 °C); *5* Desorptionsisotherme von rohem Schweinespeck (Anfangswassergehalt 5,8%), Institut (20 °C);
⟨ ⟩ Haltbarkeitsgrenzen

Für die Geruchsveränderung von lagerndem gefriergetrocknetem Fleisch sind der oxydative Verderb der gebundenen Lipide und wasserlöslicher nichtlipider Bestandteile verantwortlich[91]. Bei niedrigen Wassergehalten ist die Gefährdung des Fettes durch Hydrolyse gering; immerhin war

---

[90] EL-GHARBAWI, M. I., u. L. R. DUGAN: Stability of nitrogenous compounds and lipids during storage of freeze-dried raw beef. J. Food Sci. 30 (1965) S. 817–821.

[91] CHIPAULT, J. R., u. J. M. HAWKINS: Oxidation changes affecting odour and flavour of freeze-dried meats. US Army Natick Laboratories, Techn. Rep. FD-11 (1965).

* The accelerated freeze-drying method of food preservation, London 1961, S. 50. – SIDWELL, C. G.: J. Food Sci. 27 (1962) S. 259–260. – TAPPEL, A. L., et al.: Food Technol. 9 (1955) S. 404, sowie NEMITZ[89]. – MORRIS, T. N.: The dehydration of food, London 1947, S. 109. – SARAVACOS, E. D., u. R. M. STINCHFIELD: Effect of temperature and pressure on the sorption of water vapour by freeze-dried food materials. J. Food Sci. 30 (1965) S. 781.

aber nach einer 3monatigen Lagerung bei 37,8°C die Zunahme der Säurezahl von ungekochtem Rindfleisch zwar bei 0% relativer Feuchtigkeit unerheblich, bei 11% und 32% relativer Feuchtigkeit aber merklich und nicht mehr allzu abweichend.

Während der Gefriertrocknung von Fleisch geht Oxymyoglobin in Myoglobin über. Während der nachfolgenden Lagerung und während des Zurichtens wird das Myoglobin zu Metmyoglobin oxydiert. Dadurch ergibt sich eine braune Farbe. Die Proteinoxydation ist anscheinend eine besonders störende oxydative Veränderung[92]. Im Hinblick auf die Geschwindigkeit der Proteinoxydation dürften folgende Wassergehalte zulässig sein: gefriergetrocknetes Rindfleisch 2,5%, gefriergetrocknetes Schweinefleisch 6%, gefriergetrocknetes Hühnerfleisch 7%. Niedrigere Wassergehalte sollen in den beiden letztgenannten Fällen ungünstiger sein[93].

Noch entscheidender können die Carbonyl-Aminosäure-Bräunungsreaktionen sein[94], außerdem das Strohigwerden bzw. die Verringerung des Wasserhaltevermögens als Folge der Vernetzung durch Carbonyl-Amino-Reaktionen sowie durch Disulfid- bzw. Wasserstoffbrückenbildung. Obwohl die Zuckerfraktion eine bräunliche Verfärbung durch Reaktionen sowohl mit der Proteinfraktion wie mit einer eiweißfreien löslichen Fraktion bilden kann, ist der charakteristische angebrannte, bittere Beigeschmack von gelagertem Trockenfleisch nur durch letztere bedingt. Glucose-6-phosphat ist an der nichtenzymatischen Bräunung beteiligt. Die Farbveränderung des eiweißfreien Extraktes verlangsamt sich stark mit sinkendem pH-Wert (dies wird beim sogenannten Biltong ausgenützt) und mit fallender Lagertemperatur (Q_{10} = 3,2 bis 4,3). Bei 15°C bleibt der typische Schweinefleischgeschmack des Extraktes längere Zeit (etwa 5 Monate bei φ = 60%) erhalten (nach $1^1/_2$ Monaten beginnender Altgeschmack), bei 25°C war der Altgeschmack schon nach $^1/_2$ bis 1 Monat merklich[95]. Die Farbänderung von Schweinefleisch bei 37°C und φ = 57% erfolgt rascher als die Geschmacksveränderung. Bei φ = 16% wurde die Farbveränderung stark vermindert (was 3,5% WG, bezogen auf fettfreie Trockenmasse, und 2% WG, bezogen auf einen Fettgehalt von 40%, entspricht[35]), und zwar waren die Veränderungen unter φ = 16% bei gekochtem und ungekochtem Fleisch etwa gleich, darüber erwies sich gekochtes Fleisch als überlegen.

---

[92] TAPPEL, A. L.: Freeze dried meat. Food Res. 21 (1956) S. 195–206.
[93] US Dept. Commerce AD 282046 (Govt. Res. Rep. 1963), S. 65. – Vgl. auch GROSCHNER, E., O. HAMANN u. M. SCHAMBECK: Proc. 10th Int. Congr. Refrig. Copenhagen 1959.
[94] REGIER, L. W., u. A. L. TAPPEL: Freeze dried meat. Food Res. 21 (1956) S. 630, 640.
[95] SHARP, J. G.: Deterioration of dehydrated meat during storage II. J. Sci. Food Agric. 8 (1957) S. 21–25.

Das Wasserhaltevermögen beim Zurichten von Trockenfleisch ist auch vom Ausmaß der vorherigen Fleischreifung unabhängig[96]. Falls man die Gefahr des Strohigwerdens verringern will, muß man wahrscheinlich ein Trocknen auf allzu niedrige Wassergehalte vermeiden. Wie das sogenannte Bündnerfleisch beweist (4 bis 5% NaCl, 45 bis 48% WG), lassen sich bis auf das Ranzigwerden der Oberflächenschicht auf diese Weise bei Rindfleisch alle Veränderungen eine gewisse Zeit beherrschen. Sicher sind bei diesen Wassergehalten die Lipasen sehr aktiv, so daß die Gefahr eines hydrolytischen Fettverderbs besteht. Deshalb entfernt man hierbei das gesamte Fettgewebe, wodurch sich gleichzeitig auch die Gefahr eines oxydativen Verderbs verringert.

Will man den hydrolytischen Fettverderb völlig ausschließen, müßte man die Lipasen durch Kochen des Fleisches inaktivieren; bei sehr niedrigen Wassergehalten ist er aber schwerlich dominierend. Andererseits ist die Sauerstoffaufnahme von gekochtem Fleisch merklich höher als von rohem Fleisch[91]. Noch einschneidender als die Vermeidung allzu tiefer Wassergehalte scheint sich die Wahl einer niedrigen Lagertemperatur auf den Ablauf der Carbonyl-Amino-Bräunung sowie auf die Erhaltung der Konsistenz (Vermeidung des Strohigwerdens) auszuwirken[97]. Je niedriger der Wassergehalt ist, desto länger bleibt eine gute Kaufähigkeit erhalten; der a_1-Punkt (3,5% WG, bezogen auf fettfreie Trockensubstanz) sollte nicht überschritten werden[97a].

Im ganzen ergibt sich bei Rindfleisch bei 37,8 °C – organoleptisch beurteilt – nur eine Haltbarkeit von einem Jahr, unter der Voraussetzung, daß der Wassergehalt 1,5% nicht übersteigt; bei 4,5% WG (6,7% bezogen auf fettfreie Substanz) beträgt sie aber selbst bei 15 °C nur noch knapp ein halbes Jahr[98], wenn nicht sauerstofffrei verpackt wurde. Schweinefleisch ist empfindlicher.

Vermeidung von Luftberührung. Unbeschränkter Luftzutritt ist ebenso ungünstig wie eine Erhöhung des Wassergehaltes. Sofern getrocknetes, gekochtes Fleisch komprimiert werden soll, ist zu bedenken, daß das Fasergefüge zerbricht, falls der Wassergehalt unter etwa 9% (fettfrei)

---

[96] HAMDY, M. K., V. R. CAHILL u. F. E. DEATHERAGE: Some observations on the modification of freeze dehydrated meat. Food Res. 24 (1959) S. 79–89.

[97] THOMSON, J. S., J. B. FOX u. W. A. LANDMANN: The effect of water and temperature on the deterioration of freeze-dried beef during storage. Food Technol. 16 (1962) S. 131. – Vgl. auch HAMM, R., u. F. E. DEATHERAGE: Changes in hydration and changes of muscle proteins during freeze-dehydration of meat. Food Res. 25 (1960) S. 573–586.

[97a] KAPSALIS, J. G.: Hygroscopic equilibrium and texture of freeze-dried foods. US Dept. Commerce, AD 655488 (1967).

[98] SHARP, J. G.: Dehydrated meat. Food Investigation Special Rep. Nr. 57, London 1953.

bzw. 5% (40% Fettgehalt) liegt[99]. Bei einer Gleichgewichtsfeuchtigkeit von 11% ergeben sich bei 37,8 °C innerhalb von 3 Monaten keine wesentlichen Veränderungen mehr, das Trockenfleisch sorbiert lediglich noch geringfügig Sauerstoff, und sein Gehalt an freien Fettsäuren nimmt leicht zu. Bei hermetisch abdichtender Verpackung in Anwesenheit von Luft lassen sich getrocknetes, vorgekochtes Rind- und Hammelfleisch (3 bis 5% WG) bei etwa 20°C 4 bis 6 Monate lagern, Schweinefleisch kürzer. In komprimiertem Zustand verlängert sich diese Haltbarkeitszeit auf 1 bis 3 Jahre, in reinem Stickstoff noch stärker[35]. Komprimieren ist für Langlagerung – insbesondere bei höheren Temperaturen – besonders wichtig. Durch die Entfernung von Sauerstoff verringert sich die Gefahr des Auftretens eines leinöligen, talgigen Beigeschmacks erheblich; beim Sauerstoffpartialdruck Null dürfte kein Metmyoglobin entstehen. Bei Lagerung bei höheren Temperaturen tritt eine mehlige Geschmacksveränderung in den Vordergrund, selbst bei Stickstofflagerung. Die Braunfärbung von Trockenfleisch soll sich durch CO_2-Lagerung stärker hemmen lassen als durch Stickstofflagerung. Weil bei sehr niedrigen Wassergehalten in Luft die oxydativen Veränderungen stärker hervortreten, liegt bei einer Lagerung mit Sauerstoffberührung der optimale Wassergehalt etwas höher als bei Lagerung in Stickstoff. Bei Ausschluß von Sauerstoff wird die Carbonyl-Amino-Bräunung zur dominierenden Reaktion. Da sich bei der Gefriertrocknung ohne allzu hohe Veränderungen durch Bräunungsreaktionen sehr viel niedrigere Wassergehalte erreichen lassen als durch Lufttrocknung, ist das Brechen des Vakuums mit Stickstoff mit anschließender Inertgaslagerung (O_2-Konzentration < 0,5%) von gefriergetrocknetem, gekochtem Fleisch mit sehr niedrigem Wassergehalt (wenn erreichbar, möglichst < 1%) bei Kaltlagertemperaturen das Verfahren für Langlagerung. In eigenen Versuchen wurde eine Haltbarkeit von etwas über 2 Jahren bei komprimiertem, gasgelagertem Rindfleisch festgestellt. Man hat zu bedenken, daß die Oxydation des Gewebefettes durch Häm-Farbstoffe katalysiert wird.

Versuche mit zerkleinertem, gekochtem *Hammelfleisch*[99] (33,5 bis 39% Fettgehalt, das Fett wurde beim Kochen entfernt; 5,6% WG) ergaben, daß dieses wesentlich unempfindlicher als Rindfleisch zu sein scheint. Konsistenz und Saftigkeit änderten sich bei der Lagerung nur wenig, dagegen der Geschmack merklich. In Luft betrug die Haltbarkeit bei 0 bis 15°C 1 bis $1^1/_2$ Jahre, und erst bei 25°C verminderte sie sich stark ($^1/_2$ Jahr). Durch Komprimieren ergab sich eine wesentliche Erhöhung und durch Stickstofflagerung eine zusätzliche Verlängerung der Lagerzeit, so daß sie bei 0 bis 15°C etwa 4 Jahre, bei 25 bis 30°C etwa $2^1/_2$ Jahre beträgt.

---

[99] PRATER, A. R., u. G. G. COOTE: The storage life of dried mutton mince. Div. of Food Preserv. Techn. Paper Nr. 24, Melbourne 1961.

Häufig wird Fleisch in einer durch den Wolf zerkleinerten Form getrocknet. Zerkleinertes Fleisch ergibt zwar nur hachéeartige Gerichte bzw. Klößchen, dafür kommt hier die erhöhte Zähigkeit der Fasern kaum zur Geltung. Im allgemeinen wird die Kochbrühe in eingedicktem Zustand als Konzentrat vor dem Trocknen zugegeben. Das Gefriertrocknen ermöglicht dagegen die Verarbeitung in *Scheibenform*.

Pökeln. Die Fleischverfärbung ins Braune läßt sich in gewissem Umfang durch *Pökeln* verringern. Versuche mit gepökeltem, gekochtem Rindfleisch bei 6,4% WG ergaben die absolute Notwendigkeit einer Verpackung in Stickstoff[100]. Eine ausreichende Färbung und ein guter Geschmack konnte aber bei 3 bis 5% WG und 20°C auch im Vakuum nicht länger als $1/2$ Jahr aufrechterhalten werden[100]. Bei solchen gepökelten Erzeugnissen ist außer einer sauerstoffdichten immer auch eine lichtdichte Verpackung empfehlenswert. Auch hier hilft für eine Langlagerung wohl nur die Kombination: sehr niedriger Wassergehalt, Gaslagerung, Kaltlagerung sowie lichtdichte Verpackung; immerhin bietet sich bei nicht übertriebenen Ansprüchen an die Haltbarkeitszeit, aber bei weit höheren Wassergehalten auch das vorerwähnte Bündnerfleisch an.

Die Hemmung der Farbveränderung durch Pökeln wird auch bei *Dauerwürsten* praktiziert[101]. Bei Dauerlagerung kommt es auf einen Wassergehalt im Kern an, der einer Gleichgewichtsfeuchtigkeit $\varphi < 80\%$ (Bild 27, Kurve 3) entspricht, auf Anwendung einer Inertgasatmosphäre sowie auf eine möglichst lichtundurchlässige Wursthülle. Die lipolytischen Veränderungen lassen sich bei diesem Wassergehalt bei Rohwurst nicht vermeiden; sie sind zwar für den Reifungsprozeß wichtig, führen aber im weiteren Verlauf zu Alterungserscheinungen in Form von geschmacklich störenden Fettzersetzungen. Durch Wahl geringer Wurstdurchmesser und damit erzielbarer kurzer Trocknungszeiten bei niedrigen Temperaturen lassen sich diese aber von Anfang an niedrig halten; den Rest müssen Kaltlagerung und herabgesetzter Wassergehalt (zumindest in den Randschichten $\varphi \approx 60\%$) besorgen.

Gesamtergebnis. Entweder Trocknen auf $< 1\%$ WG, Lagerung bei 0,5 (bis 1)% O_2 und niedrigen Temperaturen[101a]; möglichst fettfreies, gefriergetrocknetes Fleisch. Alternativ unter Erhaltung einer besseren Konsistenz, aber bei merklich verringerter Haltbarkeitszeit: gepökeltes Fleisch

---

[100] ANGLEMIER, A. F., D. L. CRAWFORD u. H. W. SCHULTZ: Improving the stability and acceptability of precooked, freeze-dried ham. Food Technol. 14 I (1960) S. 10.

[101] LUBIENIECKI, M., u. R. HEISS: Beobachtungen über die Qualitätsveränderung bei der Lagerung von Rohwurst. Fleischwirtsch. Febr. 1965, S. 101–106.

[101a] US-Angabe für 6 Monate: Sauerstoffkonzentration 2%; Wassergehalt unter 2% bei 38°C, allerdings ohne Beurteilung der Farbe. Vgl. ROTH, N., et al.: Effect of exposure to oxygen on changes in meats and vegetables during storage. US Dept. Commerce, AD 625484 (1965).

nach Art des Bündnerfleisches oder der Salami bei höheren Wassergehalten, Lagerung nicht bei hohen Temperaturen, je nach Gleichgewichtsfeuchtigkeit zweckmäßigerweise in sauerstofffreier Atmosphäre. Bei niedrigen Wassergehalten ist diese unbedingt nötig. Lichtschutz ist um so nötiger, je höher der Fettanteil ist.

Bei *Hühnerfleisch* sind die oxydativen Fettveränderungen weit dominierender als bei Rindfleisch; nach dem Gefriertrocknen muß deshalb unbedingt das Vakuum mit Stickstoff gebrochen und sofort in Stickstoff verpackt werden. Die Konsistenzerhaltung ist günstiger als bei Rind- und Schweinefleisch; die nichtenzymatischen Bräunungsreaktionen treten bei vorgekochtem Hühnerfleisch stark in den Hintergrund. Weißes Hühnerfleisch neigt weniger zum Seifig- und Tranigwerden, zu Grauverfärbung und zu einer zähen Konsistenz als braunes Hühnerfleisch. Gefriergetrocknet wies es nach eigenen Versuchen bei 2% WG in Luft und bei 4,5% WG in Stickstoffatmosphäre eine Haltbarkeitszeit von einem Jahr auf (bei 0,5 bzw. 1% WG 2 Jahre). Braunes Hühnerfleisch ist infolge seines höheren Gehalts an Häm-Substanzen in Luft bei 1 bis 4% WG nur 8 Monate haltbar, dagegen in Stickstoffatmosphäre bei 3% WG 1 Jahr und bei 1% WG 2 Jahre[39].

b) Fisch

Die Angaben über Trockenfisch sind relativ spärlich. Das Trocknen von Fisch spielt offensichtlich bevorzugt für die Tropen eine Rolle. Bekannt sind die Eigenschaften von Lates Niloticus (Nile Perch) vom Chadsee und von Pseudotolithus Typus (Croaker), einem Seefisch. Die Sorptionsisothermen sind in Bild 28 dargestellt[102]. Da der Verderb in den Tropen bevorzugt durch Insektenbefall (Dermestes maculatus) erfolgt, ist der geschmackliche Verderb bei diesen Erzeugnissen, die keine Lagerware vorstellen, im allgemeinen nicht begrenzender Faktor, und man wird lediglich die Schimmelpilzgrenze unterschreiten müssen (15 bis 18% WG).

Bei Stockfisch, der oft lange gelagert wird, ist bekannt, daß er für die Tropen mit 2,5% WG und darunter geliefert werden muß. In kontinentalem Klima und in Stickstoffatmosphäre beträgt seine Haltbarkeit 12 Monate bei 2% WG, jedoch nur 4 Monate bei 3% WG[103]. Bei Klippfisch beträgt bei $\varphi = 70\%$ der Gleichgewichtswassergehalt in leicht gesalzenem Zustand 25%, bei starker Salzung 18%[104].

---

[102] SIMMONS, E. A., H. M. WALKER u. J. RILEY: The moisture content relative humidity relationship of dried fish, West African Stored Products Research Unit, Lagos 1961, S. 120–123.

[103] MATHESON, N. A., u. I. F. PENNY: Storage of dehydrated cod. Food Process. Packag. 30 (1961) S. 87–89, 123–127.

[104] DINGL, I. R.: Moisture curves for light-salted cod. J. Fish Res. Bd. Canada, Progr. Rep. 53 (1953) S. 9.

b) Fisch 67

In Bild 28 sind auch Sorptionsisothermen für Dorschfischmehl[104a] und für Magerfische eingezeichnet. Getrocknete *Magerfische*[105] entwickeln bei der Lagerung einen Beigeschmack in Richtung Fleischextrakt, bitter bis senfartig, heuig bis rübig (Maillard-Reaktion wegen des Gehaltes an Ribose). Die Farbe wird gelb bis orange, die Struktur – allerdings langsamer – faserig[105a]. Lagert man sie in reinem Stickstoff, so wirkt sich die Gaslagerung vor allem in einer Verringerung der Verfärbung aus. (Offenbar ist eine mit Fettoxydation gekoppelte Bräunung beteiligt.)

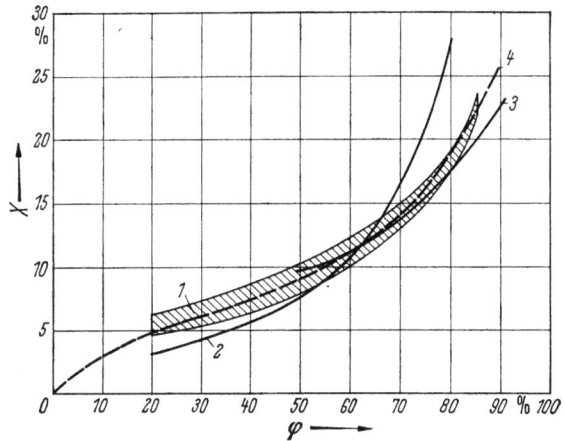

Bild 28. Trockenfisch
1 Kabeljau, NEMITZ (20°C); Fischmehl aus Dorsch und Rotbarsch, Institut (25°C); getrockneter Kabeljau und Lengfisch*, SHEWAN (20°C und 37°C); *2* Lates Niloticus (29 bis 30°C) vor der Trocknung 4 Stunden lang in Sole**; *3* Pseudotolithus Typus (29 bis 30°C) in einem Chula-Trockner getrocknet**; *4* gefriergetrockneter Salm[17] (27°C)

Erstaunlicherweise scheint bei Magerfischen in den Grenzen 2 bis 14% WG (bezogen auf fettfreie Masse) bei Raumtemperatur die Lagerfähigkeit vom Wassergehalt ziemlich unabhängig zu sein, ausgenommen, daß im höheren Intervall die Faserigkeit stärker zunimmt. Schimmelpilzbefall beginnt bei einer Gleichgewichtsfeuchtigkeit von $\varphi = 65\%$ bei 20°C nach 62 Wochen. Man wird deshalb vorsorglich für längere Lager-

---

[104a] Vgl. hierzu ALEXANDER, P. A.: Moisture content vs. equilibrium humidity of fish flour. Fishing Industry Res. Inst. 19 (1965) S. 64. Jene Sorptionsisothermen liegen etwas tiefer.
[105] Vgl. CUTTING, C. L., u. G. A. REAY: Dehydration of fish. Food Investigation Special Rep. Nr. 62, London 1956, S. 100ff.
[105a] Vgl. hierzu JONES, N. R.: Kinetics of phosphate-buffered, ribose-amino reactions at 40°C and 70% relative humidity. J. Sci. Food Agric. 10 (1959) S. 615 bis 624.
* SHEWAN, J. M.: J. Hyg. 51 (1953) S. 347.
** West-African Stored Products Research Unit, Ann. Rep. 1961, S. 122.

zeiten keine höheren Wassergehalte als 10% vorsehen[25]. Bei 37 °C ist Fisch mit einem Wassergehalt unter 3% höheren Wassergehalten deutlich überlegen[103]. Aber selbst bei noch niedrigeren Wassergehalten erfolgt noch ein Abbau von 1-Methylhistidin[106] (bei höheren Feuchtigkeiten freie Ribose). Gefriergetrocknete Seezunge ergab selbst im Gleichgewicht mit 0,5 und 10% relativer Feuchtigkeit eine Bräunung[107].

Kompression von Trockenfisch auf eine Dichte von 1,0 verlängerte die Haltbarkeit merklich. Um Trockenfische komprimieren zu können, muß der Wassergehalt über 12% liegen. Fischmehle sind, vermutlich wegen der höheren spezifischen Oberfläche, weit weniger haltbar als stückiges Gut.

Bei *Fettfischen* dominiert als Lagerveränderung die Ranzigkeit; sie ist aber nicht die einzige Geschmacksveränderung, denn in Stickstoffatmosphäre stellt sich der vorerwähnte Heugeschmack ein. Er dominiert auch bei Lagerung in Luft bei höheren Temperaturen, dagegen tritt bei niedrigeren Temperaturen die ranzige Komponente in den Vordergrund. Lichtdichte Verpackung ist immer günstig. Die Haltbarkeit von getrocknetem Salm betrug bei 10°C 6 Jahre[105]. Bei gefriergetrocknetem Salm wurde bei 5% WG – also weit über dem a_1-Wert – sowohl hinsichtlich Bräunung wie auch hinsichtlich Fettoxydation insgesamt die höchste Lagerfähigkeit festgestellt[17].

Lagerfähigkeit (in Monaten) von getrockneten vorgekochten Fischfilets[105]:

	10 bis 15 °C		25 °C		37 °C	
	Luft	Stickstoff	Luft	Stickstoff	Luft	Stickstoff
Weißfisch	12	mehrere Jahre	6	10	2	3
Geräucherter Weißfisch	18		10	20	3	6
Hering	9		7	12	4	6
Geräucherter Hering	12		8	15	4	8

Bei Gefriertemperaturen beträgt auch in Luft die Haltbarkeit von Trockenfischen mehrere Jahre. Eine Verfärbung läßt sich aber selbst bei −30°C nicht völlig vermeiden.

Ergebnis. Im ganzen ergibt sich, daß man bei einer Lagerung bei niedrigen Wassergehalten kombiniert mit sauerstofffreier Lagerung immer auf der sicheren Seite ist. Außer bei ausgesprochenen Fettfischen ist letzteres aber im Gegensatz zu Warmblütlerfleisch weniger nötig. Vorkochen und Kaltlagerung ist empfehlenswert. Lichtdichte Verpackung ist immer günstig.

---
[106] TARR, H. L. A.: Ann. Rev. Biochem. 27 (1958) S. 223.
[107] TARR, H. L. A., u. B. E. A. GADD: J. Fish Res. Bd. Canada 22 (1965) S. 755–760.

c) Eipulver

Volleipulver kann einen unangenehmen Geschmack, eine braune Farbe, schlechtes Schaumvolumen sowie eine schlechte Schaumerhaltung entwickeln und schlecht löslich werden. Analytisch ist dabei das Auftreten fluoreszierender ätherlöslicher Substanzen auffällig.

Die Hauptveränderung, welche Volleipulver beim Sprühtrocknen erfährt, ist die Verringerung des *Schaumvolumens* auf etwa die Hälfte. Durch Gefriertrocknen kann diese Einbuße vermindert werden. Durch Zugabe von Glucoseoxydase zum Zweck des enzymatischen Abbaues der geringen Glucosemenge (etwa 1%) und damit der Verhinderung von Bräunungsreaktionen kann außer einer wesentlichen Verzögerung im Auftreten eines Beigeschmackes eine Verminderung der Schlagfähigkeit beim Lagern vermieden werden.

Dagegen kann lediglich eine Verminderung des Schaumvolumens verhindert werden, falls der Volleimasse vor dem Trocknen 13,5% Saccharose – oder besser Lactose – zugegeben wird; das Schaumvolumen bleibt aber bei der Lagerung nur erhalten, wenn dabei der Wassergehalt 3,5% nicht übersteigt. Dieses Erzeugnis eignet sich für Bäckereien. Die Zugabe von Saccharose verzögert auch eine zweite Lagerveränderung, den Verlust an Löslichkeit während der Lagerung, dagegen werden dadurch Bräunungsreaktionen nicht verzögert; außerdem kann als Folge der Fettoxydation (etwa 42% Fettgehalt) bei der Lagerung in Luft ein fischiger Geschmack auftreten, der besonders bei höheren Lagertemperaturen hervortritt.

An dem Auftreten der *Geschmacksveränderungen* sind in erster Linie die Kephalinfraktion des Phospholipidgemisches sowie Carotinoide des Eigelbs beteiligt. Zwar führt sowohl die Reaktion von Glucose mit Proteinen (vorwiegend für die Löslichkeit verantwortlich) wie auch mit Kephalin (vorwiegend für Geschmacksveränderungen verantwortlich) zur Bildung brauner Substanzen, doch wird nur erstere durch eine Senkung des Wassergehaltes von 5% auf 2% wesentlich reduziert[108]. Bei 37,5°C war die Bräunung viel ausgeprägter als die Geschmacksveränderung; der Phospholipidabbau ging besonders rasch vor sich.

Durch Lichteinwirkung bei der Lagerung wird die Sauerstoffaufnahme stark erhöht, dagegen bilden sich nur unter extremen Bedingungen Cholesterinhydroperoxid und 7-Dehydrocholesterin[109]. Während der Lagerung in Luft geht – insbesondere bei höheren Wassergehalten (8,4 bis 11%) – praktisch das gesamte Vitamin B_1 verloren.

---

[108] KLINE, L., H. L. HANSON, T. T. SONODA, J. E. GEGG, R. E. FEENEY u. H. LINEWEAVER: Role of glucose in the storage deterioration of whole egg powder III. Food Technol. 5 (1951) S. 323, vgl. auch S. 181–187.

[109] ACKER, L., u. H. GREVE: Über die Photooxydation des Cholesterins in eihaltigen Lebensmitteln. Fette, Seifen, Anstrichmitt. 65 (1963) S. 1009–1012.

Verfahren zur Haltbarkeitsverlängerung. Da die Bräunungsreaktionen pH-abhängig sind, kann durch *Ansäuern* auf den pH-Wert des Dotters eine geringfügige Verbesserung der Aromaerhaltung und vor allem der Löslichkeit erzielt werden. Offenbar wirkt sich dieses Verfahren, insbesondere bei hohen Lagertemperaturen und niedrigen Wassergehalten günstig aus; nach J. BROOKS und D. J. TYLOR (Eggs and egg products, London 1955) ist eine sehr lange Haltbarkeitszeit von Trockenvollei erreichbar: bei 2 bis 0,5% WG, einem pH-Wert von 5,5 und bei Lagerung in einem inerten Gas. Trotzdem ist dieses Verfahren gegenüber dem der Entfernung von Glucose aufgegeben worden, weil die hiermit erzielbare Haltbarkeit auch bei höheren Temperaturen wesentlich länger ist.

Der *Wassergehalt* ist vor allem auf den Geschmack und auf das Schaumvolumen von Einfluß. Bei 7% WG ergibt sich bei 30°C nach 6 Wochen ein kratziger, bei 11% ein bitterer und talgiger Geschmack. Bei 4,7% WG und 27°C lag die geschmackliche Grenze bei 6 Wochen, bei 3% WG bei 32 und bei 1,7% bei 36 Wochen. 3 bis 3,5% sollen keinesfalls überschritten werden, weil sonst die Wirkung der Lipase und der Lecithinase zu stark in Erscheinung treten kann. Anzustreben ist ein Wassergehalt von 2%; bei diesem Wassergehalt soll sich bei 20°C und Lagerung in Luft nach 8 Monaten noch ein gutes Rührei erzielen lassen.

Geschmackliche und farbliche Veränderungen sowie der Vitamin-B_1-Verlust, eine Einbuße an Vitamin A und der Carotinoide lassen sich durch *Gaslagerung* herabsetzen, und zwar hat sich dabei ein Gemisch von 80% N_2 und 20% CO_2 bewährt. Die Angaben, ob durch CO_2-Verwendung gegenüber Stickstoff eine Verlängerung der Haltbarkeit erzielbar ist oder nicht, weichen ab. Die Veränderungen der Phospholipid-Fraktion sind nicht wesentlich sauerstoffabhängig[108], auch läßt sich durch Sauerstoffentzug allein der bei höheren Lagertemperaturen in Erscheinung tretende Biskuitgeschmack nicht vermeiden.

Erst durch *Entfernung der Glucose* mit Glucoseoxydase und Zerstörung des bei dieser Reaktion gebildeten Wasserstoffhydroperoxides durch Katalase lassen sich Bräunungsreaktionen wirklich vermeiden, und weil damit die oxydativen Veränderungen die dominierenden werden, beginnt sich jetzt erst die Gaslagerung und damit auch ein niedriger Wassergehalt entscheidend auszuwirken. Durch Entfernung der Glucose soll sich auch die Sauerstoffaufnahme in Luft auf die Hälfte bis auf zwei Drittel reduzieren lassen. Durch Entfernung der Glucose, niedrigen Wassergehalt und Inertgaslagerung läßt sich selbst bei 37,5°C noch eine Haltbarkeit von 2 bis 3 Monaten erreichen; die Schlagfähigkeit bleibt sogar noch länger erhalten[108].

Gefriergetrocknete Proben erwiesen sich nach 10 Monaten bei 15,5°C in Stickstoff gelagert noch als brauchbar, sprühgetrocknetes Vollei unter

c) Eipulver 71

den gleichen Lagerbedingungen aber nicht mehr[108]. Gefriergetrocknetes Rührei läßt sich nach einer 6monatigen Lagerung bei 21°C küchenmäßig einwandfrei verarbeiten, wenn der Wassergehalt 2% beträgt und die Sauerstoffkonzentration in der Verpackung unter 1,5% liegt. Gegenüber dem Rührei aus einem frischen Ei ist vor allem eine Geschmacksabflachung festzustellen[110].

Der Temperatureinfluß auf die Veränderungen von Volleipulver ist beträchtlich. Bei 4% WG lag das Q_{10} zwischen 20 und 30°C bei etwa 4 (Braunfärbung), zwischen 10 und 20°C bei etwa 2.

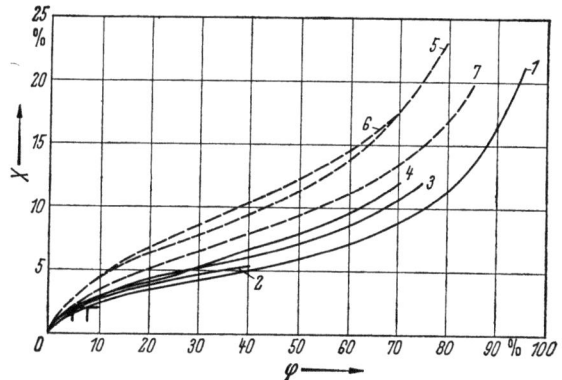

Bild 29. Eipulver (6 und 7 aus den zitierten Fundamental aspects of the dehydration of foodstuffs, 1958)
1 Volleipulver, NEMITZ (20°C); 2 Volleipulver, MAKOWER* (40°C); 3 Volleipulver, Institut (20°C) und US-Werte (37,8°C); 4 Volleipulver, GANE** (10°C); 5 Eiklar, NEMITZ (20°C); 6 Eiklar, gefriergetrocknet (10°C); 7 Eiklar, BENSON u. RICHARDSON (25°C); > Haltbarkeitsgrenze

Die Schlagfähigkeit von getrocknetem *Eiklar* (Albumin) zur Herstellung von „Eischnee" wird durch Trocknen nicht vermindert, lediglich das Rekonstitutionsvermögen. Da in den Herstellungsprozeß die Entfernung der Glucose eingeschlossen ist, konnte hierbei festgestellt werden, daß damit keineswegs unmittelbar die Bildung unlöslicher Substanzen verknüpft ist, sondern diese erst in einer zweiten Stufe auftreten. Nur unfermentiertes Trockenalbumin ist temperaturempfindlich.

Eidotter neigt durch das Trocknen zum Gelatinieren; auch hier ist die Rekonstitution erschwert. Die Lagereigenschaften bezüglich Geschmack und Farbe dürften sich von denen von getrocknetem Vollei nicht wesentlich unterscheiden; auch hierbei empfiehlt sich eine Entfernung der Glucose.

---

[110] BIRD, K.: Freeze-dried foods. Palatability tests US Dept. Agric., Marketing Res. Rep. Nr. 617 (1964) (S. 22–23 Eier).
* MAKOWER, B.: Ind. Eng. Chem. 37 (1945) S. 1019.
** GANE, R.: J. Soc. Chem. Ind. 62 (1943) S. 185.

In Bild 29 sind Sorptionsisothermen für Vollei und für Eiklar dargestellt. Will man eine lange Haltbarkeit erzielen, so muß man sehr niedrige Gleichgewichtsfeuchtigkeiten anwenden, was sehr dampfdichte Verpackungen erfordert.

Zusammenfassende Literatur:

HAWTHORNE, J. R.: Dried egg II. J. Soc. Chem. Ind. 62 (1943) S. 135–137.
BATE-SMITH, E. C., J. BROOKS u. J. R. HAWTHORNE: J. Soc. Chem. Ind. 62 (1943) S. 97.
GANE, R.: The water relations of dried egg. J. Soc. Chem. Ind. 62 (1943) S. 185–187.
THISTLE, M. W., W. H. WHITE, M. REID u. A. H. WOODCOCK: Canad. J. Res. 22 (1944) S. 80.
MAKOWER, B.: Vapour pressure of water adsorbed on dehydrated eggs. Ind. Eng. Chem. 37 (1945) S. 1019.
CRUICKSHANK, E. M., E. KODICEK u. Y. L. WANG: J. Soc. Chem. Ind. 64 (1945) S. 15.
PEARCE, J. A., M. REID u. W. H. COOK: Canad. J. Res. F. 24 (1946) S. 39–46.
BOGGS, M. M., u. H. L. FEVOLD: Ind. Eng. Chem. 38 (1946) S. 1076.
FEVOLD, H. L., B. G. EDWARDS, A. L. DIMICK u. M. M. BOGGS: Ind. Eng. Chem. (Ind.) 38 (1946) S. 1079.
STEWART, G. F., u. R. KLINE: Ind. Eng. Chem. 40 (1948) S. 916, 919.
LIGHTBODY, H. D., u. H. L. FEVOLD: Biochemical factors influencing the shelf life of dried whole eggs and means for their control. Adv. in Food Res., New York 1948, S. 149–194.
PRATER, A.: Austr. J. Appl. Sci. 1 (1950) Nr. 2, S. 224.
BROOKS, J., u. D. J. TAYLOR: The British Food Manufacturing Industries Research Association, Scientific and Technical Surveys Nr. 20 (Nov. 1953) S. 86.
HANSON, H. L., u. L. KLINE: Consumertype appraisal of whole egg powders stabilized by glucose removal and acidification. Food Technol. 8 (1954) S. 372–376.
BROOKS, J.: The structure of the animal tissues and dehydration. Reprinted from: Fundamental aspects of the dehydration of foodstuffs, 1958, S. 8.

d) Milchpulver (Voll- und Magermilchpulver)

Der Milchzucker (bei Trockenvollmilch 38%, bei Trockenmagermilch etwa 50%, bei Trockenmolke etwa 70%) befindet sich im Milchpulver weitgehend im Zustand einer unterkühlten Schmelze in Form von α- und β-Lactose-Anhydrid. In wäßriger Lösung soll sich folgendes Gleichgewicht einstellen: α-Lactosehydrat $\rightleftarrows \beta$-Anhydrid $+ H_2O$ (Verhältnis α/β etwa 2/3)[111]. Die Wassermenge, die von Lactose bei der Hydratation gebunden wird, beträgt 5,34% bezogen auf das Anhydrid und 5,07% bezogen auf das Hydrat. Da zur Auslösung der Kristallisation ein Überschuß an Wasser vorhanden sein muß (Beginn der Kristallisation bei 7,6% WG bei 37°C nach etwa 1 Tag, bei 20°C nach 100 Tagen), steigt beim Angleichprozeß bei einer höheren relativen Feuchtigkeit, als dem

---

[111] TANEYA, S.: Surface structure of dried skim-milk powder particle by electron microscopic observation. Japan. J. Appl. Phys. 2 (1963) S. 637–640.

d) Milchpulver (Voll- und Magermilchpulver) 73

vorgenannten Wassergehalt entspricht, der Wassergehalt zunächst an, um dann wieder abzufallen (vgl. Bild 4). Die Adsorptionsisotherme zeigt in diesem Intervall einen Sprung (Bild 30 und 31), der dadurch zustande kommt, daß das Ausmaß der Kristallisation zeitabhängig ist und im unteren Teil der Kurve auch nach genügend langer Wartezeit Lactose vorwiegend als Anhydrid, im oberen aber anschließend als Hydrat vorliegt. Erst bei einer Gleichgewichtsfeuchtigkeit über etwa 40 bzw. 5,07% WG (bezogen auf das Lactosehydrat) kann die Lactose voll kristallisiert vorliegen. Wegen der Hygroskopizität des Anhydrids wird ein großer Teil des dem Milchpulver angebotenen Wasserdampfes zur Bildung des Hydrats verwendet; der andere Teil diffundiert in das Innere der Proteinmoleküle und lagert sich an den polaren Gruppen an. Im höheren Feuchtigkeitsintervall dient der angebotene Wasserdampf zur Quellung der

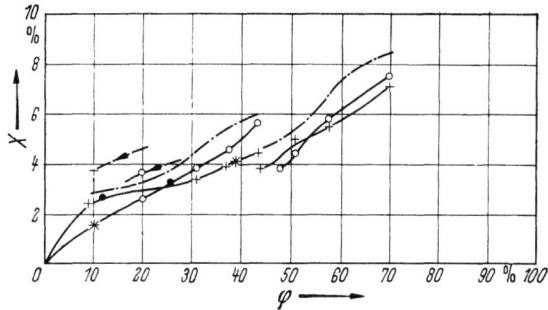

Bild 30. Vollmilchpulver (20°C)
+ Walzenvollmilchpulver; ○ Sprühvollmilchpulver; –·–·– Vollmilchpulver als Sprüh- bzw. Walzenvollmilchpulver aus gleicher Frischmilch hergestellt (die Werte decken sich); ○← u. +← Desorptionswerte; ● a_1-Punkte; * Anfangszustand

Proteine und zur multimolekularen Belegung an aktiven Stellen; dieser Prozeß ist weitgehend reversibel; im unteren Intervall entspricht die Hysterese zwischen De- und Adsorptionskurve offenbar dem nichtkristallisierten Lactoseanteil des Ausgangspulvers. BUSHILL et al.[112] fanden, daß Lactose in Sprühpulver zwar im allgemeinen als Anhydrid, aber auch als kristallisiertes Monohydrat vorliegt, daß es aber auch ein stabiles α-Anhydrid gibt und eine wasserfreie Molekülverbindung, die aus α- und β-Lactose im Molverhältnis 5:3 besteht. Üblicherweise geht die amorphe Lactose von sprüh- und gefriergetrocknetem Milchpulver in α-Monohydrat über, es kann aber auch die vorerwähnte wasserfreie molekulare Verbindung aus α-Lactose und β-Lactose auftreten. Wenn während der Lactosekristallisation Milchsalze ausgeschieden werden, herrschen gün-

---

[112] BUSHILL, J. H., W. B. WRIGHT, C. H. F. FULLER u. A. V. BELL: The crystallisation of lactose with particular reference to its occurrence in milk powder. J. Sci. Food Agric. 16 (1965) S. 622–628.

stigere Bedingungen für die Aggregation der Proteinteilchen*. Vergleichsweise weiß man aber von gefrorener konzentrierter Milch, daß mit der Lactosekristallisation eine Instabilität der Milchproteine verbunden ist (Änderung in der Caseinfraktion und im β-Lactoglobulin)[113]. Der gelöste Teil der Lactose kann mit Lysin und Histidin reagieren. Außerdem ist mit dem Kristallisieren eine De-Emulgierung des Milchfettes verknüpft. β-Lactose scheint bei Gleichgewichtsfeuchtigkeiten unter 50% ohne Kristallwasser vorzuliegen[114]; Milchpulver, welches viel Lactosehydrat enthält, weist bessere Fließeigenschaften (Getränkeautomaten) auf als solches mit viel Anhydrid[111]. Auf Grund der Tatsache, daß sich der Glaszustand erst bei einer Konzentration $>10^{13}$ Poise einstellt[115], läßt sich mit Hilfe der von MONEY und BORN (Bild 7) aufgestellten Beziehungen errechnen, daß der wahre Glaszustand von Lactose erst unter 2,85% WG voll verwirklicht ist.

Veränderungen und ihre Beeinflussung. Die Hauptveränderung, der Milchpulver unterliegt, sind nichtenzymatische Bräunungsreaktionen, insbesondere zwischen Lactose und Lysin. Dabei bilden sich reduzierende Substanzen und Kohlendioxid, es vermindert sich die Proteinlöslichkeit, schließlich treten ein bitterer, leimiger Geschmack sowie ein „Kartongeschmack" bzw. bei höheren Lagertemperaturen (50 bis 60 °C) ein Karamelgeschmack und eine bräunliche Verfärbung auf.

Vielfach tritt ein Talgigwerden des Milchfettes ein; doch war diese Veränderung nur bei Vollmilchpulver – vor allem bei Belichtung, aber auch bei sehr niedrigen Wassergehalten – die dominierende Veränderung.

Der Einfluß der Vorerhitzungstemperatur (etwa 20 sec) vor dem Sprühtrocknen auf die Haltbarkeit ist beträchtlich. Bei einer Lagertemperatur von 15°C, einer Lagerzeit von 2 Jahren und einem Wassergehalt von 1,3 bis 1,8% in Luft, aber in Blechdosen verpackt, war sie bei Vollmilchpulver nach Anwendung einer Vorerhitzungstemperatur von 88 bis 93°C 5mal länger als bei 71 bis 76°C bezogen auf das Eintreten eines talgigen Geschmackes und 3mal länger bezogen auf die Zeit zur Erzielung einer bestimmten Sauerstoffaufnahme[116]. Das weniger stabile Pulver erforderte etwa die halbe Sauerstoffmenge bis zur Erzielung der

---

[113] NICKERSON, TH. A.: Changes in concentrated milk during frozen storage. J. Food. Sci. 29 (1964) S. 443–447.

[114] TAMSMA, A. F.: Rev. Trav. chem. Pays Bas 62 (1943) S. 585.

[115] KELLEHER, J.: The physico-chemical characteristics of boiled sweets and their relationship to structural stability and keeping qualities. BFMIRA Scientific and technical surveys 1963, Nr. 41, S. 8.

[116] FINDLEY, J. D., C. HIGGINBOTTOM, J. A. B. SMITH u. C. H. LEA: The effect of the pre-heating temperature on the bacterial count and storage life of whole milk powder spray – dried by the Krause-process. J. Dairy Res. 14 (1946) S. 378 bis 399.

* Proteinanteil bei Vollmilchpulver etwa 27%, bei Magermilchpulver etwa 37%.

Verkäuflichkeitsgrenze als das stabilere, höher erhitzte. Mit diesen Ergebnissen steht in Übereinstimmung, daß Milchpulver der Praxis*, die vor dem Trocknen hocherhitzt wurden und bereits einen leichten Kochgeschmack zeigen, eine bessere Lagerstabilität aufweisen, die auf die Bildung von SH-Gruppen, die sowohl die Oxydation wie auch die Bräunung inhibieren, zurückgeführt wird. Walzenmilchpulver enthält mehr de-emulgiertes, freies Fett (91 bis 96%) als Sprühmilchpulver (3 bis 14%); auch bei gefriergetrockneter Milch ist der Anteil an freiem Fett erhöht (43 bis 75%), außerdem, wenn man Sprühpulver vermahlt (83%) sowie wenn die Lactose sich in die Hydratform umgewandelt hat. Bei Vorhandensein größerer Anteile von freiem Fett nimmt die Oxydationsanfälligkeit zu und die Benetzbarkeit ab.

Sorptionsverhalten. *Voll*milchpulver mit 2,5 bis 3% WG steht bei 20°C im Gleichgewicht mit 10 bis 25% relativer Luftfeuchtigkeit (Bild 30). Da der Unterschied zwischen Voll- und Magermilch der An-

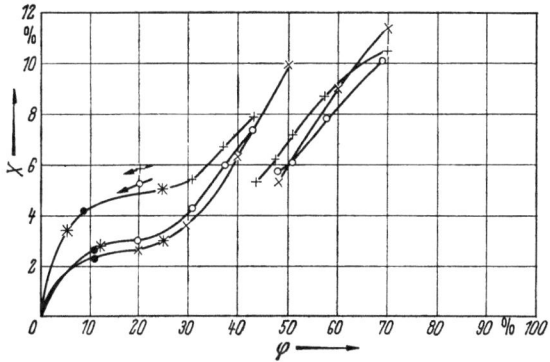

Bild 31. Magermilchpulver (20 °C)
+ Walzenmagermilchpulver; × Walzenmagermilchpulver; ○ Sprühmagermilchpulver; ← ○− u. ← +− Desorptionswerte; ● a_1-Punkte; * Anfangszustand

teil an (nichthygroskopischem) Fett ist (26 bis 27%), unterscheiden sich beide dadurch, daß bei Magermilchpulver der Prozentsatz hygroskopischer Anteile höher ist. Deshalb ist es erlaubt, mit den vorerwähnten Gleichgewichtsfeuchtigkeiten in die Sorptionsisothermen für Magermilch hineinzugehen und die damit äquivalenten Wassergehalte abzulesen. Auf diese Weise (Bild 31) ergaben sich bei Magermilchpulver Wassergehalte von 2,3 bis 5,0% (Walzenpulver) bzw. 2,5 bis 3,4% (Sprühpulver). Theoretisch wäre zu erwarten, daß sich der Verlauf der Sorptionsisotherme (bezogen auf TS) für Vollmilchpulver, bezogen auf

---

* Nach Angaben aus der Industrie schwanken die Vorerhitzungstemperaturen zwischen 71 bis 74°C (40 sec) und 83 bis 87°C (5 bis 10 sec); gelegentlich kommen aber noch höhere Temperaturen (95°C, 2 bis 3 sec), ja selbst 110°C vor.

fettfreie Substanz, mit der von Magermilchpulver deckt[117], was bedeutet, daß die Sorptionsisotherme für Magermilchpulver z.B. bei $\varphi = 25\%$ um 0,9 bis 1,2% über der von Vollmilchpulver liegt. Die tatsächlichen Abweichungen dürften zerfallsbedingt sein. Vermutlich werden sie in erster Linie – da ja die Hygroskopizität im unteren Bereich entscheidend vom Hydratgehalt abhängt – davon beeinflußt, in welcher Form die Lactose vorliegt; weiterhin kann aber auch der Grad der Voreindickung, die Vorerhitzung und der Gehalt an Milchsalzen eine Rolle spielen. Hiermit dürften auch die verschiedenen Kurven für die beiden Magermilchtypen in Bild 31 zu erklären sein.

In eigenen Versuchen wurde gleiche und gleichartig vorerhitzte Vollmilch einmal nach dem Sprüh- und zum anderen nach dem Walzenverfahren getrocknet und die Sorptionsisothermen bestimmt (Bild 30). Sie deckten sich, die Abweichungen gegenüber den früheren Messungen waren aber beträchtlich, was einen wesentlichen Einfluß der Vorerhitzung vermuten läßt. Zur Aufklärung wurde gleichzeitig der Lactosehydratanteil bestimmt. Er ergab sich bei 4,7% WG beim Walzenmilchpulver zu 14,6% und beim Sprühmilchpulver mit 3,0% WG zu 32%. Diese Unterschiede wirkten sich im Verlauf der Sorptionsisothermen offenbar noch nicht deutlich genug aus.

Zahlentafel 4. *Aus den Sorptionsisothermen errechnete a_1-Punkte bei $20\,°C$**

	Wassergehalt [%] (bezogen auf TS)	Gleichgewichtsfeuchtigkeit [%]
Walzenmagermilch I	4,0	9
Walzenmagermilch II	2,3	11
Sprühmagermilch	2,5	10,5
Walzenvollmilch	2,7	11,5
Sprühvollmilch	3,1	26
Vollmilchpulver nach dem Vakuumschaumverfahren hergestellt[118]	3,95	25

* Die Werte von HELDMAN et al.[119] liegen merklich höher, und zwar im Bereich von 8 bis 11% WG im Adsorptionsast von Magermilchpulver und lediglich bei Vollmilchpulver sowie im Desorptionsast merklich tiefer. Die Differenz zwischen den Wassergehalten bei monomolekularer Belegung im Adsorptions- und im Desorptionsast bei Magermilchpulver erklärt sich aus der Zahl aktiver Stellen im Glaszustand abzüglich der Änderung der Zahl aktiver Stellen in den Proteinen; es läßt sich daraus errechnen, daß Lactose in Sprühmilchpulver etwa 25% der insgesamt vorhandenen aktiven Stellen besetzt.

[117] Vgl. hierzu JENNESS u. PATTON: Principles of dairy chemistry, New York: Wiley 1959.
[118] ACETO, N. C., H. I. SINNAMON, E. F. SCHOPPET, J. C. CRAIG jr. u. R. K. ESKEW: Moisture content and flavour stability of batch vacuum foam dried whole milk. J. Dairy Sci. 47 (1965) S. 544–547.
[119] HELDMAN, D. R., C. W. HALL u. T. I. HEDRICK: Vapour equilibrium relationships of dry milk. J. Dairy Sci. 47 (1965) S. 845–852.

d) Milchpulver (Voll- und Magermilchpulver)

Der Einfluß der Vorerhitzung ist nicht unbeträchtlich, und zwar zeigt bei höheren Temperaturen vorerhitzte Milch Denaturierungserscheinungen, die sich in einer größeren Anzahl polarer Gruppen, die zur Wasserbindung zur Verfügung stehen, auswirken. Im normalen Temperaturbereich zeigte Pulver aus hocherhitzter Milch (20 min bei 85 °C) einen höheren Gleichgewichtswassergehalt und eine größere Adsorptionsgeschwindigkeit als Pulver aus niedriger erhitzter Milch (30 min bei 62 °C)[120].

Empfindlichkeit. Der Zusammenhang zwischen der Haltbarkeit von *Vollmilchpulver* und dem Wassergehalt geht aus Zahlentafel 5 hervor.

Zahlentafel 5. *Einfluß des Wassergehalts auf die Veränderungen der Farbe und des Geschmacks bei 37 °C, die in luftverpacktem Sprühvollmilchpulver nach verschiedenen Lagerzeiten vorherrschen (nach* FINDLAY[121])

Wassergehalt [%]	Farbe* nach				Geschmack** nach			
	3	6	10	16	3	6	10	16
		Wochen				Wochen		
1,9	N	N	N	N	O	LT	T	T
3,3	N	N	N	N	O	O	O	T
4,3	LB	B	DB+	–	LL	SL	SL	–
5,2	DB+	DB+	DB+	–	SL	SL	SL	–
6,1	DB+	DB+	DB+	–	SL	SL	SL	–

Es ergibt sich daraus, daß im Bereich von 3,3% WG die Haltbarkeit bei 37 °C am längsten war und bei merklich niedrigeren Wassergehalten Talgigkeit und bei höheren Wassergehalten ein leimiger Geschmack auftritt. Dies deckt sich auch mit eigenen Versuchsergebnissen[49], daß die Zunahme der Bräunungsreaktion mit steigendem Wassergehalt wie auch die Zunahme der Autoxydation von Vollmilchpulver im Intervall des organoleptisch feststellbaren Optimums und des a_1-Punktes beginnt. (Dabei ist allerdings zu bedenken, daß man mit der Warburg-Methode einen Summeneffekt erzielt, also der ermittelte Kurvenzug die Möglichkeit einschließt, daß die Bräunung bereits bei niedrigeren Wassergehalten begonnen und die Autoxydation erst bei höheren Wassergehalten aufgehört hat.) Hydrolytische Fettveränderungen wurden nicht beobachtet.

---

[120] HELDMAN, D. R., C. W. HALL u. T. I. HEDRICK: Equilibrium moisture contents and moisture adsorption rates of dry milks. Proceeding: Humidity and moisture, Vol. II, Washington 1963.
[121] FINDLAY, J. D., J. A. SMITH u. C. H. LEA: Experiments on the uses of antioxidants in spray-dried whole milk powder. J. Dairy Res. 14 (1945) S. 165.
* N = normal, LB = leicht braun, B = braun, DB = dunkelbraun, + = stark unlöslich.
** O = geschmacklich in Ordnung, LT = leicht talgig, T = talgig, LL = leicht leimig, SL = stark leimig.

Bei solchen Lagerversuchen ist allerdings zu beachten, daß eine Lagerung in Luft in einem hermetisch verschlossenen Gefäß nicht identisch ist mit Lagerung in Luft in einem beschränkt sauerstoffdurchlässigen Behältnis, da im ersten Fall nur noch der Sauerstoff des Hohlraumvolumens für oxydative Veränderungen zur Verfügung steht, er im zweiten Fall aber infolge von Diffusion viel weniger begrenzt ist und außerdem der zeitliche Verlauf der O_2-Partialdrücke erheblich abweicht. Die Reaktion zwischen Casein und Glucose zeigt im Bereich einer Gleichgewichtsfeuchtigkeit von 65 bis 70% ein Maximum, wobei die Farbbildung mit der Zunahme des Wassergehaltes kontinuierlich steigt[36]. Auch der Lysinverlust von Vollmilchpulver zeigt in diesem Intervall ein Maximum, gleichzeitig aber auch die Gelbfärbung[37] (vgl. Bild 8). Die Verringerung des biologischen Wertes der Proteine durch Reaktion der freien Aldehydgruppe des Zuckers mit der Aminogruppe des Proteins, insbesondere Lysin, tritt erst bei Wassergehalten in Erscheinung, die bereits wesentliche Geschmacksveränderungen bei der Lagerung im Gefolge haben.

Wegen seines verschwindend geringen Butterfettanteiles ist *Magermilch*pulver gegen niedrige Gleichgewichtsfeuchtigkeiten wenig empfindlich. Deshalb erscheint zur Erzielung langer Lagerzeiten vor allem bei hohen Temperaturen eine Lagerung bei niedrigen Wassergehalten sicherer als eine Lagerung im Gleichgewicht mit $\varphi = 25\%$, weil sich dieser Wert schon bedenklich dem annähert, bei dem sich die Bräunungsreaktion bei längerer Lagerung auszuwirken scheint[122] (vgl. Bild 33).

Gaslagerung. Die Wirkung einer Lagerung *bei niedrigen Sauerstoffpartialdrücken* wird nicht völlig eindeutig beurteilt: Nach eigenen Versuchen mit Sprüh-*Vollmilchpulver* scheint sie sich bei Lagertemperaturen zwischen 20 und 30 °C frühestens nach einer Lagerzeit von 9 Monaten deutlicher auszuwirken. Dabei ist zu berücksichtigen, daß Sprühmilchpulver „nachgast", da die in den Hohlkügelchen eingeschlossene Luft durch rasches Evakuieren nicht entfernt werden kann, sondern sich erst langsam durch Diffusion verringert. Dabei kann nach 24 Stunden die Sauerstoffkonzentration im Kopfraum wieder auf 1 bis 2% ansteigen. Der Hauptanteil der Desorption (der Logarithmus der Sauerstoffkonzentration sinkt indirekt proportional zum Logarithmus der Zeit) ist in etwa 5 Tagen abgelaufen (90% nach 24 Stunden). Bei sprühgetrocknetem Vollmilchpulver (2,2% WG) wurde bei 17 °C kein Unterschied in der Qualität nach einem Jahr festgestellt, ob die Sauerstoffkonzentration im Kopfraum 0,1 oder 1% betrug[123]. Erst bei einer Lagerung bei 37 °C

---

[122] COULTER u. JENNESS: Packaging dry whole milk in inert gas. Minn. Agr. Exp. Sta. Techn. Bull. 167 (1945).

[123] HEARNE, J. F.: Gas packaging milk powder with a mixture of nitrogen and hydrogen in the presence of palladium catalyst. J. Dairy Res. 28 (1961) S. 285.

d) Milchpulver (Voll- und Magermilchpulver)

kam nach 1 bis 2 Jahren der Vorteil der niedrigeren Sauerstoffkonzentration zur Geltung. Nach anderen Versuchen verhüten Sauerstoffkonzentrationen zwischen 0,2 und 1% ein Talgigwerden[124]. Die Begasung muß unverzüglich nach dem Trocknen, möglichst vor dem völligen Abkühlen, stattfinden. Nach eigenen Versuchen wirkt sich bei 2% WG und 20°C bei Vollmilchpulver die Verwendung eines Sauerstoffabsorbers zusätzlich zur Stickstoffüllung erst nach einjähriger Lagerung aus, und zwar um so stärker, je schonender die Vorerhitzung war.

Bei schaumgetrocknetem Vollmilchpulver wurde bei Lagertemperaturen von +27 bis −18°C nachgewiesen, daß sich das Auftreten eines ,,oxydierten" und eines ,,alten" Geschmackes offenbar zu einem annähernd gleichen Qualitätsabfall ergänzen, und zwar wird ersterer bei höherem Sauerstoffpartialdruck und niedrigem Wassergehalt, letzterer bei höherem Wassergehalt ohne wesentliche Abhängigkeit vom Sauerstoffpartialdruck gefördert; insgesamt unterschied sich im Intervall 2 bis 5% WG das Ausmaß der Qualitätsveränderungen[125] wenig, doch scheint mit mäßig sinkenden Temperaturen der höhere Wassergehalt sogar günstiger werden zu können. Als nachteilig erwies sich jedenfalls die Einstellung einer niedrigen Sauerstoffkonzentration (0,2%) nicht, nur bleibt es fraglich, ob der Erfolg den Einsatz gegenüber der Lagerung in Luft (in Blechbehältern, d.h. ohne Nachdiffusion von außen) lohnt, es sei denn, man muß mit recht hohen Lagertemperaturen rechnen. Auch eine niedrige Sauerstoffkonzentration macht jedoch eine Lagerung von Vollmilchpulver in Licht noch nicht zulässig (rasche Lactoflavinzerstörung und ,,Lichtgeschmack"). In neueren Versuchen mit schaumgetrocknetem Vollmilchpulver[125] (Vorerhitzung 16,5 sec bei 73 °C) bei Sauerstoffkonzentrationen von 0,5% im Kopfraum (entsprechend 0,023 cm³ O_2 je Gramm Trockenmilch) wurde nach einer $^1/_2$jährigen Lagerung bei 23°C folgendes festgestellt: Es gibt einen Wassergehalt zwischen 2,6 und 2,8%, der auch bei niedrigen Sauerstoffkonzentrationen nicht unterschritten werden darf. Das erste Auftreten einer Geschmacksveränderung gegenüber frisch getrockneter Milch erfolgte bei Wassergehalten von 2,8 bis 5,1% 2,5- bis 6mal langsamer als bei 1,1 bis 2,8% WG.

Es ist schwierig zu sagen, ob nicht jedes Milchpulver bezüglich der Auswirkung der Wassersorption sein eigenes Optimum besitzt; offenbar stellt aber eine weitgehend sauerstofffreie Lagerung auch beim optimalen Wassergehalt kein Allheilmittel gegen das Auftreten eines Altgeschmacks

---

[124] SCHAFFER, P. S., G. R. GREENBANK u. G. E. HOLM: J. Dairy Sci. 29 (1946) S. 145.

[125] TAMSA, A., u. M. J. PALLANSCH: Factors related to the storage stability of foam-dried whole milk. IV. Effect of powder moisture content and in-pack oxygen at different storage temperatures. J. Dairy Sci. 47 (1964) S. 970–976.

vor, wenngleich die Bildung natürlicher Antioxydantien beim Vorerhitzen die Lagerfähigkeit verlängert. Offenbar ist der Sauerstoffeinfluß der wichtigste begrenzende Faktor, denn sonst würden Antioxydantien keine Verbesserung der Haltbarkeit zur Folge haben[126]. Wenn der Wassergehalt über 2,8 bis 3% angestiegen ist, steigt aber je nach der vorgesehenen Lagerzeit und Lagertemperatur die Wahrscheinlichkeit, daß Bräunungsreaktionen dominieren.

Bei *Magermilchpulver* verliert die Fettoxydation als chemische Verderbsursache an Bedeutung, sie kann aber zumindest bei einer Lagerung für sehr lange Zeiten bei sehr niedrigen Wassergehalten immer noch der begrenzende Faktor werden, zumal ja schon Spuren von Reaktionsprodukten, die den Fettverderb begleiten, geschmacklich in Erscheinung treten. Altgeschmack, karamelisierter und leimiger Geschmack und in fortgeschrittenen Fällen eine Verringerung der Proteinlöslichkeit sowie eine Verfärbung zum Gelblichen hin werden aber mit steigendem Wassergehalt wahrscheinlicher. Trotz des geringen Fettgehaltes erwies sich bei jedem Wassergehalt zwischen 3 und 7,5% und jeder Temperatur zwischen 20 und 37°C die Haltbarkeit in Stickstoffatmosphäre (0,1% O_2) zumindest doppelt so lang wie in Luft[127]. In Luft betrug sie etwa $1^1/_2$ Jahre, in Stickstoff bei 3% WG und 20°C etwa 3 Jahre (bei 5% WG in Luft noch etwa 1 Jahr).

Instantisieren scheint den Gasaustausch und den zeitlichen Ablauf von Reaktionen aller Art zu fördern, was verständlich ist, da mit zunehmender Kristallisation eine „offenere Struktur" entsteht. Bei Umgebungstemperatur beginnt sich in Stickstoffatmosphäre nach 12 bis 18 Monaten ein talgiger Geschmack einzustellen. Schnelllösliches Magermilchpulver zeigte nach einer 4jährigen Lagerzeit in Luft bei Umgebungstemperatur und 2,6% WG einen käsigen, brenzligen und leicht ranzigen Geruch und Geschmack.

Weitere Milcherzeugnisse: Nichtenzymatische Bräunungsreaktionen zeigen bei pH = 3 ein Minimum, so daß durch Ansäuern eine Steigerung der Haltbarkeit von Erzeugnissen mit niedrigem Fettgehalt und genügend tiefem Wassergehalt zu erwarten ist. Getrocknete Buttermilch zeigt praktisch den gleichen Verlauf der Sorptionsisotherme wie getrocknete Magermilch. Der Verlauf der Sorptionsisotherme für Labmolkenpulver wird in Bild 32 gezeigt[128]. Das stark laktosehaltige Molkenpulver neigt stärker zur Bräunung als Magermilchpulver. Eingetragen

---

[126] ABBOT, J., u. R. WAIT: Effect of antioxidants on the keeping quality of whole milk powder. II. Tocopherols. J. Dairy Res. 32 (1965) S. 143–146.

[127] HENRY, K. M., S. K. KON, C. H. LEA u. J. C. D. WHITE: Deterioration on storage of dried skim milk. J. Dairy Res. 15 (1948) S. 292.

[128] HEISS, R.: Zur Frage der chemisch-physikalischen Veränderungen getrockneter Milcherzeugnisse bei der Lagerung. Dtsch. Lebensm.-Rdsch. 46 (1950) S. 4–6.

d) Milchpulver (Voll- und Magermilchpulver)

sind auch Sorptionsisothermen für Quarkspeisen (BIRS). Diese sind bei Wassergehalten unter 5% nicht länger als 2 bis 3 Monate haltbar: Das Aroma flacht ab, die Konsistenz verändert sich, die Farbe des Erdbeerbestandteiles bleicht aus. Nach orientierenden Versuchen ergäben Wassergehalte von 2 bis 2,5% und Stickstofflagerung merklich längere Lagerzeiten.

Kindernährmittel auf Milchbasis zeigen eine flachere Sorptionsisotherme als reine Milchpulver. Ihre Haltbarkeit beträgt bei 20°C und

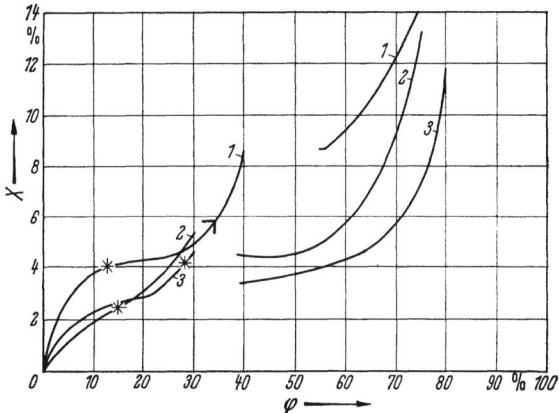

Bild 32. Labmolke und Quarkspeisen (20°C)
1 Labmolke; *2* Erdbeerquark; *3* Zitronenquark; ∗ Anfangszustand; ⟩ Haltbarkeitsgrenze

2 bis 3% WG etwa 7 bis 8 Monate bei Luftlagerung und hermetischem Abschluß, aber etwa 2 Jahre bei niedrigem Sauerstoffpartialdruck (etwa 5 Torr).

Folgerungen. Vom Lagerstandpunkt aus liegen die in Deutschland zugelassenen Wassergehalte für Milchpulver zu hoch; vor allem wird bei Walzenmilch zwischen dem höchstzulässigen Wassergehalt von Voll- und Magermilch (6%) nicht unterschieden. Nach dem augenblicklichen Stand der Erkenntnisse empfiehlt es sich, bei Vollmilchpulver einen Wassergehalt von 2,8 bis 3% bei 20°C einzuhalten, wobei es durchaus möglich ist, daß das Optimum für jedes Pulver in geringen Grenzen abweicht (für Walzenvollmilchpulver scheint nach Angaben des American Dry Milk Institute der zulässige Wassergehalt um mindestens 0,5% höher zu liegen). Von einer Lagerzeit von 7 bis 9 Monaten ab scheint eine Gaslagerung lohnend zu werden. Bei Magermilchpulver dürften sich Bräunungsreaktionen bei einem Wassergehalt von 4% bei 20°C vermeiden lassen; das Optimum für eine lange Lagerung liegt aber – auch bezogen auf fettfreie Substanz – sicher bei niedrigeren Wassergehalten als bei Vollmilchpulver (Bild 33); bei sauerstoffarmer Lagerung verringern sich hierbei im unteren Ast die Veränderungen. Der Einfluß der Vorlagerung in Luft vor dem Sauerstoffentzug ist ungeklärt. Eine Gaslagerung empfiehlt sich bei längeren Lagerzeiten, vor allem bei höheren Temperaturen, immer. Bei Sahnepulver liegt die Sorptionsisotherme dem Fettgehalt entsprechend tiefer. Seine Lagerfähigkeit unterscheidet sich trotz des höheren Fettgehaltes (65 bis 75%) nicht wesentlich von der von Vollmilchpulver. Trockenbutter erfordert für eine mehrjährige Haltbarkeit einen Wassergehalt $< 0,1\%$. Milchpulver

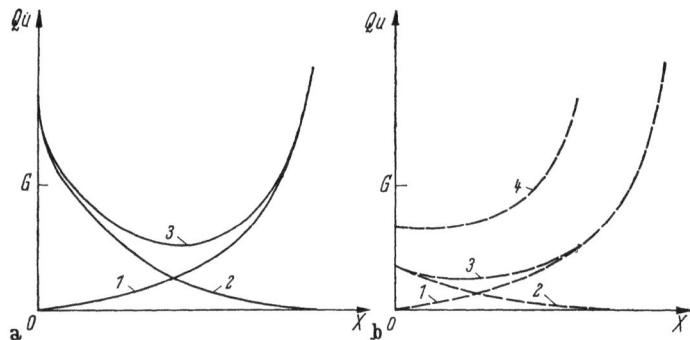

Bild 33. Schematische Darstellung der Qualitätsveränderungen (Qu) in gegebener Zeit bei konstanter Temperatur. a) Vollmilchpulver in Luft; b) Magermilchpulver in Luft – oder Lagerung von Vollmilchpulver bei niedrigen Sauerstoffkonzentrationen nach der gleichen Lagerzeit und bei konstanter Temperatur
1 Maillard-Reaktion (Kurvenverlauf vor dem Maximum); *2* Fettoxydation; *3* resultierende Veränderungen; *4* resultierende Veränderungen nach merklich längerer Lagerzeit;
G Haltbarkeitsgrenze; *X* Wassergehalt

sind sehr feuchtigkeitsempfindlich und bedürfen deshalb einer sehr wasserdampfdichten Verpackung, die bei Vollmilchpulver ganz besonders lichtdicht sein muß*.

e) Käse

Die in Bild 34 dargestellte Sorptionsisotherme geht auf die Zeit des zweiten Weltkrieges zurück, als Schmelzkäsepulver zur Herstellung eines Brotaufstriches verwendet wurde. Lagerveränderungen waren: das Verschwinden des harmonischen Geschmacks nach Sauermilch, das Auftreten eines bitteren Nachgeschmacks und ein gewisses Nachdicken der Zubereitung. Bei 10% WG wurde bei 30°C die Verkaufsgrenze nach 6 Wochen, bei 3,5 bis 4,5% WG nach 5 Monaten erreicht. Ein höherer Wassergehalt als 3% empfiehlt sich nicht.

Die Sorptionsisothermen von trockenen Käsezubereitungen mit den verschiedensten Zutaten liegen in einem weiten Bereich (Bild 34).

---

* Eine zusammenfassende Darstellung über die Eigenschaften von Milchpulver findet man in Dairy Sci. Abstr. 27, 3 (1965) S. 91, bearbeitet von N. KING.

e) Käse 83

Über *Emmentaler* Käse herrscht eine Gleichgewichtsfeuchtigkeit von 92 bis 94% (28% WG). Um eine Verschimmelungsgefahr zu vermeiden, müßte der Wassergehalt von geriebenem Emmentaler Käse auf 6% gesenkt werden[129]. Alle Käsepulver sind wegen ihrer hohen spezifischen Oberfläche durch die kombinierte Einwirkung von Sauerstoff und Licht besonders gefährdet und lassen daher eine sauerstofffreie und lichtdichte Verpackung geraten erscheinen. Parmesankäse von einem italienischen Markt wies eine Gleichgewichtsfeuchtigkeit von 92,3% (31,9% WG) bei

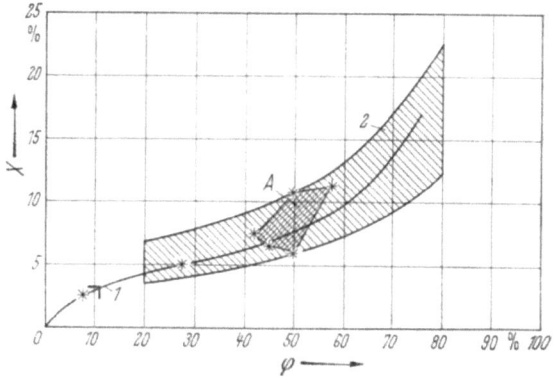

Bild 34. Käse
1 Adsorption bei Schmelzkäsepulver, Institut (20°C); 2 verschiedene Käsezubereitungen (Desorption von $\varphi = 80\%$), engl. Werte (25°C); * Anfangszustand; A Anfangszustände von 2; > Haltbarkeitsgrenze

20°C auf; es ist deshalb verständlich, wenn solche Käsestücke zum Zwecke der Qualitätserhaltung in Salz aufbewahrt werden, da dieses erst bei $\varphi = 75\%$ in Lösung geht und dabei kein Verschimmeln des Käses zu erwarten ist.

2. Erzeugnisse pflanzlichen Ursprungs

Die Hauptveränderungen von *Getreideprodukten* bei der Lagerung geschehen am Fettanteil, und zwar wird die Bildung von Fetthydroperoxiden entweder durch Lipoxydasen oder durch Licht katalysiert. Soweit sie enzymatisch erfolgt, wird der Feuchtigkeitseinfluß weitgehend parallel zu dem gehen, welcher als Folge der Lipasewirkung zu freien Fettsäuren führt. Nach den Vorstellungen von ROTHE* ist im Getreidekorn ein peroxidzerstörendes Schutzsystem wirksam. Solange dies der Fall ist, können bei der Lagerung nur bitterschmeckende Polymerisationspro-

---
[129] KIERMEIER, F., u. G. WILDBRETT: Dtsch. Molkereizeit. 75 (1954) S. 99.
* Persönliche Mitteilung von M. ROTHE, Potsdam-Rehbrücke.

dukte entstehen. Zerstört man es aber z. B. durch Erhitzen, dann muß man mit dem Auftreten von ranzigen Produkten (Carbonylverbindungen) rechnen. Da aber die Erhitzung gleichzeitig zum Unwirksamwerden der Lipoxydase und Lipase führt, läßt sich hierdurch zumindest bei dunkel lagernden Getreidearten eine Haltbarkeitsverlängerung erzielen. Allerdings ist diese Hitzebehandlung nicht in allen Fällen zulässig bzw. muß kontrolliert werden, weil eine thermische Überbehandlung zu einer Verringerung der biologischen Eiweißwertigkeit und zu einer Verringerung des Vitamin-B_1-Gehaltes führen kann.

Im ganzen ist bei Mühlenerzeugnissen zu erwarten, daß sich sehr niedrige Wassergehalte – besonders in Verbindung mit Licht – ebenso ungünstig auswirken können wie höhere Wassergehalte knapp unter der Schimmelpilzgrenze. Da das Ausmaß der Veränderungen von Erzeugnis zu Erzeugnis verschieden ist und auch stark vom Zerkleinerungsgrad abhängt, zudem weil sich eine Inaktivierung von Enzymen aus anderen Gründen nicht immer durchführen läßt sowie eine Gaslagerung preisverteuernd wirkt und zumindest bei kürzeren Lagerzeiten schwerlich einer Notwendigkeit entspricht, muß man die Gegenmaßnahmen von Fall zu Fall treffen.

a) Reis

Angaben über Sorptionsisothermen sind spärlich und beziehen sich auf Rohreis mit Spelze (Paddy) sowie auf geschälten Reis mit Silberhäutchen (Halbrohreis, der auch Braunreis oder Cargoreis genannt wird). Die jeweiligen Angaben decken sich nicht besonders gut. Die Sorptionsisotherme für ersteren verläuft tiefer als diejenige für Braunreis, was auf die geringere Hygroskopizität der Schalen zurückzuführen ist[129a]. Bei 27,5 °C werden für Rohreis bei 75% relativer Feuchtigkeit Wassergehalte von 12,8 bis 14,3 angegeben und eine Differenz von 0,9% WG zwischen Adsorptions- und Desorptionsast[130]. In anderen Versuchen wurden bei 20 °C und 75,6% relativer Feuchtigkeit folgende Werte gefunden: 15,8% für Stärke, 14,2% für Amylase, 16,7% für Amylopektin aus Reis[131]. Eigene Versuche wurden mit Langkorn-Halbrohreis, mit Parboiled-Reis (nach dem Quellen auf etwa 30% WG gedämpfter und getrockneter Reis mit Silberhäutchen, der auch nach längerem Kochen körnig bleibt

---

[129a] KARON, M. L., u. M. E. ADAMS: Hygroscopic equilibrium of rice and rice fractions. Cereal Chem. 26 (1949) S. 1–12.

[130] JULIANO, B. O.: Hygroscopic equilibria of rough rice. Cereal Chem. 41 (1964) S. 191–197. – Vgl. auch HOUSTON, D. F., u. E. B. KESTER: Food Technol. 8 (1954) S. 302–304.

[131] TSUTSUMI, CH., u. H. KOIZUMI: Equilibrium moisture and sorption isotherms of starch, amylase and amylopectin. Shokuryo Kenkyusho Kenkyn Hokoku 21 (1965) S. 1–5.

und wegen Inaktivierung lipolytischer Enzyme weniger zur hydrolytischen Spaltung – leider aber stärker zur Oxydation[132] – des Öles neigt) sowie mit Langkorn-Weißreis (ohne Silberhäutchen) durchgeführt. Die Verschiedenheiten im Verlauf dieser Sorptionsisothermen liegen innerhalb der Fehlergrenze (Bild 35), lediglich die Empfindlichkeit ist unterschiedlich. Offensichtlich wird der Reis beim Schälen verletzt und ist dann empfindlicher als Rohreis[132]. Die Ranzigkeit von Halbrohreis wird vorwiegend durch Gewebsenzyme ausgelöst, evtl. verstärkt durch die Wirkung von Mikroorganismen-Infektionen. Zu den Lagerveränderungen gehört, daß mehr Wasser aufgenommen und die Quellung verstärkt wird (Folge der Inaktivierung der Amylase)[133]. Wachsige Reissorten

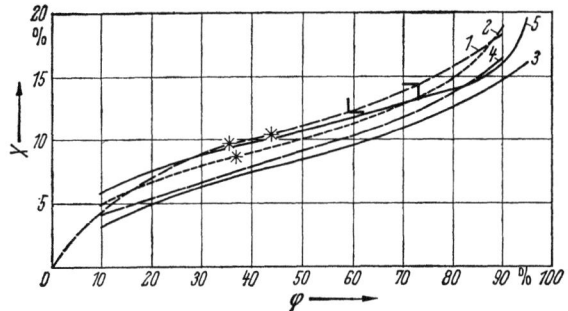

Bild 35. Reis
1 Langkorn-Halbrohreis, Langkorn-Weißreis, Parboiled-Reis, Institut (20 °C)*; *2* schnellkochender Reis, engl. Werte (25 °C); *3* Reis, poliert und unpoliert, NEMITZ (20 °C); *4* Rohreis, Adsorptionsast, BREESE** (25 °C); *5* geschälter Reis, HOUSTON*** (25 °C); * Anfangszustand; ⟨ ⟩ Haltbarkeitsgrenzen

weisen bei gleicher Gleichgewichtsfeuchtigkeit einen etwas höheren Wassergehalt auf als nichtwachsige (niedriges Verhältnis Amylase zu Amylopektin)[130]. Reis ohne Silberhäutchen darf nach eigenen Versuchen für kürzere Lagerzeiten bis 14% WG aufweisen. Für längere Lagerzeiten geht man mit dem Wassergehalt besser etwas tiefer, da bei diesem Wassergehalt noch „Muffigwerden" möglich ist. Eine Zunahme der Säurezahl um 1% (bezogen auf Gesamtfett) je Monat wurde bei

---

[132] HUNTER, I. R., D. F. HOUSTON u. E. B. KESTER: Development of free fatty acids during storage of brown rice. Cereal Chem. 28 (1951) S. 232–239, außerdem S. 394–399. – Vgl. auch HOUSTON, D. F., R. P. STRAKE, I. R. HUNTER, R. L. ROBERTS u. E. B. KESTER: Changes in rough rice of different moisture content during storage at controlled temperatures. Cereal Chem. 34 (1957) S. 444–456.
[133] BLATCHFORD, S. M.: Review paper on the deteriorative changes involving flavour, texture and colour which occur during the storage of paddy rice. Abstracts of Papers 2nd Int. Congr. of Food Sci. and Techn. Warszawa 1966.
* Vgl. auch J. Sci. Food Agric. 19 (1968) S. 44.
** BREESE, M. H.: Cereal Chem. 32 (1955) S. 486.
*** HOUSTON, D. F.: Cereal Chem. 29 (1952) S. 74.

Halbrohreis bei 0 °C und 14,1 % sowie bei 25 °C und 6,6 % WG festgestellt. Versuche mit Reiskleie haben ergeben, daß durch die arteigenen Lipasen der Gehalt an freien Fettsäuren selbst noch bei Wassergehalten von 4,9 % zunimmt[134] (vgl. auch Bild 10). Der a_1-Wert liegt bei 6,5 % WG.

Die Lichtempfindlichkeit von Reis, insbesondere Reismehl, ist beträchtlich.

Schnellquellender gefriergetrockneter Fertigreis sollte nach den bisherigen Erfahrungen eine Restfeuchtigkeit von mindestens 4 % aufweisen; wegen seiner Oxydationsempfindlichkeit empfiehlt es sich, ihn bei niedrigem Sauerstoffpartialdruck zu lagern. Bei 6 bis 7 % WG scheint sich die Oxydationsempfindlichkeit zu verringern; sogar Reismehl hielt sich dabei erstaunlich gut; Haltbarkeitsdauer 12 Monate.

b) Haferflocken

Fehlendes oder mangelhaftes Präparieren führt zu einem hohen Gehalt an freien Fettsäuren sowie immer zu einer kratzenden und bitteren Geschmacksbeeinflussung; wahrscheinlich hängt aber das Kratzig-

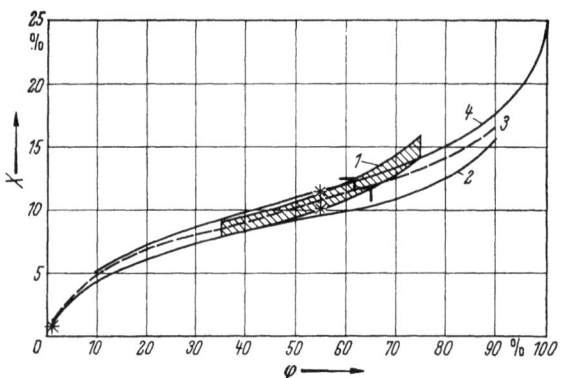

Bild 36. Haferflocken, Roggen- und Maismehl
1 Hafermehle, Institut (20 °C); *2* Haferflocken, NEMITZ (20 °C); *3* Roggenmehl, NEMITZ (20 °C), hierfür der niedrige Anfangswassergehalt; *4* Maismehl, engl. Werte (25 °C); * Anfangszustand; 〉 Haltbarkeitsgrenze

werden stärker vom Wassergehalt ab als das Bitterwerden. Das Präparieren ist ausreichend, wenn 20 % Peroxydaserestaktivität verbleibt[135]. Die Peroxydase dient dabei lediglich als Testenzym, maßgeblich ist der

---

[134] LOEB, J. R., u. R. Y. MAYNE: Effect of moisture on the microflora and formation of free fatty acids in rice bran. Cereal Chem. 29 (1952) S. 163–175.

[135] HEISS, R., u. A. PURR: Über die Qualitätsbeeinflussung von Hafererzeugnissen und deren Beeinflussung V. Dtsch. Lebensm.-Rdsch. 50 (1954) S. 186–192, 225–229. – Vgl. auch HEISS, R.: I. Dtsch. Lebensm.-Rdsch. 48 (1952) S. 129–133, 160–165; II. Dtsch. Lebensm.-Rdsch. 49 (1953) S. 57–58.

c) Mehl

Gehalt an Lipoxydase. Auch präparierte Hafermehle (Bild 36) mit 12 bis 13% WG werden nach 2 bis 4 Monaten bei 30°C sauer und kratzig[135]. Selbst bei 8,5 bis 9,5% WG sind die geschmacklichen Veränderungen von Hafermehl bei 20°C zumindest nach mehr als 4 Monaten noch merklich. Geschmacklich sicher für eine lange Lagerzeit scheinen bei 30°C erst Hafermehle mit Wassergehalten von 5 bis 7% zu sein. Richtig präparierte Hafer*flocken* sind aber bedeutend unempfindlicher; man kann sie im Gleichgewicht mit $\varphi = 65\%$ (10 bis 11% WG) bei 20°C 1 bis 2 Jahre lagern. Erste Veränderung bei geruchsdichter Verpackung ist bei richtig präparierter Ware eine Aromaabflachung.

c) Mehl

Sorptionsisothermen für Weizenmehle sind in Bild 37 dargestellt[38]. Die maximale Hysterese beträgt 1,6% WG und liegt zwischen 12 und 44% relative Feuchtigkeit. Für Gluten wäre die Sorptionsisotherme

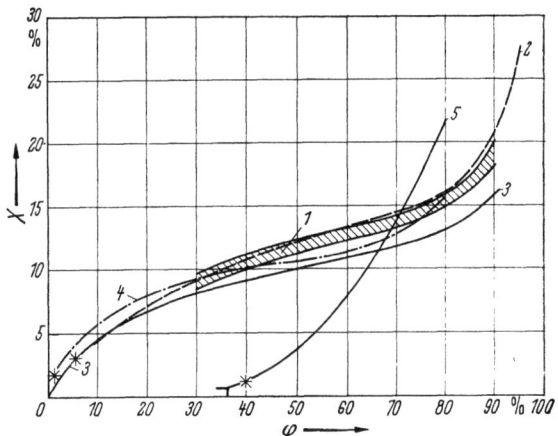

Bild 37. Mehle (20 °C)
1 verschiedene Weizenmehlsorten (Schwankungsbereich nach verschiedenen Literaturangaben); *2* Weizenmehl, Institut; *3* Weizenmehl, NEMITZ; *4* Weizenmehl (gefriergetrocknet) nach GOUR-ARIEH et al.*; *5* Mehl aus vermälztem Weizen, Institut; * Anfangszustand

merklich flacher, für Weizenstärke steiler als beim Mehl. Im angegebenen Intervall liegen auch neuere Werte für Manitoba und Capelle[136]. Für die Haltbarkeit können eine Reihe von Faktoren maßgeblich sein. Der Verlauf der Sorptionsisotherme erwies sich als unabhängig vom Fein-

---
[38] Vgl. hierzu auch HERRMANN u. TUNGER.
[136] AYERST, G.: J. Sci. Food Agric. 16 (1965) S. 75.
* GOUR-ARIEH, C., A. I. NELSON, M. P. STEINBERG u. L. S. WEI: J. Food Sci. 30 (1965) S. 109.

heitsgrad (Kornverteilung) des Mehles[136a]. Zweifellos ist das *Schimmelpilzwachstum* eine Grenze; da als Folge des Stoffwechsels von Schimmelpilzen Wasser gebildet wird, schreitet mit beginnendem Schimmelpilzwachstum der Verderb kettenreaktionsartig fort. Bei 16% WG tritt Klumpenbildung ein. Unter 14,5% WG erfolgt das Wachstum von Aspergillus glaucus extrem langsam[137]. Vermutlich werden die Keimlingsteilchen des Korns mikrobiologisch ein günstigeres Nährmedium bilden als die Stärke, womit erklärt würde, weshalb Aspergillus restrictus im Weizenkeim bereits bei 13,5% WG (Gleichgewichtsfeuchtigkeit 65 bis 70%), wenn auch sehr langsam, wuchs[138]; ganz allgemein werden in verpilzten Mehlen Schimmelpilzlipasen bereits bei Wassergehalten zwischen 13 und 14% innerhalb der üblichen Umlaufszeit deutlich wirksam.

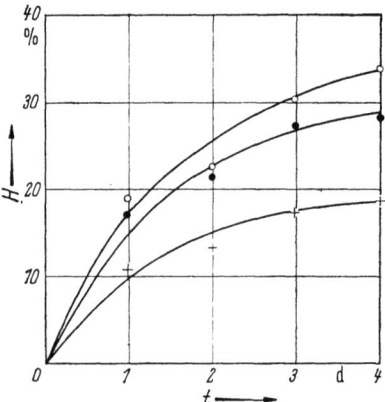

Bild 38. Die enzymatische Hydrolyse (H) von Glycerinmonooleat durch Roggenfeinschrot, Weizenfeinschrot und Haferfeinschrot während einer Lagerung bei 70% relativer Feuchtigkeit und 25 °C
(nach ACKER u. BEUTLER**)
○ Hafer (etwa 13% WG); ● Roggen (etwa 12,5% WG); + Weizen (etwa 14% WG)

Helle Mehle sind besser haltbar als Vollkornmehle. Nachmehle oder gar Kleie verändern sich wegen ihres hohen *Enzymgehaltes* besonders rasch. Der Gehalt an freien Fettsäuren (Bild 38), der in einer inversen Korrelation zum Gebäckvolumen zu stehen scheint (brüchiger Kleber), kann einen begrenzenden Faktor bilden*. Bei 10% WG steigt die Säurezahl noch merklich, erst bei 6% WG wird der Anstieg gering[139]. Auch bei Mehlen ist die Wirkung der Lipoxydase in Betracht zu ziehen, wel-

---

[136a] GOUR-ARIEH, C., A. I. NELSON, M. P. STEINBERG u. L. S. WEI: Moisture adsorption by wheat flours and their cake baking performance. Food Technol. 21 (1967) S. 412–415.

[137] MILNER, M., C. M. CHRISTENSEN u. W. F. GEDDES: Grain storage studies VI. Cereal Chem. 24 (1947) S. 182–199.

[138] CHRISTENSEN, M.: Grain storage studies XIII. Cereal Chem. 32 (1955) S. 107.

[139] CUENDET, L. S., E. LARSON, C. G. NORRIS u. W. F. GEDDES: The influence of moisture content and other factors on the stability of wheat flours at 37,8 °C. Cereal Chem. 31 (1954) S. 362–389.

* Der hohe Lipasegehalt des relativ feuchten Mehles legt den Vergleich zum Denaturieren von Fischproteinen als Folge der Bildung von freien Fettsäuren bei der Gefrierlagerung von Fischen nahe. SINCLAIR, A. T., u. A. G. MCCALLA: The influence of lipoids on the quality and keeping properties of flour. Can. J. Res. 15 (1937) S. 187–203, vermuteten, daß die Glutendenaturierung auf einen Abbau des Protein-Lipid-Komplexes zurückzuführen sei.

** ACKER, L., u. H.-O. BEUTLER: Getreide u. Mehl 15 (1965) H. 1, S. 4–7.

che die Pigmente und die Getreidelipide oxydiert und zerstört, wodurch das Mehl ausbleicht und oxydativ ranzig wird. Sehr niedrige Wassergehalte führen zu einer erhöhten *autoxydativen* Schädigung; bei 2% WG wurden Patentmehle bei Raumtemperatur in 2 bis 4 Monaten ranzig, bei 5,6% WG in 3 Jahren[140]. Wegen der katalytischen Wirkung von Licht auf die Autoxydation sollte Mehl nicht in Sichtpackungen feilgeboten werden; die blaue Einfärbung der Innenseite läßt nicht nur das Mehl weißer erscheinen, sondern erhöht auch den Lichtschutz. Aus der Gegenläufigkeit der oxydativen und lipolytischen Veränderungen ist zu folgern, daß es bei Lagerung mit Lufteinschluß in irgendeiner Auswirkung einen optimalen Wassergehalt gibt. Die erste Zeile in Zahlentafel 6 bestätigt dies.

Der *Temperatureinfluß* auf die Lagerveränderung scheint ganz erheblich zu sein, denn es finden sich in der Literatur Angaben mit wesentlich längeren Haltbarkeitswerten bei niedrigeren Temperaturen, und

Zahlentafel 6. *Merkliche Veränderungen von Weizenmehl bei 37,8°C (100°F) bei verschiedenen Wassergehalten nach verschiedenen Lagerzeiten*[139]

	Wassergehalt [%] nach			
	3	6	10	14
			Wochen	
Unangenehmer Geruch	26	38	10	3
Merkliche Änderung des Gehaltes an freien Fettsäuren	> 52	(4) bis 20	3 bis 6	–
Änderung der Backqualität	≫ 38 / 38	≫ 38 / 38	38 / 26	10 (Patentmehl) / 3 (Weizenvollmehl)
Merklicher Vitamin-B₁-Verlust	≫ 52	> 52	38	3 (nach 1 Jahr 80% Verlust)

zwar (in nicht gasdichter Verpackung) bei 10°C und 12 bis 13% WG 6 bis 7 Jahre bzw. bei 14,5% WG 4 Jahre bezogen auf die *Backqualität* (Aschegehalt < 0,6%) und bei 10 bis 20°C und 13 bis 14% WG 5 Jahre bezogen auf die *Ranzigkeit*. Bei 14% WG ist aber auch hierbei schon Muffigkeit („mouldy taints") festgestellt worden[140]. Bei Raumtemperaturen konnte im Gegensatz zu CUENDET[139] nicht gefunden werden, daß zwischen dem Gehalt an freien Fettsäuren und dem Backvolumen ein Zusammenhang besteht, nur darf ein pH-Wert von 5,2 nicht unterschritten werden[141]. Auch zwischen dem Gehalt an freien Fettsäuren

---

[140] FINE, S. M., u. A. G. OLSEN: Tallowiness or rancidity in grain products. Ind. Eng. Chem. 20 (1928) S. 652–654.
[141] SULLIVAN, NEAR u. FOLEY: The role of lipids in relation to flour quality. Cereal Chem. 13 (1936) S. 318–331.

und dem Geschmack bestand kein klarer Zusammenhang[142], wohl aber zwischen dem Gehalt an Sauerstoff in Kanistern und dem Beigeschmack, was darauf hindeutet, daß bei Lagerzeiten von 6 bis 8 Jahren noch bei 13,5 bis 14 % WG die Ranzigkeit die dominierende Veränderung werden kann. Vermutlich hängt dies mit der Erschöpfung der Aktivität eines Schutzsystems zusammen[142a].

Durch *gasdichte* Verpackung (Kanister) wird die oxydativ bedingte Alterung vermindert und durch Verpackung in Stickstoff praktisch ausgeschaltet. In Kanistern wurde der Literatur nach bei 30 °C und 13 % WG eine Haltbarkeitszeit von 6 Monaten[143], bei 20 °C und 15,8, 14,5 und 13 % WG von 6, 18 und 24 Monaten festgestellt. Auch für eine Kurzlagerung sollte man einen Wassergehalt von 14,5 % keinesfalls überschreiten, zumindest nicht bei höheren Temperaturen; für eine jahrelange Lagerung bei Raumtemperatur sind zur Vermeidung von Ranzigkeit 13 bis 13,5 % WG nötig. Für die Lagerung bei höheren Temperaturen sowie für sehr lange Lagerzeiten scheint ein Wassergehalt $< 12\%$ – vorsorglich in Stickstoff – ausreichend zu sein; nur bei Summation ungünstiger Faktoren (extrem lange Lagerung, hohe Temperaturen) muß man Gaslagerung bei etwa 6 % WG anwenden; man wird aber dann erwägen, ob man unbedingt Mehl lagern muß und nicht das bedeutend unempfindlichere Weizenkorn speichern wird [Lagerfähigkeit von Hart- und Weichweizen bei Wassergehalten von 12 (bis 13) % bei 20 °C etwa 6 Jahre; bei 5 °C etwa 8 Jahre gemäß J. Sci. Food Agric. 18 (1967) S. 94; vgl. auch Kältetechn. 19 (1967) S. 66].

Nicht präparierte Weizenkeime werden sehr rasch bitter; präpariert man sie, so werden sie nach längerer Zeit ranzig. In Weizenkeimen wird bei Wassergehalten um 4 % die Lipaseaktivität praktisch Null; die Lipoxydasewirkung war bei 5 % WG praktisch erloschen (kein Bitterwerden in 2 Jahren), dagegen bei 6 % schon merklich[144].

Über andere Mehle liegt weit weniger Material als über Weizenmehl vor. Bei *Roggenmehl* geht anscheinend der Diastasegehalt, der für die richtige Zähigkeit des Kleisters erforderlich ist, bei der Lagerung zurück, außerdem wird die Stärke schwerer verkleisterbar, so daß sich rissige Brote ergeben. Die Sorptionsisotherme von Roggenmehl weicht von der von Weizenmehl nicht ab[145] (Bild 36 und 37). Bei *Maismehl* (Bild 36)

---

[142] GREER, E. N., C. R. JONES u. T. MORAN: The quality of flour stored for periods up to 27 years. Cereal Chem. 31 (1954) S. 439–449.

[142a] ROTHE, M., G. WÖLM u. J. VOIGT: Fettveränderungen in Getreideprodukten und ihr analytischer Nachweis. Nahrung 11 (1967) S. 149–160.

[143] THOMAS, B.: Die Trocknung von Mehl zur Erhöhung seiner Haltbarkeit. Z. ges. Getreidew. 27 (1940) S. 7–12. (Deckt sich schlecht mit [140].)

[144] ROTHE, M.: Über ein neues Stabilisierungsverfahren für Weizenkeime. Nahrung 7 (1963) S. 579–587, und DDR-Pat. 26827 (1964).

[145] Vgl. NEMITZ, G.: Stärke 14 (1962) S. 277.

wird der kritische Wassergehalt bei 20 °C zu 13,8 bis 14,7% angegeben. Für die Langlagerung gelten wahrscheinlich ähnliche Gesichtspunkte wie für Weizenmehl. Offenbar ist der Carotinverlust bei der Lagerung hoch, denn er beträgt bereits bei dunkel gelagerten Maiskörnern im Verlauf eines Jahres bei 11% WG und 25°C etwa 65%, bei 11% WG und 7°C sowie bei 3% WG und 25°C 30% und noch bei 3% WG und 7°C 10%[146].

Durch *Vermälzen* von Weizenmehl ergibt sich eine Sorptionsisotherme von völlig anderem Charakter, die derjenigen von Stärkesirup nahekommt. Die zulässige Feuchtigkeitszunahme ist bei diesem Erzeugnis extrem niedrig (Bild 37).

d) Stärke

Stärken sind ausschließlich mikrobiologisch empfindlich, und zwar, wenn die Gleichgewichtsfeuchtigkeit über 73 bis 75% ansteigt (Bild 39). Die zulässigen Wassergehalte sind dabei 18 bis 19% für Kartoffelstärke,

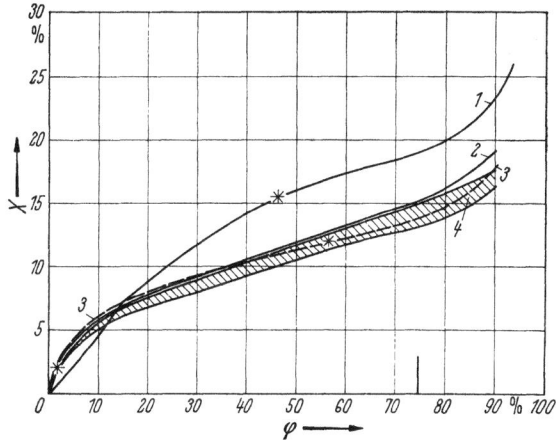

Bild 39. Stärke
1 Kartoffelstärke, Institut (20°C); *2* Kartoffelstärke, NEMITZ (20°C); *3* Maisstärke, NEMITZ (20°C); *4* Weizenstärke, Intervall: NEMITZ (20°C), engl. Werte (25°C) und BUSHUK u. WINKLER*
(27°C); * Anfangszustand

16% für Maisstärke und 14 bis 15% für Weizenstärke und Reisstärke. Die Hysterese ist bei Kartoffelstärke im Bereich $\varphi = 50$ bis 60% am größten und beträgt etwa 6% (im Wassergehalt 1,5%), bei Weizenstärke

---

[146] QUACKENBUSH, F. W.: Corn carotinoids; effects of temperature and moisture losses during storage. Cereal Chem. 40 (1963) S. 266–270.
* BUSHUK, W., u. C. WINKLER: Cereal Chem. 34 (1957) S. 78.

92   2. Erzeugnisse pflanzlichen Ursprungs

im Intervall 40 bis 50% etwa 10% (1,2% WG), bei Maisstärke 6% (1,5% WG). Stärke ist für eine Langlagerung besonders gut geeignet. Nach Zugabe von Aromastoffen (Puddingpulver) ist eine aromadichte Verpackung erforderlich.

e) Teigwaren

Die Sorptionsisotherme von Teigwaren entspricht erwartungsgemäß derjenigen des Hartgrießes, aus dem sie hergestellt sind (Bild 40). Wegen der geringen spezifischen Oberfläche vergleichsweise zum Gewicht erfolgt der Angleich an andere Feuchtigkeiten nur langsam. Allerdings kann sich, wenn relativ trockenes Gut in feuchte Umgebung kommt, vor allem bei Makkaroni, Rißbildung einstellen: Durch Anquellen der Oberfläche

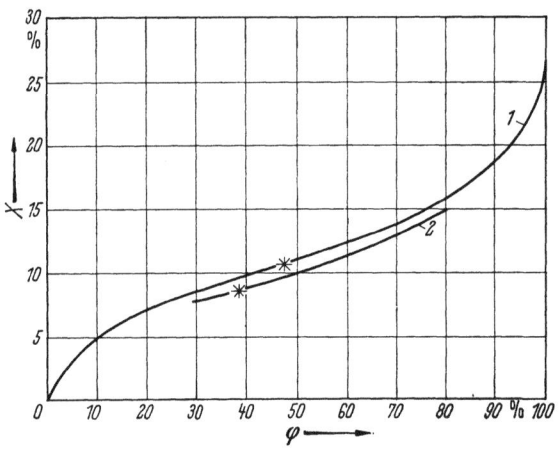

Bild 40. Makkaroni (25 °C)
1 Institut (Hartgrießware); 2 engl. Werte (Eiernudeln); * Anfangszustand

können nach Untersuchungen im Institut[147] Druckspannungen entstehen, die durch innere zusätzliche Zugspannungen ins Gleichgewicht gebracht werden müssen. Eine Schwankung des Wassergehaltes um 2,5% kann durchaus genügen, um Sprünge hervorzurufen. Dies bedeutet, daß Makkaroni, welche den Trockner mit 11,5% WG verlassen, bei einer Lagerung bei $\varphi = 70\%$ schon gefährdet sein können bzw. im Falle eines Endwassergehaltes von 13% bei $\varphi = 78\%$. Liegt der Wassergehalt der Makkaroni tief, dann ist die Ware im feuchten, ist er hoch, dann ist die Ware im trockenen Außenklima gefährdet. Eine wasserdampfdichte Verpackung verringert diese Gefährdung[147]. Das Ausmaß der Spannungs-

---

[147] GÖRLING, P.: Verhütung von Schwindungsrissen bei der Makkaronitrocknung. Getreide u. Mehl 10 (1960) S. 39–43. – GÖRLING, P., u. H. BEUSCHEL: Chem.-Ing.-Techn. 31 (1959) S. 393–398.

empfindlichkeit hängt vom Ausmaß der Vergleichmäßigung des Feuchtigkeitsfeldes während der Trocknung *vor* dem Übergang vom plastischen in den elastischen Bereich (Schwitzvorgang!), dem Gehalt an Luftbläschen und an Kleiebestandteilen ab. Vom Luftgehalt des Teiges und von der Belichtung hängt bei Eierteigwaren auch die Erhaltung des Carotinoidgehaltes ab. Bei Makkaroni und Spaghetti aus Durumweizen wurde als Folge der Oxydation der Carotinoide ein Ausbleichen der gelben Farbe festgestellt. WINKLER[148] fand, daß Lipoxydase entscheidend für die oxydativen Zerstörungen der carotinoiden Pigmente bei der Makkaroni- und Spaghettiherstellung ist, und DAHLE[149] konnte überraschenderweise belegen, daß freie Fettsäuren (hauptsächlich Linolsäure) des Weizens und seiner Verarbeitungserzeugnisse die oxydative Stabilität der carotinoiden Pigmente erhöhen. Vom mikrobiologischen Standpunkt wären 14 bis 15% WG zulässig. Der zulässige Wassergehalt für eine 4jährige Lagerung ist nach eigenen Versuchen $\leq 12\%$[150]. Teigwaren eignen sich also besonders zur Langlagerung im Dunkeln. Bei sehr langen Lagerzeiten tritt ein muffiger, alter, bitterer Geschmack auf, die Konsistenz wird weich und klebrig.

f) Dauerbackwaren und Backwaren

Dauerbackwaren büßen in der Hauptsache dadurch an Genußwert ein, daß sie *Feuchtigkeit aufnehmen*, wodurch sie ihre *Rösche verlieren*, weich und zäh werden und gleichzeitig auch ausdrucksloser im Geschmack (Verschwinden der Wirkung von Gewürzen). Manche Sorten können allerdings auch zu hart werden. Bei steigendem Wassergehalt können bei einer langen Lagerzeit *nichtoxydative Veränderungen* in den Vordergrund treten. Um diese Gefahr einzudämmen, wird man eine Wassergehaltszunahme zwischen dem Verlassen des Ofens und dem Verpacken vermeiden. Auch bei Beibehaltung ihres niedrigen Wassergehaltes können Dauerbackwaren bei der Lagerung einen Altgeschmack annehmen, der dann vermutlich vorwiegend auf *oxydative Veränderungen* zurückzuführen ist, die weitgehend durch Verwendung von Sichtpackungen beschleunigt werden können. Oxydative Fettveränderungen können durch Verwendung natürlicher Antioxydantien verzögert werden. Infolge des Backprozesses ist mit enzymatischen Veränderungen nicht zu rechnen.

Im ganzen ist zu erwarten: Im Feuchtigkeitsintervall unter der Wachstumsgrenze von Schimmelpilzen können bei einer rezeptmäßig so heterogenen Lebensmittelgruppe eine Reihe von Veränderungen zu

---

[148] IRVINE, G. N., u. C. A. WINKLER: Cereal Chem. 27 (1950) S. 205.
[149] DAHLE, L.: Factors affecting oxidative stability of carotenoid pigments of durum milled products. J. Agric. Food Chem. 13 (1965) S. 12–15.
[150] Vgl. NATO Document AC/25 (FA) D 73, 1963.

einem „Altgeschmack" führen. Sicher ist eigentlich nur, daß Sichtpackungen keinesfalls eine Haltbarkeitsverlängerung hervorrufen und daß das Feuchtigkeitsintervall nicht überschritten werden darf, in dem die Rösche nachteilig beeinflußt wird. Im übrigen muß alles von Fall zu Fall überdacht werden.

Nachfolgend wird dargelegt, inwieweit sich Dauerbackwaren bezüglich der Lage der Sorptionsisothermen und der kritischen Werte unterscheiden:

In dem für die Rösche maßgeblichen Intervall (25 bis 50%) zeigen eigentlich alle Dauerbackwaren eine relativ schwache Neigung der *Sorptionsisothermen* (Bild 41 und 42). Etwas steiler ist die Neigung z. B. bei Waffelblättern und Honigschnitten, etwas flacher z. B. bei Käsegebäck.

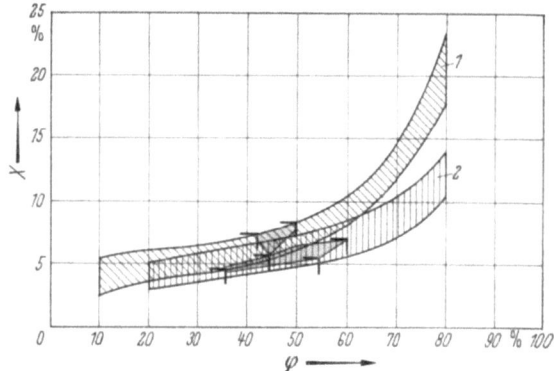

Bild 41. Dauerbackwaren (20 °C)
Die Gruppe *1* enthält: Zwieback, Kekse, Lebkuchen, Salzletten, Laugenbrezeln, Honigplätzchen.
Die Gruppe *2* enthält: Biskuits, Mürbkekse, Russisch Brot, Krackers, Erdnußflips, Käsegebäck.
⟩ Haltbarkeitsgrenze; gerasterte Fläche: kritische Intervalle

Höhere Gleichgewichtswassergehalte bei $\varphi = 50\%$ zeigen Zwieback, Honigplätzchen, Hartkekse und Laugengebäck; niedrigere Wassergehalte dagegen Russisch Brot, Käsegebäck und evtl. Biskuits. Es scheint so zu sein, daß Dauerbackwaren mit ankaramelisiertem Zucker stärker und solche mit höherem Eiweißgehalt schwächer hygroskopisch sind als normal.

Hinsichtlich der *Feuchtigkeitsempfindlichkeit* lassen sich folgende grobe Gruppen unterscheiden:

1. *Normale Feuchtigkeitsempfindlichkeit* (Zahlentafel 7) mit $\varphi = 40$ bis 50% als oberer Grenze (Zwieback, Biskuit, Mürbkeks, Frühstückskräcker, Lebkuchen, Honigplätzchen, Hartkekse, Waffelblätter, Erdnußflips, Salzgebäck, Spekulatius). Ihre optimale Knackigkeit liegt aber merklich tiefer (bei $\varphi \approx 25\%$ z. B. bei Russisch Brot, Hartkeksen, Erdnußflips, Salzgebäck, Käsegebäck, Spekulatius; etwas höher evtl. bei Zwieback).

f) Dauerbackwaren und Backwaren

Zahlentafel 7. *Zulässige und günstigste Gleichgewichtsfeuchtigkeiten für die Lagerung von Dauerbackwaren bei 20 °C*

Art der Backware	Relative Gleichgewichtsfeuchtigkeit [%]			
	bei Anlieferung der Packung (die Werte entsprechen nicht denen beim Abpacken)	untere zulässige Grenze	obere zulässige Grenze	Optimum
Russisch Brot	25	keine	56	23
Zwieback (frühere Lieferung)	38	> 25,	50	30 bis 40
(neuere Lieferung)	11	evtl. zu hart?	50	30 bis 40
Biskuit (Fabrikat I)	45	40	60	45
(Fabrikat II)	25	keine	50	< 40
Mürbkeks	32	keine	43	< 43
Frühstückskräcker	43	< 20, evtl. zu hart	42	< 42
Lebkuchen	37	30, sonst zu hart	45	~ 37
Käsegebäck	22	keine	35	< 32
Honigplätzchen	25	25, evtl. zu hart	45	38 bis 45
Hartkekse	8	–	43	25
Waffelblätter	18 bis 27	–	49	30
Spekulatius	25 bis 43	–	45 bis 50	30
Erdnußflips	23	–	41	30
Salzletten	~ 42	–	48 bis 49	30
Laugenbrezel	~ 36	–	48 bis 49	30
Mandelsterne	64 bis 75	69	72	69 bis 72
Elisenlebkuchen	75 bis 77	72	75	73 bis 74

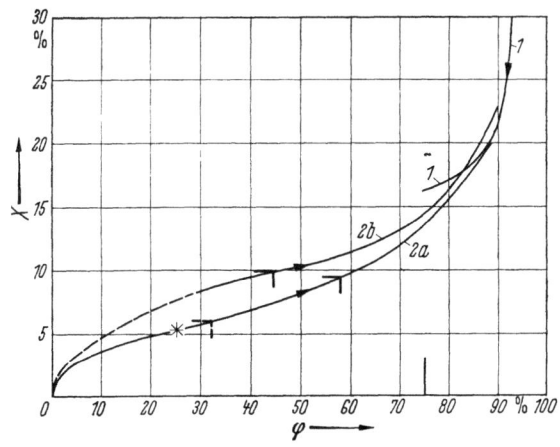

Bild 42. Brot (20 °C)
1 Pumpernickel (Anfangswassergehalt 40,8 % entsprechend $\varphi = 95\%$); *2a* Knäckebrot I; *2b* Knäckebrot II; * Anfangszustand; ⟩ Haltbarkeitsgrenze (⟩ Angabe der Industrie)

Die Verpackung von Knäckebrot (Bild 42) ist relativ wenig problematisch. Erst bei 9 bis 10% WG beginnt es zäh zu werden; nicht nur die Spanne vergleichsweise zum Anfangswassergehalt ist hoch, sondern auch die zulässige Gleichgewichtsfeuchtigkeit ist höher als bei den meisten Dauerbackwaren. Je dicker die Scheiben sind und je kompakter sie aufeinanderliegen, um so langsamer nehmen sie die Umgebungsfeuchtigkeit an. Damit ist zu erklären, daß bei kurzen Umlaufszeiten in unserem Klima ein relativ feuchtigkeitsdurchlässiger Einschlag auszureichen pflegt. Bei sehr niedrigen Wassergehalten soll die Gefahr des Ranzigwerdens zunehmen.

Bei Russisch Brot kristallisiert ähnlich wie bei Anisplätzchen der in Form einer Schmelze vorliegende Zucker nach längeren Lagerzeiten bei höherer Gleichgewichtsfeuchtigkeit aus, und zwar kann diese kritische Grenze tiefer liegen als die für das Weichwerden.

2. Dauergebäcke, die recht *hart* werden können und deswegen einen ausgeprägten optimalen Wassergehalt (Gleichgewichtsfeuchtigkeit) aufweisen: Frühstückskräcker ($\varphi \geq 20\%$), Lebkuchen ($\varphi \geq 25\%$). Übermäßiges Weichwerden ist andererseits bei Lebkuchen weit weniger nachteilig als bei den meisten anderen Dauerbackwaren.

3. Eine *besonders dampfdichte* Verpackung[151] erfordern – gleiche Lagerzeit vorausgesetzt – die Erzeugnisse, welche eine flache Sorptionsisotherme und eine niedrige optimale Gleichgewichtsfeuchtigkeit aufweisen (bzw. ein schmales Intervall zwischen der Gleichgewichtsfeuchtigkeit im Augenblick der Verpackung und der kritischen Gleichgewichtsfeuchtigkeit bei gleichzeitig hohem mittlerem Dampfdruckgefälle). Ein großer Teil der Dauerbackwaren benötigt – unter der Voraussetzung, daß die Verpackung unmittelbar nach dem Ofen erfolgt ist – bei einer Umschlagszeit von 100 Tagen und einer Außenfeuchtigkeit von 70% Wasserdampfdurchlässigkeiten von 1 bis 2 (bis 3) g/m²d (gemessen unter Normbedingungen). Die Einhaltung dieses Wertes erfordert sehr dichte Verschlüsse, vor allem, wenn die kleinste Abmessung der Verpackung gering ist. Schokoladenüberzüge wirken als beschränkt dampfdichte Umhüllungen, verändern aber das Sorptionsverhalten des eigentlichen Gebäckes nicht; die dunkle Schokoladenmasse selbst ist qualitativ sich auswirkenden chemischen Veränderungen nur in geringem Maße unterworfen und übt immerhin eine geringe Schutzwirkung gegen Licht, Wasserdampf und Sauerstoff aus.

4. Eine völlig andere Gruppe bewegt sich aus Konsistenzgründen im *Bereich* der *Schimmelpilzgrenze*; hier besteht die besondere Gefahr, daß das Verschimmeln den begrenzenden Faktor bildet. Hierzu gehören z. B. Marzipanmassen, Schokoladenmakronen, Mandelsterne, Elisenleb-

---

[151] HEISS, R.: Über die Verpackung von Dauerbackwaren. Verp.-Rdsch. 10 (1959), techn.-wiss. Beilage S. 10–16, 22–23.

f) Dauerbackwaren und Backwaren

kuchen (Bild 43 und 44). Besonders schwierig werden die Verhältnisse dann, wenn der Kern weich und die Kruste knackig bleiben soll, ähnlich wie man es bei Frühstücksbrötchen gewöhnt ist. Man versucht dies bei Elisenlebkuchen[152] dadurch zu erreichen, daß man die Behältnisse nicht wasserdampfdicht verschließt und sie damit in beschränktem Umfange dem – im allgemeinen – trockneren Außenklima aussetzt. Undichtes Verpacken vermeidet zwar mikrobiologische Verluste weitgehend, ist aber wegen der zunehmenden Austrocknung nur temporär brauchbar. Elisenlebkuchen sind nämlich insofern besonders empfindlich, als bereits bei einer längeren Lagerung im Gleichgewicht mit $\varphi = 75\%$, also trotz einer gewissen Gefährdung durch Schimmelpilze, ein Altbackenwerden eintritt. Bei $\varphi = 72\%$ gelagerte Lebkuchen werden bereits „brotig" und

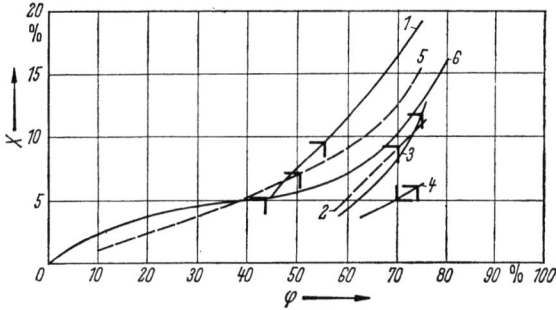

Bild 43. Backwaren (20 °C)
1 Honigschnitten; *2* Elisenlebkuchen; *3* Füllung der Schokoladenmakronen; *4* Mandelsterne; *5* Waffelblätter; *6* Spekulatius; ⟨ ⟩ Haltbarkeitsgrenzen

krümelig. Man kann sich also nur in einem recht schmalen Intervall bewegen, das einerseits durch die Latenzzeit im Wachstum von Schimmelpilzen, andererseits durch den abiotischen Verderb bzw. den Verlust an „Saftigkeit" bestimmt wird. Die Frage ist eigentlich nur, welches der größere Nachteil bei der wahrscheinlichen Umlaufszeit ist. Eine längere Haltbarmachung als 2 bis 3 Monate ist deshalb schwerlich zu erreichen.

Wenn sich ein Teil des Gebäckes oder das ganze Gebäck *im Bereich der Schimmelpilzgrenze*, d.h. bei 72 bis 75%, bewegt, gibt es folgende Möglichkeiten:

a) Änderung der Rezeptur, um diesen Bereich zu unterschreiten.

b) Kontrolle des Backvorganges, um nach dem Ofen genau den richtigen Wassergehalt zu erreichen und konstant halten zu können. (Das Abpacken solcher Erzeugnisse ist nur in abgekühltem Zustand zulässig, da sonst Kondensation erfolgt.)

---

[152] HEISS, R.: Beiträge zur Frage der Haltbarkeitsverlängerung von Gebäcken. Verp.-Rdsch. 12 (1961), techn.-wiss. Beilage S. 73–76.

c) Verpackung bei sehr niedrigem Sauerstoffpartialdruck (nicht wirksam bei Infektionen durch osmophile Hefen), evtl. kombiniert mit einer CO_2-Atmosphäre (die einen verzögernden Einfluß auf das Wachstum von Schimmelpilzen ausübt).

d) Verwendung von Konservierungsmitteln.

e) Lagerung in gefrorenem Zustand in hermetisch abdichtenden Verpackungen. (Das Altbackenwerden beruht auf einer Umwandlung der amorphen, wasserbindenden α-Stärke in die stabile und kristalline β-Stärke; eine völlige Hemmung dieses Vorganges erfolgt erst unter -7 bzw. über $+65°C$, bei -2 bis $-3°C$ liegt sein Maximum!)

Ein typisches Beispiel aus dieser Gruppe sind Schokoladenmakronen, die im Kern bis zu $\varphi = 86\%$ und in der Randschicht $\varphi = 77\%$ aufweisen, also überhaupt nur in der Kühlkette (oder evtl. unter Schutzgas) länger als kurzzeitig gelagert werden können. Bei schokoladenüberzogenen Backwaren mit einer höheren Gleichgewichtsfeuchtigkeit als 73 bis 75% (z.B. Baumkuchen) ist immer Vorsicht am Platz, falls die Lagerung nicht kurzfristig erfolgt, da die Oberfläche vor dem Überziehen schwerlich vor einem Befall durch Schimmelpilzsporen zu schützen ist. Die Gefrierlagerung solcher Gebäcke erscheint zwar als theoretische Lösung, sie bildet aber bei gegebener Rezeptur die einzige Möglichkeit, um außer der Verhinderung des mikrobiologischen Verderbs auch die Feuchtigkeitswanderung von der Krume zur Kruste und die Retrogradation der Stärke längere Zeit unter Kontrolle zu halten; vor allem auch zur Verzögerung der nichtoxydativen chemischen Umsetzungen ist die Temperatursenkung wichtig. Aus diesem Grund wird zumindest zur Überbrückung längerer Zeiten eine Kaltlagerung um so wichtiger, je höher die Gleichgewichtsfeuchtigkeit ist, da außer dem Schimmelpilzbefall das Abflachen des Geschmacks, „Brotigwerden" u.dgl. dominierend werden können. Auch Dauerbackwaren mit einer sehr schmalen zulässigen Feuchtigkeitszone, knapp *unter* der Schimmelpilzgrenze, bedürfen im allgemeinen einer dampfdichten, möglichst enganliegenden Verpackung trotz des geringen Partialdruckgefälles zur Umgebung. Da sie sich im allgemeinen chemisch rascher verändern als Dauerbackwaren mit niedrigen Gleichgewichtsfeuchtigkeiten, bilden sie den Übergang zu normalen Backwaren mit Gleichgewichtsfeuchtigkeiten über der Schimmelpilzgrenze.

Kaltlagernde Erzeugnisse mit höheren Gleichgewichtsfeuchtigkeiten bedürfen auch in relativ dichten Verpackungen infolge des vorübergehenden Feuchtigkeitsanstieges im Binnenklima innerhalb der Verpackung während des Anwärmvorganges besonderer Vorsichtsmaßnahmen[153].

---

[153] BECKER, K.: Klimaänderungen in Pralinenpackungen beim Auslagern aus Kühlräumen. Fette, Seifen, Anstrichmitt. 67 (1965) S. 591–596.

Zahlentafel 8. *Vorwiegende Gefährdung verschiedener Gebäckarten und Abhilfemaßnahmen*

Optimale Gleich-gewichtsfeuchtigkeiten	Vorwiegend gefährdet durch	Abhilfe
> 73 bis > 75%	Schimmelpilze	CO_2-Lagerung und sauerstofffrei, evtl. Sterilisieren; Gefrieren
	abiotischer Verderb	Kaltlagerung
	Austrocknen	wasserdampfdichte Verpackung
50 bis 73%	abiotischer Verderb	Kaltlagerung
	Änderung des Wassergehaltes	wasserdampfdichte Verpackung
	Lipasewirkung von Füllungen	lipasefreie Rohstoffe, möglichst Freiheit von Schimmelpilzlipasen
< 50%	Feuchtigkeitsaufnahme (Weich- und Zähwerden, Altgeschmack)	dampfdichte Verpackung
	Fettverderb	Auswahl der Fette, lichtdichte Verpackung

Die einzelnen Verderbsmöglichkeiten schließen sich gegenseitig nicht aus, vielmehr handelt es sich häufig um einen „Wettlauf". Die Abhilfemaßnahmen wird man von Fall zu Fall kombinieren müssen, um bei der jeweiligen Gebäckart eine überschaubare Haltbarkeitszeit zum Zwecke des Angleichs zwischen stetiger Produktion und Befriedigung des Spitzenbedarfs (vor Festtagen) zu erreichen. (Da Schimmelpilze im Bereich von 73 bis 75% nicht sehr rasch auskeimen, kann bei Gewähr einer kurzen Lagerung selbst dieses Feuchtigkeitsintervall zulässig sein.) Vgl. Bild 6 und Zahlentafel 8.

Marzipanrohmasse (Bild 44) mit üblichem Wassergehalt besitzt eine Gleichgewichtsfeuchtigkeit, die eindeutig *über* der Wachstumsgrenze für Schimmelpilze liegt. Wenn man keine Konservierungsstoffe zuzugeben wünscht, bleibt nach Versuchen im Institut nur die Möglichkeit einer Heißabfüllung der nicht durch Hefen infizierten Massen in weitgehend sauerstoffdichten, enganliegenden Verpackungen[154] oder aber – für kürzere Zeiten – Verwendung einer wasserdampfdichten Verpackung in der Kühlkette. Bei *angewirkter Marzipanmasse* (mit höherem Zuckergehalt) besitzt man nur eine geringe Bewegungsfreiheit im Wassergehalt bezüglich der richtigen Konsistenz der Außen- und der Innenschicht

---

[154] LUBIENIECKI-VON SCHELHORN, M.: Einige Versuche zur Verpackung von Marzipan bei niedrigen Sauerstoffpartialdrücken. Verp.-Rdsch. 12 (1961), techn.-wiss. Beilage S. 25–29, 33–38.

(Bild 44). Der Höchstwassergehalt muß deshalb sehr genau eingestellt werden; der Feuchtigkeitsausgleich zwischen Kern und Außenschicht wirkt sich in einem Quellen der geschrumpften Außenschicht aus, was zu Rissen führen kann[155]. Sorgfältige Betriebshygiene ist bei der Herstellung von Marzipan zur Vermeidung von Gärungserscheinungen stets wichtig; Infektionen mit Saccharomyces rouxii führen zum Platzen[156].

Eindeutig zur Kategorie der Backwaren gehört das Brot (vgl. S. 51). Will man aus einem Erzeugnis mit so hoher Gleichgewichtsfeuchtigkeit eine Dauerbackware machen, dann stehen bei Vermeidung von Konservierungsmitteln folgende Frischhalteverfahren zur Auswahl: Sterilisieren, Gefrieren oder – für beschränkte Zeit – Lagerung unter CO_2-Atmosphäre bei äußerst geringem Sauerstoffpartialdruck. In Bild 42

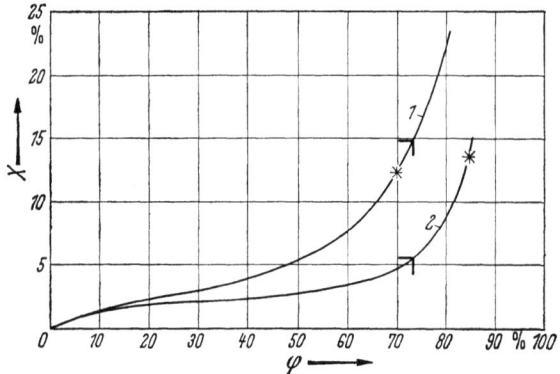

Bild 44. Marzipan (20 °C)
1 angewirkter Marzipan, ~44% Zucker; *2* Marzipanrohmasse, ~33% Zucker; * Anfangszustand;
> Haltbarkeitsgrenze

ist die Sorptionsisotherme von (sterilisiertem) Pumpernickel dargestellt. Die Wassergehalte bewegen sich durchweg in einem sehr hohen Feuchtigkeitsbereich, was verständlich macht, daß er in undichten Packungen sehr rasch verschimmelt und unverpackt sehr rasch eintrocknet und hart wird.

Die Gleichgewichtsfeuchtigkeit im Kern von trockenem Kuchen (Marmor-, Eiersand-, Zitronenkuchen, Königskuchen) liegt bei 81%*, also 4 bis 4,5% über der wahrscheinlichen Wachstumsgrenze für Schimmelpilze (vgl. hierzu aber Bild 6). Allzu schimmelpilzanfällig sind sie

---

[155] Warum Marzipaneier nach dem Überziehen mit Schokolade platzen. Gordian LXV, Jan. 1966, Heft 1564, S. 27. (Die Füllung darf nicht kalt sein.)

[156] WINDISCH, S., u. I. NEUMANN: Zur mikrobiologischen Untersuchung von Marzipan III. Süßwaren 9 (1965) S. 540–546.

* Persönliche Mitteilung der Herren Dr. HANSSEN und Dipl.-Ing. WINTERBERG, Hannover.

demnach nicht, sofern nicht wegen zu warmer Verpackung Kondenswasserbildung an der Innenseite des Packstoffes erfolgt. Mit einer längeren Haltbarkeit ist aber gleichwohl nicht zu rechnen, es sei denn, man nimmt höhere Austrocknungsverluste in Kauf. Die Sorptionsisotherme liegt bei steigendem Backvolumen (feinere Mahlung) etwas tiefer[136a].

Anhang. Fetthaltige Füllungen irgendwelcher Art sollen nach eigenen Versuchen *lipasefrei* sein, was eine entsprechende Auslese aller hierfür verwendeten Rohstoffe bzw. deren feuchtthermische Behandlung zur Enzyminaktivierung voraussetzt. Bei Waffelfüllungen[63, 157] verringert man die Gefährdung dadurch, daß man keine emulgierten Fette einsetzt (vgl. Bild 17). Kokosfetthaltige Füllungen werden bereits durch Feuchtigkeitsspuren sehr verderbsanfällig.

Über die *Autoxydation* von Keksen gibt es nur wenig Literatur. Sie scheint bei 5,1 bis 7,4% WG sehr viel langsamer abzulaufen als im Intervall 0,75 bis 2,7% WG[158].

Über die Lichtempfindlichkeit von Dauerbackwaren sind ausgedehnte Untersuchungen erst begonnen worden. Bei Belichtung scheint bei den meisten Sorten weitgehend der oxydative Verderb zum begrenzenden Faktor zu werden. Butterblätter erwiesen sich als wesentlich unempfindlicher als reine gehärtete bzw. umgeesterte Fette. Zwieback ist ebenfalls lichtempfindlich. Einen wirklichen Lichtschutz, insbesondere für stark fetthaltige Dauerbackwaren, bilden erst Packstoffe, welche eine wesentliche Lichtschwächung unter 550 nm bewirken; dann wird offenbar mehr und mehr der autoxydative Einfluß zum dominierenden Faktor[159].

g) Getrocknete Kartoffelerzeugnisse

Die Sorptionsisotherme von *Trockenkartoffeln* scheint vom Status der in der Knolle abgelaufenen Stoffwechselprozesse nicht unabhängig zu sein. Bei 70% relativer Feuchtigkeit und 50 °C betrug nach GANE der Wassergehalt bei 0,7% Zuckergehalt 11,4%, bei 3,7% Zuckergehalt 12,6% und bei 9,7% Zuckergehalt 14,4%, d.h., mit zunehmendem Gehalt an reduzierenden Zuckern werden die Kartoffeln hygroskopischer[88]. Um den Gehalt an reduzierenden Zuckern niedrig zu halten, ist es notwendig, die Kartoffeln bei Temperaturen von 6 bis 7 °C im Dunkeln zu lagern. Gleichzeitig wird das Auskeimen durch geeignete Zu-

---

[157] LUBIENIECKI-VON SCHELHORN, M., u. A. PURR: Beobachtungen über den lipolytischen Verderb von Waffelfüllungen bei Gleichgewichtsfeuchtigkeiten unterhalb der Wachstumsgrenze von Schimmelpilzen. Süßwaren 12 (1968) S. 108, 165.
[158] Chemistry and Industry 1955, S. 1634.
[159] RADTKE, R., u. R. HEISS: Orientierende Untersuchungen über den Einfluß des Lichtes auf in verschiedenartigen Zellglasfolien verpacktes Backfett und Buttergebäck. Brot u. Gebäck 20 (1966) Nr. 1, S. 10–15.

102   2. Erzeugnisse pflanzlichen Ursprungs

satzverfahren gehemmt. Durch 2- bis 3wöchige Nachlagerung bei etwa 20°C muß der Zuckergehalt so weit wie möglich, mindestens aber auf 2,5% (bezogen auf Trockensubstanz) gesenkt werden. Die Lagerveränderungen von Trockenkartoffeln werden teilweise durch Bräunungsreaktionen vom Typ der Maillard-Reaktion verursacht, deren Geschwindigkeit bis zu einem gewissen Grade mit steigendem Wassergehalt und zunehmen-

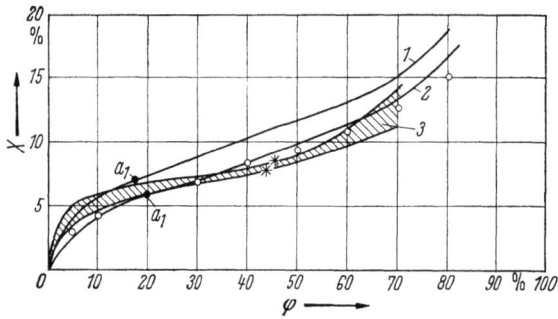

Bild 45. Kartoffelscheiben bzw. -stäbchen
1 Institut (20°C); *2* Institut (40°C); *3* GANE (28°C); ○ RUSSET (37°C); ● a_1-Punkte; * Anfangszustand

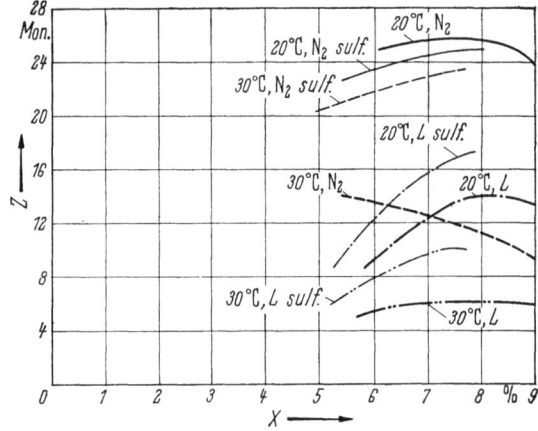

Bild 46. Haltbarkeitszeit Z (in Monaten) von Kartoffeln in Abhängigkeit vom Wassergehalt bei 20°C und 30°C bei Lagerung in Luft und in Stickstoff (nach GÖRLING)

dem Gehalt an reduzierenden Zuckern wächst, teilweise durch oxydative Vorgänge (da das Kartoffelöl hoch ungesättigt ist), die mit sinkendem Wassergehalt zunehmen. Zu beobachtende Veränderungen: muffiger Geruch, fader, bitterer Altgeschmack (bei höheren Temperaturen: brenzlig), Ausbleichen der gelben Farbe, graue, später rötlichbraune Verfärbung. Die Folge der erwähnten gegenläufigen Veränderungen ist,

g) Getrocknete Kartoffelerzeugnisse

daß es – zumindest bei Lagerung in Luft – einen optimalen Wassergehalt gibt, dessen genaue Lage nicht bekannt ist. Der wirtschaftlichste Wassergehalt deutscher Sorten scheint bei 20 °C bei 9 % zu liegen[39] (vgl. Bild 45 und 46). Die Haltbarkeitszeit in hervorragender Qualität beträgt dann annähernd 1 Jahr. Durch Sulfitieren wird die Haltbarkeit durch Verringerung der Bräunungsreaktionen – insbesondere bei höheren Wassergehalten – gesteigert. In Großbritannien wird eine Sulfitierung mit 250 bis 500 ppm für Kartoffelstreifen[159a] (5 % WG) und von 450 bis 550 ppm für Kartoffelbreipulver (5 % WG) bei tropischem Klima empfohlen, in den USA Wassergehalte < 6 % und 200 bis 500 ppm SO_2. Der Verlust von SO_2 bei 37 °C verringert sich stark mit absinkendem Wassergehalt; bei 2 bis 3 % WG bleibt der SO_2-Gehalt ziemlich konstant. Wenn man sich nicht auf eine Menge von 200 ppm SO_2 beschränkt, erscheint es günstiger – da nicht mit einer Geschmackseinbuße verknüpft –, bei 20 °C in Stickstoff zu lagern. Hierdurch wird nach Untersuchungen im Institut nicht nur die Empfindlichkeit gegen niedrige Wassergehalte mehr oder minder zum Verschwinden gebracht, sondern auch die Bräunung bei höheren Wassergehalten etwas vermindert. Bei etwa 7 % WG und Stickstofflagerung beträgt die Haltbarkeit[37] annähernd 2 Jahre. Dies deckt sich auch mit amerikanischen Erfahrungen, wonach bei 7 % WG die erreichbaren Haltbarkeitszeiten sind:

Temperatur [°C]	Haltbarkeitszeit [Monate]	
	Luft	Stickstoff
37	3	3
28	10	12
15	15	24

Temperatureinfluß. Bei 30 °C wird gegenüber 20 °C die Haltbarkeit in Luft merklich verkürzt. Sulfitieren hilft etwas, nach den Ergebnissen von GÖRLING[39] ist aber auch hier eine Lagerung in Stickstoff besser. Die Haltbarkeit beträgt dann bei etwa 7 % WG etwa 1 Jahr. Eine Verdopplung der Lagerzeit läßt sich bei 30 °C dadurch erreichen, daß man zusätzlich zur Stickstofflagerung auch noch sulfitiert. Bei 30 °C nimmt die Haltbarkeit der bei niedrigen Sauerstoffpartialdrücken gelagerten Trockenkartoffeln bis auf etwa 5 % WG stetig zu, weshalb in warmem Klima die Wahl dieses Wassergehalts empfehlenswert erscheint[39].

In eigenen Versuchen wurde der a_1-Punkt bei 40 °C zu 6 % WG ($\varphi = 20 \%$) und bei 20 °C zu 7 % WG ($\varphi = 17,5 \%$) gefunden (vgl. Bild 45); bei amerikanischen Versuchen luftgetrocknet zu 5,5 %, gefriergetrocknet zu 7,8 % WG. Gefriergetrocknete Kartoffeln zeigten bei den gleichen

---

[159a] HEARNE, J. F., u. D. TAPSFIELD: Some effects of reducing during storage, the water content of dehydrated strip potato. J. Sci. Agric. 7 (1956) S. 210–220.

Versuchen eine Sorptionsisotherme, die bei 30 °C bei vergleichbaren Gleichgewichtsfeuchtigkeiten höher lag als die luftgetrockneter Kartoffeln[159b].

Das Ergebnis amerikanischer Haltbarkeitsversuche[160] (Sorte Chippewa) unter Zugrundelegung der Verfärbung als Maßstab ist in Bild 47 dargestellt. Es ergibt sich hieraus, daß hierfür im Temperaturintervall 30 bis 40 °C das Q_{10} zwischen 3 und 3,8 und im Intervall 20 bis 30 °C zwischen 6 und 9 liegen kann. Aus geschmacklichen Gründen erfolgte hierbei ein merklicher Qualitätsabfall bei 20 °C und bei einer Gleichgewichtsfeuchtigkeit von 69% später als aus Farbgründen, doch mag dies von Sorte zu Sorte verschieden sein und dürfte von der Temperatur und dem Wassergehalt abhängen. In eigenen Versuchen veränderte sich immer zuerst der Geschmack und erst in zweiter Linie die Farbe.

Kartoffel*breipulver* bzw. -breiflocken verhalten sich im Prinzip nicht anders als Kartoffelscheiben bzw. -stäbchen. Der optimale Wassergehalt soll für Kartoffelflocken (Sorte Idaho Russel, a_1-Wert 5,4%) zwischen 5 und 7% liegen. Die Haltbarkeitszeit beträgt dann 6 Monate in Luft verpackt (offenbar in Dosen) bei Raumtemperatur. Bei 4% und vor allem bei 9% lag sie bedeutend niedriger[161]. Der wirtschaftlichste Wassergehalt soll 7 bis 8% sein. Die Sorptionsisotherme liegt niedriger als bei Kartoffelstärke[161]. Während

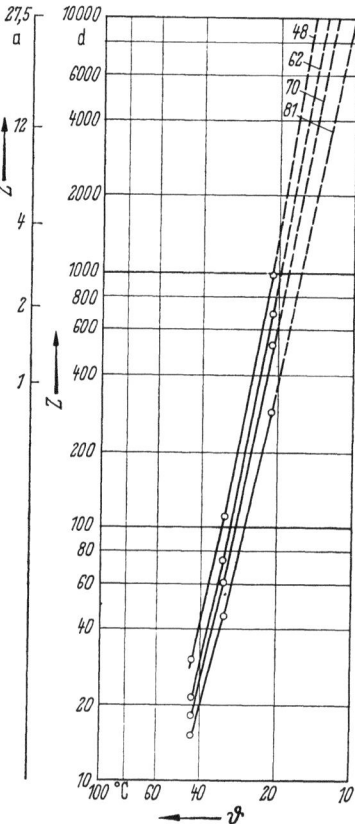

Bild 47. Dauer des Eintritts der Verkaufsgrenze (links nach Jahren, rechts nach Tagen) in bezug auf die Verfärbung bei Trockenkartoffeln (nach CULPEPPER) abhängig von der Lagertemperatur bei verschiedenen Gleichgewichtsfeuchtigkeiten

---

[159b] SARAVACOS, G. D.: Effect of the drying method on the water sorption of dehydrated apple and potato. J. Food Sci. 32 (1967) S. 81–84.

[160] CULPEPPER, CH. W., J. S. CALDWELL u. R. C. WRIGHT: Effect of temperature and atmospheric humidity upon the behaviour of dehydrated white potatoes in storage. Canner 29. März, 5., 12. u. 19. April 1947.

[161] STROLLE, E. O., u. J. CORDING: Moisture equilibria of dehydrated mashed potato flakes. Food Technol. 19 (1965) S. 853–855. (Empfohlen 5,1 bis 5,8%.)

ebenso wie bei Trockenkartoffeln in Streifen bzw. Scheibenform die Veränderungen durch Bräunung mit steigendem Wassergehalt zunehmen, wird infolge des Kochvorganges vor der Trocknung die Sauerstoffberührung mit dem Kartoffelöl[161a] erleichtert, so daß die Gefahr der oxydativen Veränderungen gegenüber getrockneten blanchierten Rohkartoffeln und Pulvern aus rohen Kartoffeln wesentlich verstärkt ist. Die Folge davon ist, daß der optimale Wassergehalt höher liegen muß und die Haltbarkeit verkürzt ist. Will man die Haltbarkeit verlängern, muß man bei verringertem Wassergehalt die nachteilige Wirkung des Sauerstoffs ausschalten. Nach eigenen Versuchen beträgt bei 20°C,

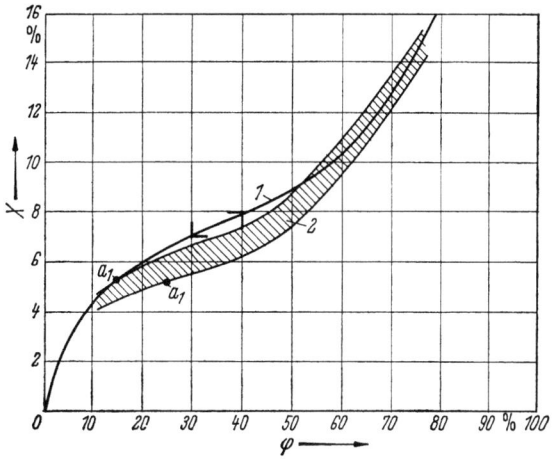

Bild 48. Kartoffelbreiflocken bzw. -pulver
1 bei 20°C; *2* gemäß [153] bei 25°C; ⟨ ⟩ Haltbarkeitsgrenzen; ● a_1 monomolekulare Belegung

Sauerstoffgehalten zwischen 0,5 und 1% und einem Wassergehalt von 6 bis 7% die Haltbarkeitszeit mindestens 1 Jahr, bei 1,5% O_2 etwa 6 Monate, bei 2% O_2 etwa 3 Monate. Wassergehalte von 4% (Ranzigkeit) und von 8 bis 10% (Bräunung) erwiesen sich bei Pulver aus sulfitierten Kartoffeln (200 ppm) bei 38°C und Luftlagerung als ungünstig, 6% als am günstigsten. Bei 24°C sowie bei 4°C in Luft war nur noch 4% WG ungünstig[162]. Bei beiden Temperaturen war 10% WG auch in Luft zulässig, bei 4°C sogar am günstigsten. Immer waren aber die Haltbarkeitszeiten in Stickstoff oder bei Verwendung von 5 ppm BHA

[161a] Vgl. hierzu BUTTERY, R. G.: Autoxidation of potato granules. J. Agric. Food Chem. 9 (1961) S. 245–252.

[162] STEPHENSON, R. M., T. SANO u. P. R. HARRIS: Storage characteristics of potato granules. Food Technol. 12 (1958) S. 622–624. – Vgl. hierzu auch DRAZGA, F. H., R. K. ESKEW u. F. B. TALLEY: Storage properties of potato flakelets. Food Technol. 18 (1964) S. 1201–1204.

wesentlich besser, am längsten bei einer Kombination von beiden[162]. Daß bei eigenen Versuchen bei 6 bis 7% WG die Veränderungen bei 10 °C etwas schneller ablaufen als bei 20 °C, könnte darauf zurückzuführen sein, daß sich ähnlich wie bei Milchpulver bei mittleren Sauerstoffpartialdrücken mit sinkender Temperatur das Optimum nach höheren Wassergehalten zu verschieben scheint. Kartoffelbreipulver wird nach eigenen Versuchen nach 2 Jahren graustichig, in zubereitetem Zustand klebrig. Die oxydativen Veränderungen werden erwartungsgemäß durch Lichteinwirkung beschleunigt[163], falls kein sehr weitgehender Sauerstoffentzug erfolgt.

Pulver aus rohen Kartoffeln besitzen etwa die gleiche Haltbarkeit wie Produkte, die aus blanchierten Trockenkartoffeln hergestellt wurden. Dagegen liegt die Haltbarkeit von Kartoffelteigpulvern, in denen außer gekochten Kartoffeln auch Mehl enthalten ist, etwa zwischen derjenigen der Trockenkartoffeln und der Kartoffelbreipulver. Eine Lagerung bei niedrigen Sauerstoffpartialdrücken empfiehlt sich auch bei diesem Erzeugnis.

Der Wassergehalt von Kartoffelchips liegt bei 1%; mehr als 4% sind nicht zulässig; handelsüblich sind 2 bis 3% WG und Gaslagerung.

h) Trockengemüse

Die Sorptionsisothermen vieler Gemüsearten sind in den Bildern 49 bis 54 dargestellt. Teilweise stimmen sie für die gleiche Gemüseart nur recht mangelhaft überein, was auf den Einfluß des Wachstums, der Sorte, der Blanchierbedingungen und nicht zuletzt der Art der Wasserbestimmung hinweist. In eigenen Versuchen wurde festgestellt, daß die Sorptionsisotherme sehr viel steiler wird, wenn man Rotkohl bei zu hohen Temperaturen trocknet. GANE[88] konnte bei Weißkraut feststellen, daß der Gleichgewichtswassergehalt bei 80% relativer Feuchtigkeit bei 17,7 Teilen Zucker und 2,9 Teilen löslicher Stickstoffverbindungen je 100 Teile Trockengewicht 15,4% beträgt, jedoch bei 22,6 Teilen Zucker und 3 Teilen löslicher Stickstoffverbindungen 16,5%. Stets zeigt unblanchiert getrockneter Weißkohl bei gleicher relativer Feuchtigkeit einen höheren Wassergehalt als blanchierter. Durch das Blanchieren werden Zuckerstoffe ausgelaugt, wodurch sich eine Verringerung der Hygroskopizität ergibt. Die Gemüse gehören aber im ganzen gesehen zu den weniger hygroskopischen Lebensmitteln. Stärker hygroskopisch als der Durchschnitt der Gemüse ist die Familie der Liliaceen (Porree, Knoblauch, Zwiebeln), außerdem Sauerkraut; alles Gemüse, die nicht blanchiert werden. Etwas schwächer hygroskopisch als der Durchschnitt

---

[163] BURTON, W. G.: Mashed potato powder. J. Soc. Chem. Ind. 64 (1945) S. 215–218; 68 (1949) S. 149–151.

h) Trockengemüse

scheinen z.B. Spinat, Blumenkohl und Sellerie zu sein. Gefriergetrocknete Karotten sind hygroskopischer als vakuum- und luftgetrocknete Karotten[164].

Die Qualitätsveränderungen während der Lagerung betreffen die Farbe, Verluste an Aromastoffen, Veränderung von Geruch und Geschmack, Änderungen der Zellstruktur (Konsistenz) und im Vitamingehalt. Die wesentlichen Ursachen dieser Qualitätsschädigungen sind Bräunungsreaktionen, Enzymwirkungen und oxydative Veränderungen. Im allgemeinen entwickelt sich im Verlauf der Lagerung nach einer Geschmacksabflachung ein brenzliger bis bitterer, süßlicher bis heu-

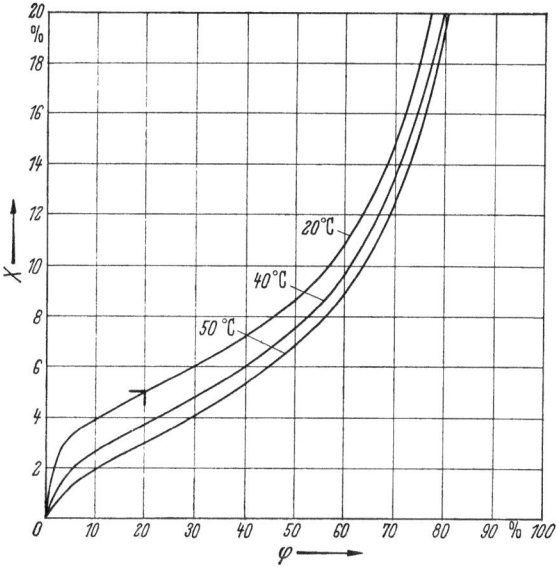

Bild 49a. Grünkohl (20, 40 und 50 °C)
> 1 Jahr Haltbarkeit (Luft), 2 Jahre (Stickstoff)

artiger Geschmack, ein brenzliger, muffiger Geruch und – mit Temperatur und Wassergehalt zunehmend – eine Braunfärbung; Karotten bleichen auch aus. Eine Verfärbung bei Karotten ist auf eine Bräunungsreaktion zwischen Zucker und Aminosäuren zurückzuführen. Ein Heugeschmack scheint häufig mit Veränderungen von Carotinoiden und von Chlorophyll verbunden zu sein; bei Anwesenheit von Sauerstoff in der Lageratmosphäre tritt er bei grünen Gemüsen verstärkt auf. Im allgemeinen wird durch Geschmacksveränderungen zuerst die Grenze der Verkäuflichkeit erreicht, und zwar sind bei den Kohlsorten und bei Spinat die brenzligen Geschmackskomponenten besonders deutlich.

[164] SHIBASATI, K.: Hygroscopicity of freeze-dried vegetables. Nippon Shokuhin Kogyo Gaggaishi 13 (1966) S. 769.

108   2. Erzeugnisse pflanzlichen Ursprungs

Man hat bisher gemeint, daß Voraussetzung für eine ausreichende Lagerfähigkeit von Trockengemüse die Enzyminaktivierung durch *Blanchieren* sei. In manchen Fällen mag dies zutreffen, beispielsweise

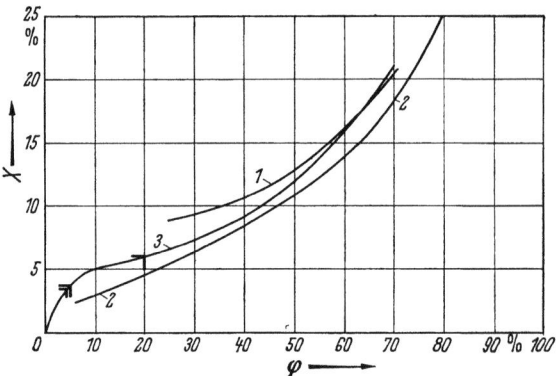

Bild 49b. Weißkohl
1 Institut (20 °C), frühere Werte; *2* GANE, gefriergetrocknet (10 °C); *3* Institut (20 °C), neuere Werte; $>$ 1 Jahr Haltbarkeit (Luft); $\gg$ 2 Jahre **Haltbarkeit (Luft)**

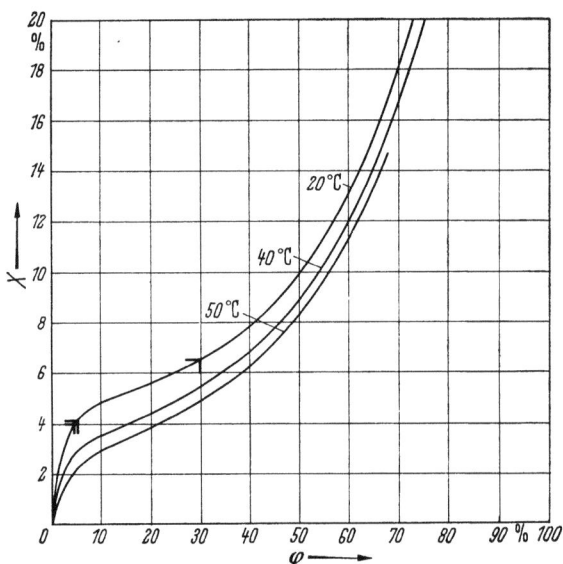

Bild 49c. Rotkohl (20, 40 und 50 °C)
$>$ 1 Jahr Haltbarkeit (Luft); $\gg$ 2 Jahre Haltbarkeit (Luft)

bei der Inaktivierung der Polyphenoloxydase bei Kartoffeln. Bei manchen Gemüsen scheint nach Untersuchungen im Institut das Blanchieren die Wirkung auszuüben, daß der Gehalt an Inhibitoren, welche

h) Trockengemüse

die Umwandlung von Ascorbinsäure zu Dehydroascorbinsäure hemmen, zu-, bei zu langem Blanchieren aber abnimmt[30]. Die Dehydroascorbinsäure wird dann mit α-Aminosäuren reagieren und dabei stark bräunende Substanzen bilden.

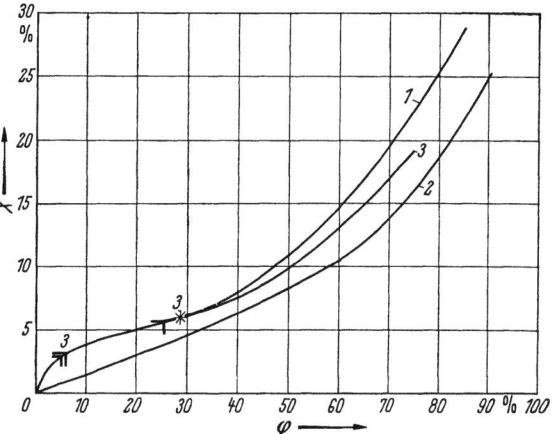

Bild 49d. Wirsingkohl
1 NEMITZ (20 °C); 2 Institut (20 °C), ältere Werte; 3 Institut (20 °C), neuere Werte; * Anfangszustand; ⟩ 1 Jahr Haltbarkeit (Luft); ⟩⟩ 2 Jahre Haltbarkeit (Luft)

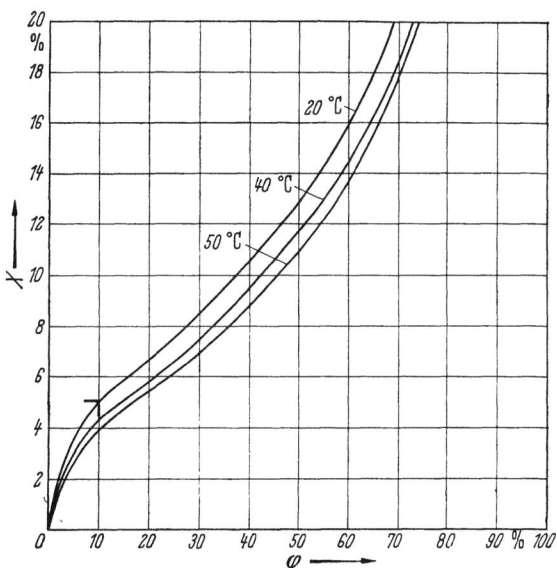

Bild 50a. Unblanchierter Porree (20, 40 und 50 °C)
(Die Werte von NEMITZ für 20 °C lägen unter den Werten für 50 °C.)
⟩ 1 Jahr Haltbarkeit (Luft), etwa 2 Jahre (Stickstoff)

110 2. Erzeugnisse pflanzlichen Ursprungs

Bei Kartoffeln und bei Karotten ist infolge der Gegenläufigkeit oxydativer und hydrolytischer Veränderungen der *Wassergehalt* für eine optimale Haltbarkeitszeit bei gegebener Temperatur relativ ausgeprägt. Sie kann durch Senkung des Wassergehaltes verlängert werden, wenn man gleichzeitig die oxydativen Veränderungen durch Stickstofflagerung ausschaltet. Sehr niedrige Wassergehalte benötigen bei längerer Lagerung Porree, Zwiebeln und auch Grünkohl. Da die Sorptionsisothermen im kritischen Bereich im allgemeinen nicht sonderlich steil verlaufen, ist die zulässige Zunahme des Wassergehaltes gering, weshalb vor allem in Kleingebinden eine sehr dampfdichte Verpackung nötig ist.

In den USA und in Großbritannien *sulfitiert* man fast alle Gemüse (in Großbritannien außer Zwiebeln und Wurzelgemüse – die nicht sulfi-

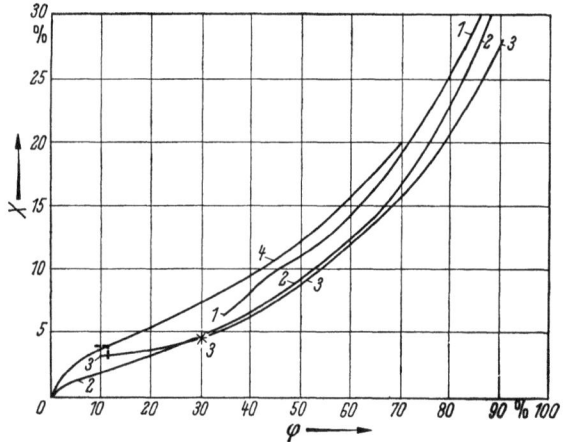

Bild 50 b. Unblanchierte Zwiebeln
1 US-Werte (37,8 °C); *2* Nemitz (20 °C); *3* Zwiebelpulver, engl. Werte (25 °C); *4* Institut (20 °C);
* Anfangszustand; > 1 Jahr Haltbarkeit (sulfitiert)

tiert werden – mit ziemlich hohen Konzentrationen von 1000 bis 2000 ppm, Karotten geringer, Kohl stärker). In der Codex-Kommission wurden 1500 ppm vorgeschlagen, ausgenommen für Kohl, Blumenkohl, Sellerie, Kartoffeln (2000 ppm)[165]. In den USA sulfitiert man mit 200 bis 1000 ppm, am wenigsten bei Erbsen, am meisten bei Karotten; Zwiebeln sulfitiert man nicht. Die in Österreich, Australien, Belgien und Kanada zugelassenen Werte können im Verhältnis 20:1 variieren. Untersuchungen im Institut[39] (Veröffentlichung zu den Zahlentafeln 9 und 10) lassen das Sulfitieren außer bei Trockenzwiebeln und evtl. Wirsing zumindest für eine Lagerung in Normalklima unnötig erscheinen.

---

[165] Tokmitt, H. B.: Dritte Plenarsitzung der Codex-Commission. Ernährungswirtsch. 12 (1965) S. 864.

Sicher bringt es bei getrockneten Karotten, Porree, grünen Bohnen, Grünkohl und Rotkohl keinen Vorteil. Verständlicherweise wird ein chemisches Verfahren zur Farberhaltung von der Praxis bevorzugt, es hat aber den Nachteil, daß es mehr oder weniger den Geschmack unliebsam verändert. Eine der Möglichkeiten, auch ohne Sulfitieren eine ausreichende Haltbarkeitszeit zu erreichen, besteht in einer Senkung des Wassergehaltes. Bei Kohl ist selbst bei 37,8 °C die Bräunungsgefahr bei 2,8 % WG unbedeutend, aber bei 6,9 % hoch, bei 7,8 % sehr hoch. Will man bei hohen Temperaturen eine bestimmte Haltbarkeitszeit erreichen, so muß der Einfluß einer Steigerung der Lagertemperatur in besonderem Maße durch Einstellung eines niedrigeren Wassergehaltes kompensiert

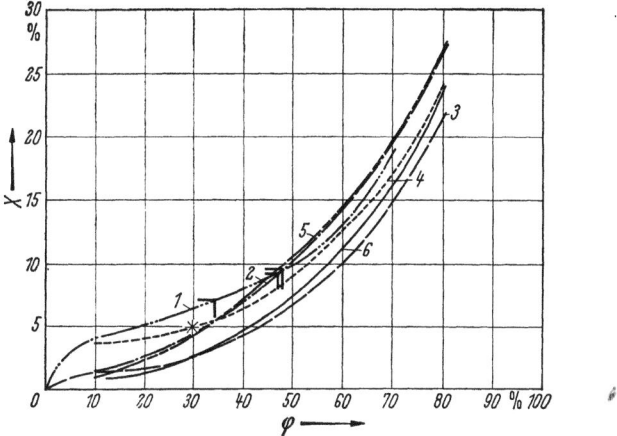

Bild 51. Karotten
1 Institut (20°C); 2 ROCKLAND*, Adsorptionsast (37°C); 3 NEMITZ (20°C); 4 GANE (10°C); 5 US-Werte (37,8 °C); 6 andere US-Werte (37,8 °C); * Anfangszustand; 〉 1 Jahr Haltbarkeit (Luft); 〉〉 2 Jahre Haltbarkeit (Stickstoff)

werden, z.B. bei Karotten, Bohnen, Grünkohl, Rotkohl, Zwiebeln. Besonders temperaturempfindlich sind Zwiebeln und Porree. Bei Rotkohl und Karotten ergab der organoleptische Befund eine besonders ausgeprägte Erhöhung von Q_{10} mit steigendem Wassergehalt, d.h., daß bei höheren Wassergehalten Kaltlagerung lohnen kann, bei Tropenlagerung aber ein niedriger Wassergehalt eine notwendige Voraussetzung bildet.

Während bei höheren Wassergehalten Veränderungen durch Bräunung eintreten, kann bei manchen Arten bei Wassergehalten unter 2 % – wie insbesondere bei gefriergetrockneten Erzeugnissen üblich – Autoxydation vorherrschend sein. Wie sich aus der Farbausbleichung bei der Lagerung in Luft schließen läßt, sind bei Kartoffeln und Spinat autokatalytische Veränderungen der Lipide, bei Karotten der Caroti-

---
* ROCKLAND, L.: Food Res. 22 (1957) S. 604–628.

noide wirksam[166] (Ausbleichen, Altgeschmack). In den USA werden Weißkohl und Karotten stets in *Stickstoff* gelagert, in Großbritannien alle Trockengüter, deren Lagerfähigkeit 1 Jahr bei gemäßigtem Klima überschreiten soll. Man kann dabei feststellen, daß die Stickstofflagerung eine wesentliche Verlängerung der Haltbarkeit mit sich bringt; dies bedeutet, daß die autoxydativen Veränderungen die dominierenden sind. Bei tropischem Klima wird immer in Stickstoff gelagert. Wie sich aus den Veröffentlichungen zu den Zahlentafeln 9 und 10 ergibt, ist das Verfahren in diesem Feuchtigkeitsintervall für die Haltbarkeit vielfach wirkungsvoller als Sulfitieren. Wenn sich das Carotin der Karotte durch Oxydation unter Jononabspaltung zersetzt, ergibt sich ein an Veilchen

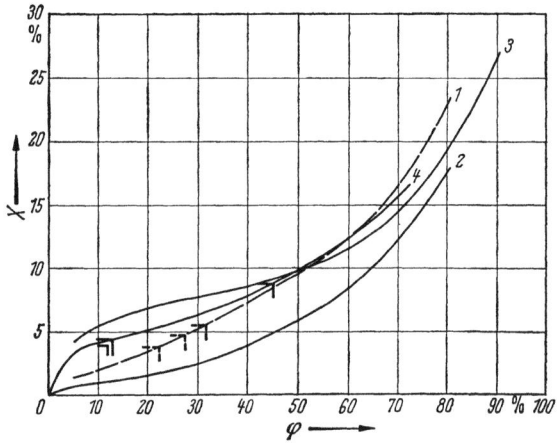

Bild 52a. Grüne Bohnen
1 GANE, gefriergetrocknet (10°C); *2* NEMITZ (20°C); *3* Institut (20°C), frühere Werte; *4* Schnittbohnen, Institut (20°C), neuere Werte; ⟩ Bereich für 1 bis 2 Jahre Haltbarkeit; ⟩ 1 Jahr Haltbarkeit (Luft); ⟩⟩ 2 Jahre Haltbarkeit (Luft)

erinnernder Geruch, daraufffolgend Bräunung und ein bitterer bis seifiger Geschmack. Wegen der Sauerstoffempfindlichkeit des Carotins sollen Trockenkarotten grundsätzlich in Stickstoff bzw. in sauerstoffarmer Atmosphäre gelagert werden, bei gefriergetrockneten Karotten ist dies ganz besonders wichtig[101a]. Die Haltbarkeit von Karotten (geringerer Carotinverlust, gute Geschmacks- und Farberhaltung) kann aber auch bei Lagerung in Luft um das 4- bis 6fache verlängert werden, wenn man durch Zufügen von 2,5% Stärke zum Blanchierwasser das Carotin schützt. Bei 37°C dunkeln Karotten mit 5% WG in Stickstoff und in Luft in 3 bis 4 Monaten nach, bei 28°C in 4 bis 5 Monaten in Luft und in 9

---

[166] AYERS, J. E., M. J. FISHWICK, D. G. LAND u. T. SWAIN: Off flavours of dehydrated carrot stored in oxygen. Nature 203, Nr. 4940 (1964) July 4, S. 81–82.

Monaten in Stickstoff, bei 15°C in 5 bis 6 Monaten in Luft und in 13 bis 15 Monaten in Stickstoff. Sulfitieren wirkt sich bei Karotten in keiner Haltbarkeitsverlängerung aus.

Sehr groß sind die Unterschiede im Vitamin-C-Verlust von Trockenkohl in Luft und in Stickstoff. Bei 25°C betrug er 20% nach $2^1/_2$ Monaten in Luft bzw. nach $7^1/_2$ Monaten in Stickstoff. Er ist bei Lagerung in Stickstoff und Kohlendioxid bei 28°C die Hälfte, bei 15°C ein Drittel desjenigen in Luft, während bei 0°C praktisch kein Verlust auftritt. Nach amerikanischen Versuchen betrug der Vitamin-C-Verlust bei Trokkenkohl in 12 Monaten bei 4% WG und 25°C in Stickstoff 26%, in Luft 60%. Der Vitamin-C-Verlust von Preßlingen ist der gleiche wie bei

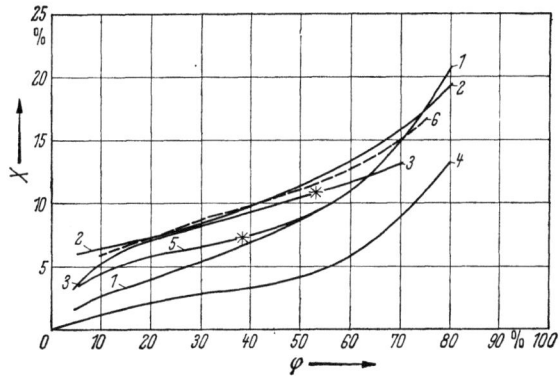

Bild 52b. Erbsen und weiße Bohnen (*1* bis *5* Erbsen, *6* weiße Bohnen)
1 GANE, gefriergetrocknet (20°C); *2* LUBATTI* (30°C); *3* engl. Werte (25°C, Karl-Fischer-Methode); *4* NEMITZ (20°C, Karl-Fischer-Methode); *5* Institut und US-Werte** (20°C); *6* WESTON u. MORRIS*** (25°C); vgl. auch ROCKLAND****; * Anfangszustand

lockerer Lagerung. Nach englischen Feststellungen ist bei 15°C bis 8,5% WG zulässig, doch ist der Vitamin-C-Verlust um so geringer, je niedriger der Wassergehalt ist, weshalb 5% WG in einer Atmosphäre von N_2 bzw. CO_2 empfohlen wird.

Allgemein ist bei der Lagerung in Stickstoff die Zunahme der Haltbarkeit bei 20°C gegenüber derjenigen bei einer höheren Temperatur

---

* LUBATTI, O. F., u. G. BUNDAY: Water content of seeds. J. Sci. Food Agric. 11 (1960) S. 685–690.
** US Dept. Commerce AD 283064 (1963) S. 44.
*** WESTON, W. J., u. H. J. MORRIS: Hygroscopic equilibria of dry beans. Food Technol. 8 (1954) S. 353–355, sowie Food Technol. 10 (1956) S. 225–229. (Ein Wassergehalt von 13% bei 25°C ist für 6 Monate, von 10% für 2 Jahre zulässig.) In anderen Arbeiten werden für solche Pulver 6 bis 8% WG in N_2 empfohlen (besser als 3 bis 4%).
**** Food Technol. 21 (1967) S. 348, wonach das optimale Quellvermögen bei 8,5 bis 9,5% WG aufrechterhalten bleibt.

größer als in Luft. Der Vorteil der Gefriertrocknung wirkt sich überhaupt erst voll aus, wenn das Vakuum durch Stickstoff gebrochen wird und die Lagerung in Stickstoff erfolgt. Der Einfluß einer Lagerung bei niedrigen Sauerstoffkonzentrationen (< 1%) war für die Vitamin-C-Erhaltung bei gefriergetrockneter Petersilie, bei Spinat und Paprika merklich[167].

Die Geschwindigkeit der Wasseraufnahme beim Zubereiten hängt bei manchen Gemüsen, z.B. Schnittbohnen, Spargel, Karotten und Champignons, stark davon ab, ob warmluft- oder gefriergetrocknet wurde. Nach längerer Lagerung, z.B. nach einem Jahr bei 20°C, können die erforderlichen *Kochzeiten* bis auf das Doppelte ansteigen, und zwar ist die Kochzeitsteigerung besonders stark z.B. bei Schnittbohnen, besonders schwach z.B. bei Porree und Zwiebeln. Der Einfluß des Wassergehaltes und der Temperatur bei der Lagerung auf diese Veränderung scheint jedoch weit weniger ausgeprägt zu sein als auf die geschmacklichen Veränderungen.

Zahlentafel 9. *Wassergehalte, bei denen verschiedene in Luft getrocknete Gemüse bei 20°C 12 Monate in Luft bzw. in Stickstoff in guter Qualität haltbar sind**

Gemüseart	Wassergehalt [%]				Wehrmachtsangaben aus den USA, Deutschland (D), England (E)**
	Luft	Stickstoff	sulfitiert		
			Luft	Stickstoff	
Weißkohl	6	7			5 (E, D)
Wirsing	5,5	7		+	5 (D)
Rotkohl	6,5	7,5			5 (D)
Karotten	7	+			7 (D), 5 (E, USA)
Grünkohl	5	8,5			
Schnittbohnen	9	+			5 (USA), 7 (D)
Brechbohnen	8,5	+			5 (USA), 7 (D)
Porree,					
unblanchiert	5	7			
blanchiert	4,5	6			
Zwiebeln	×		~ 4	~ 5	

---

[167] KLUGE, G.: Untersuchungen der Lagerfähigkeit von gefriergetrockneten pflanzlichen Produkten. Industr. Obst- u. Gemüseverw. 52 (1967) S. 671–674.

* × = 1 Jahr nicht erreichbar; + = starke Wirkung (Haltbarkeit im untersuchten Feuchtigkeitsintervall merklich länger als 12 Monate).

** Nach Dehydrated vegetables for the caterer, London 1960, bei gemäßigtem Klima für 1 Jahr: Erbsen 10%, Wurzelgemüse 9%, Kohl, Spinat und grüne Bohnen 7,5% WG. Schon für diesen Zeitraum wird zusätzlich zum Sulfitieren (Angaben vgl. Originaltext S. 14) Verpackung in Stickstoff empfohlen, lediglich luftdichte Verpackung für Wurzelgemüse, Erbsen, Bohnen und Zwiebeln(?), wobei allerdings Vitamin-C-Verluste möglich sind. (Innerhalb der EWG diente der holländische Vorschlag als Diskussionsgrundlage: Blumenkohl 3%, Spargel 4%, Paprika 5%, Petersilie, Kohl, Lauch 6%, Sellerie, Bohnen 7%, Karotten 8%.) Rest Institut.

h) Trockengemüse

Das Komprimieren bei Wassergehalten, die zur Erzielung einer ausreichenden Lagerzeit erforderlich sind, ergibt einen hohen Feingutanteil;

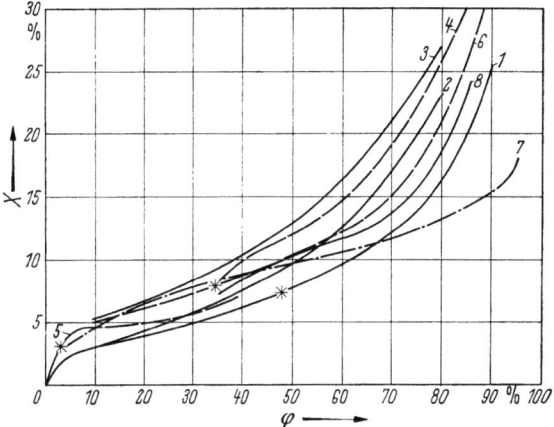

Bild 53. Spargel und Gewürze
1 grüner Spargel, engl. Werte (25°C); 2 Spargel, GANE (10°C); 3 Knoblauch, engl. Werte* (25°C); 4 Petersilie, Institut (20°C); 5 Petersilie, Institut, gefriergetrocknet (20°C); 6 Petersilie, engl. Werte (25°C); 7 Pfeffergewürz, NEMITZ (20°C); 8 Paprikagewürz, Institut (20°C); * Anfangszustand

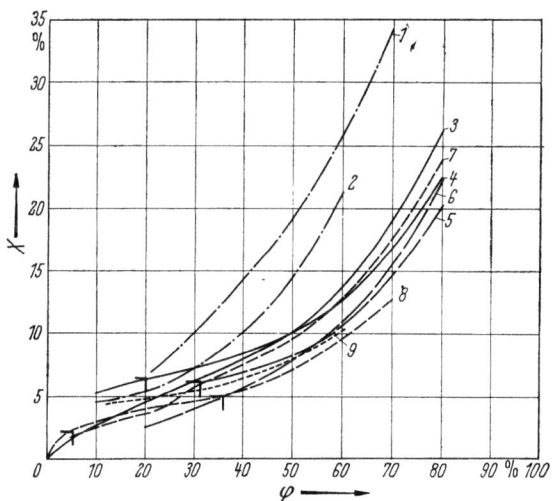

Bild 54. Verschiedene Gemüse
1 Sauerkraut, Institut (20°C); 2 Sauerkraut, Institut (55°C); 3 Champignons, GANE (10°C, deckt sich etwa mit NEMITZ 20°C); 4 Steinpilze, Institut (20°C); 5 Spinat, Institut (20°C); 6 Spinat, US-Werte (37,8°C); 7 Blumenkohl, GANE (10°C); 8 Blumenkohl, HOFER[12]; 9 Sellerie; ⟩ Haltbarkeitsgrenze

---

* PRUTHI, J. S., et al.: J. Sci. Food Agric. 10 (1959) S. 359–361 (zulässig bis max. 9,5% WG).

bei Wassergehalten zwischen 13 und 15% ist dieser am geringsten, dabei ist aber eine Vakuumnachtrocknung der Preßlinge unerläßlich[168].

Zahlentafel 10. *Wassergehalte, bei denen verschiedene in Luft getrocknete Gemüse bei 30°C 12 Monate in Luft bzw. in Stickstoff in guter Qualität haltbar sind* (Institut)

Gemüseart	Wassergehalt [%]					
	Luft	Stickstoff	sulfitiert		Wehrmachtsangaben aus den USA und England**	
			Luft	Stickstoff	Luft	Stickstoff
Weißkohl	4	5			5	< 4
Wirsing	~ 4	~ 4,5		+		
Rotkohl	~ 4,5	~ 4,5				
Karotten	×	6,5			5	< 4
Grünkohl	×	5,5		~ 4,5		
Schnittbohnen	4,5	6	5,5	7,5	5	< 4
Brechbohnen	5,5	6,5				
Porree,						
unblanchiert	×					
blanchiert	×					
Zwiebeln	×				4	< 4
Gefriergetrocknete Gemüse (30°C)[167]						
Brechbohnen	> 5	> 6				
Porree,						
unblanchiert	> 3	5***				
Spinat	4	~ 5				
Spargel	~ 4	6,5				
Petersilie	3,5	~ 5				
Paprika (grün)	4,5	> 5				
Champignon,						
unblanchiert	4	~ 5				

Zusammenfassende Literatur:

US Dept. Agric., Misc. Public. Nr. 540 (1944).
NEUMANN, MILSEN u. VAN WAZER: Proc. Inst. Food Technol. 1944, S. 42.
Members of the Research Staff: Cont. Can Co. Food Ind. 16 (1944) S. 458.
TOMKINS, R. G., L. W. MAPSON, R. J. L. ALLEN, H. G. WAGER u. J. BAKER: J. Soc. Chem. Ind. 63 (1944) S. 225.
TOMKINS, R. G., L. MAPSON u. H. G. WAGER: J. Soc. Chem. Ind. 65 (1946) S. 38.
The accelerated freeze-drying method of food preservation, London 1961, S. 1–5.

---

[168] LITZENBERGER, F. W.: Über die Verdichtungseigenschaften einiger Gemüsearten und ihr Trocknungsverhalten in verdichtetem Zustand. Industr. Obst- u. Gemüseverw. 51 (1966) S. 541–548.
* × = 1 Jahr nicht erreichbar; + = starke Wirkung.
** Managment Handbook Western Lt. Res. St. Jan. 1959 (zusätzliche Angabe: Erbsen 4%) sowie Dehydrated vegetables for the caterer, London 1960 (zusätzliche Angabe: Blumenkohl 6%, Erbsen 7%, Spinat und Rübchen 5%; sulfitiert).
*** Nach US-Messungen: 2% WG und < 2% Sauerstoff bei 38°C[101a].

i) Tomatenpulver

Über die *Art der Lagerveränderungen* gibt es nur wenig Literatur. Bei Tomatenketchup ist festgestellt worden, daß die Verfärbung nicht von den Carotinoiden abhängig ist, sondern auf Reaktionen zwischen reduzierenden Zuckern und Aminosäuren sowie auf Oxydations- und Polymerisationsreaktionen von Polyphenolverbindungen beruht. Kupferspuren beschleunigen den abiotischen Verderb[169]. Die Geschmacksveränderungen von Tomatenpulver liegen in der Richtung von ,,Heugeschmack", ,,angebranntem" oder ,,oxydiertem" Geschmack; auch ein Geschmack nach Produkten der Eiweißhydrolyse kommt bei höheren Wassergehalten vor. Außerdem wird die leuchtendrote Farbe bräunlich. Bei Wassergehalten um 5% beginnt bei niedrigen – bei höheren Temperaturen schon unterhalb dieses Wertes – ein Balligwerden, und die Löslichkeit verschlechtert sich; bei 10% WG wird das Pulver schwammig. Gegen Belichtung ist Tomatenpulver in der Farbe weit weniger empfindlich als im Geschmack (bitter); die Lichtempfindlichkeit wird durch Lagerung in Stickstoffatmosphäre verringert.

Nach amerikanischen Versuchen mit Sprühpulver sinkt der Lycopingehalt auch bei einer 12monatigen Lagerung bei 38°C nicht ab[170], falls man in sauerstofffreier Atmosphäre lagert; die Nachtrocknung hat hierauf wenig Einfluß[171]. Auf den löslichen Farbanteil ist aber bei dieser Temperatur der Einfluß der Nachtrocknung auf 1 bis 2% WG hoch, nicht aber bei 32°C[172]. Lagerung in Luft führt zu einer Farbaufhellung. Sprühgetrocknetes Pulver (allerdings mit einem Sulfitgehalt von 300 ppm) scheint sowohl in der Farb- wie auch in der Geschmackserhaltung weit stabiler zu sein als vakuumgetrocknetes[170]. Die Vitamin-C-Abnahme und die CO_2-Bildung ist bei 3,5% WG bei 20°C noch gering, wächst aber mit steigender Temperatur und zunehmendem Wassergehalt stark an. Erst bei 2,5% WG und 20°C ist der Vitamin-C-Verlust während eines Jahres vernachlässigbar, was insofern wichtig ist, weil damit der Beginn der Bräunung verknüpft zu sein scheint. Bei 32°C ist aber in der gleichen Zeit zwei Drittel der Ascorbinsäure verlorengegangen[172]. Bei 4,4°C ist selbst bei 5% WG der Vitamin-C-Abfall nach 8 Monaten

---

[169] KAUFMANN, C. W.: Food Ind. 18 (1946) S. 80.
[170] MIERS, J. C., F. F. WONG, J. G. HARRIS u. W. C. DIETRICH: Factors affecting storage stability of spray-dried tomato powder. Food Technol. 12 (1958) S. 542 bis 548.
[171] WONG, F. F., u. G. S. BOHART: Observation on the colour of vacuum-dried tomato juice powder during storage. Food Technol. 11 (1957) S. 293–296.
[172] WONG, F. F., W. C. DIETRICH, J. G. HARRIS u. F. E. LINDQUIST: Effect of temperature and moisture on storage stability of vacuum-dried tomato juice powder. Food Technol. 10 (1956) S. 96–100.

noch vernachlässigbar[173]. Die Reaktion, bei welcher CO_2 entsteht, weist einen höheren Temperaturkoeffizienten auf als die Reaktion, welche O_2 verbraucht[170]. Bei der Lagerung – selbst bei – 18°C – ergibt sich infolge nichtenzymatischer Bräunungsreaktionen eine merkliche Abnahme von Aminosäuren[173a]!

In Zahlentafel 11 sind die Lagerungsergebnisse verschiedener Autoren verglichen.

Zahlentafel 11. *Lagerfähigkeit von Tomatenpulvern*

Trocknungsverfahren	Lager-bedingungen	Zulässig		Nicht zulässig	
		Zeit [Monate]	WG [%]	Zeit [Monate]	WG [%]
BIRS-Verfahren (Institut)	20°C	6	7	6	8
	20°C + N_2	8	7	10	5,7 bis 7,1
Walzen-Dünnschicht-trocknung[173]*	4°C + N_2	8	1,5	8	2,5
	21°C + N_2	4	2,5	8	2,5
	38°C + N_2	–	–	8	1
Vakuumtrocknung[172]	32°C	–	–	1 bis 2	1 bis 3
	32°C + N_2	12	1 bis 2	–	–
Sprühtrocknung[170] (sulfitiert)	38°C + N_2	12	< 1	–	–
	38°C + N_2	3	2	–	–
	20°C	–	–	1 bis 2	1 bis 2
	20°C + N_2	> 12	1,8	–	–

Vermutlich stellen bei höheren Temperaturen, vor allem bei erhöhten Wassergehalten, stärkere Farbveränderungen, bei den niedrigeren Temperaturen Geschmacksabweichungen den begrenzenden Faktor dar. Bei höheren Temperaturen empfiehlt sich stets eine Lagerung in einer Inertgasatmosphäre, bei höheren Wassergehalten (> 7%) wird sie nutzlos, da der nichtenzymatische Verderb überwiegt. Inertgaslagerung scheint sich auch auf die Erhaltung der Farbtiefe günstig auszuwirken[172, 173b]. Für extrem lange Lagerzeiten wird man stets sowohl einen sehr niedrigen Wassergehalt (Trockenmittelbeigabe?) sowie Inertgaslagerung wäh-

---

[173] DUNKER, C. F., D. K. TRESSLER, M. WRUCK u. K. B. BLAKE: Relation of moisture content to quality retention in dehydrated vegetables during storage. I. Tomato flake. Food Technol. 1 (1947) S. 17–25.

[173a] GEE, M., R. P. GRAHAM u. A. I. MORGAN: Storage changes in the free amino acids of foam-mat dried tomato powders. J. Food Sci. 32 (1967) S. 78–80.

[173b] Nach WUHRMANN, J. J.: Drum-dried tomato powder. 2nd Int. Congr. Food Sci. and Technol. Warszawa 1966, ist Lycopin vergleichsweise zu Carotin gegen Oxydation so beständig, daß wegen Überwiegens nichtenzymatischer Bräunungsreaktionen der Vorteil einer Stickstoffpackung zweifelhaft erscheint.

* Die Zuverlässigkeit dieser Messungen ist noch nicht so hoch wie die der späteren.

i) Tomatenpulver

len[174]. Da die Veränderungen sowohl mit der Zeit wie auch mit der Temperatur zunehmen, bereitet es Schwierigkeiten, Tomatenpulver bei hohen Temperaturen sehr lange Zeiten zu lagern[172]. Die Abfüllung dieser sehr hygroskopischen Pulver soll bei < 10% relativer Feuchtigkeit erfolgen.

In Bild 55 ist eine *Adsorptionsisotherme* bei 20 °C dargestellt, die auf Grund eigener Messungen an Sprühpulver, Meßwerten von NEMITZ (vakuumgetrocknet 40 °C) und von GANE (gefriergetrocknet) gezeichnet wurde, da sich diese Werte nur wenig unterscheiden. Nach dem BIRS-Verfahren hergestellte Pulver (die eine besonders leuchtend rote Farbe aufweisen) zeigen jedoch bei einem gegebenen Wassergehalt eine niedri-

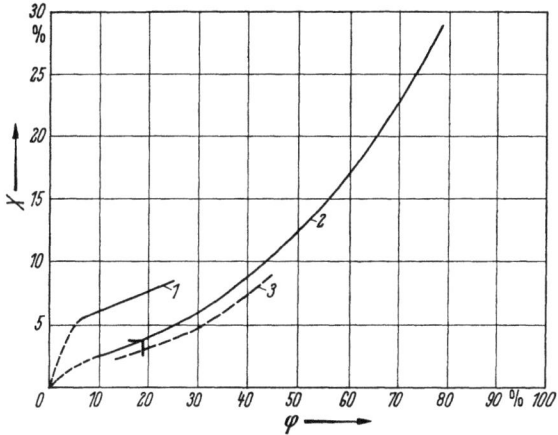

Bild 55. Tomatenpulver
1 BIRS-Pulver (20 °C); *2* Sprühpulver (20 °C), gilt auch für vakuum- und gefriergetrocknetes Pulver; *3* Sprühpulver (80 °C); $\rangle$ Haltbarkeitsgrenze

gere Gleichgewichtsfeuchtigkeit, d. h., daß sie viel hygroskopischer und nur sehr schwer auf einen niedrigeren Wassergehalt zu bringen sind. Noch ausgeprägter ist die Hygroskopizität nach der Desorption von Pulvern, die längere Zeit bei 10 bis 14% WG gelagert hatten; vermutlich handelt es sich hierbei um eine Folgeerscheinung hydrolytischer Spaltungen. Für die unterschiedliche Hygroskopizität sprühgetrockneter Pulver könnte der Gehalt an amorphen Zuckern verantwortlich sein. Auch das Verhältnis Dextrose zu Fructose kann abweichen.

---

[174] Vgl. hierzu auch HAMED, M. G., u. Y. H. FODA: Über die Herstellung, Verpackung und Lagerung von gefriergetrocknetem Tomatenpulver. Z. Lebensm.-Unters. u. -Forsch. 130 (1966) S. 338–345. (Lycopin- und β-Carotinverlust auch bei 2% WG bei 20 bis 35 °C in Luftlagerung schon merklich.)

k) Trockenfrüchte

Die Qualitätsveränderungen von Trockenfrüchten bei der Lagerung können – wenn man von ihrer besonderen Anfälligkeit für Ungeziefer absieht – folgende Ursachen haben:

a) Sie können hart und damit unansehnlich werden (z.B. Feigen), was aber nur eine geringe Rolle spielt, wenn sie in Bäckereien oder zum Kochen eingesetzt werden. Roh gegessen werden vor allem Pflaumen, Datteln und Feigen.

b) Sie können verschimmeln und vergären.

c) Es kann Klebrigwerden eintreten oder aber Zucker auskristallisieren.

d) Sie können mißfarbig werden, was den Verkaufsanreiz mindert.

Es handelt sich insgesamt um eine Summe von Veränderungen, die teilweise sich widersprechende Gegenmaßnahmen erfordern. Das Optimum des Geschmacks liegt nicht selten über der Schimmelpilzgrenze, gleichzeitig sind aber solche Erzeugnisse oft unangenehm klebrig. Senkt man den Wassergehalt, kann Auszuckern erfolgen. Enzymatische Bräunung läßt sich durch Blanchieren hemmen. Bis zu niedrigen Wassergehalten erfolgen aber nichtenzymatische Bräunungsreaktionen, die abhängig vom Wassergehalt ein Maximum aufweisen. Teilweise lassen sie sich durch Sulfitieren hemmen, oxydative Bräunung durch Lagerung bei niedrigen Sauerstoffpartialdrücken. Belichtung wirkt sich recht häufig nachteilig aus. Alle diese Veränderungen lassen sich beliebig lange Zeit nicht gleichzeitig beherrschen, so daß sich Abhilfemaßnahmen oft darauf beschränken müssen, die in der Praxis wahrscheinlichste Verderbsursache ins Auge zu fassen.

Bei Infektion mit osmophilen Hefen kann die zum *Vergären* führende Mindestgleichgewichtsfeuchtigkeit bei 20 °C bei 61 % liegen, die zum Verschimmeln führende liegt aber merklich höher, bei 73 bis 75 %. Die Gefahr des Vergärens besteht besonders bei Pflaumen, Datteln, Feigen und Rosinen. Da die Art der mikrobiologischen Infektion sich nicht voraussagen läßt, würde sich für eine längere Lagerung generell die Anwendung von Gleichgewichtsfeuchtigkeiten um 60 % empfehlen (vgl. Zahlentafel 12), sofern die Zygosaccharomyces-Hefen nicht durch angewandte flüchtige chemische Zusatzmittel abgetötet werden. Hierzu zählen Methylbromid, Äthylenoxid, Isopropylformiat, Äthylendiformiat bzw. Propylenoxid[175]. Angegeben werden in den USA Gemische von 15 % Äthylenoxid und 85 % Methylformiat (Datteln)[176] bzw. Propylenoxid

---

[175] MRAK, E.M.: US-Pat. 2511987 (20. 6. 1960). – MRAK, E. M., u. J. H. PHAFF: Recent advances in the production and handling of dehydrated fruits. Food Technol. 1 (1947) S. 147.

[176] RYGG, G. L.: The relation of moisture content to rate of darkening in deglet noor dates. Date Growers' Inst. Ann. Rep. 34 (1957); 35 (1958).

k) Trockenfrüchte

(Pflaumen). Auf diese Weise konnten schon mit Erfolg die für den Genußwert optimalen Wassergehalte dem Lagergut zugrunde gelegt werden. Bei Pflaumen bevorzugt man eine thermische Behandlung, nämlich Einfüllen bei 80 °C oder aber 9 min langes Pasteurisieren mit strömendem Dampf nach dem Verschließen[177,189].

Voraussetzung für das *Auskristallisieren* einer Zuckerart ist, daß die Lösung in bezug auf diese Komponente genügend übersättigt ist. Demnach könnte man erwarten, daß das Auszuckern bei Früchten mit sehr niedrigem Wassergehalt besonders häufig vorkommt. Senkt man den Wassergehalt, so wird jedoch ein Bereich durchlaufen, in welchem die Übersättigung groß genug, aber die Viskosität noch niedrig genug ist, um eine rasche Kristallisation auszulösen. Bei noch niedrigeren Wassergehalten wächst zwar die Übersättigung weiter an, andererseits aber steigt die Viskosität der Zuckerlösung, so daß infolge des zunehmenden Diffusionswiderstandes das Auskristallisieren unwahrscheinlicher wird, d.h. viel längere Zeit dauert. Will man das Auskristallisieren vermeiden, so wird man sich demnach für einen niedrigeren oder für einen hohen Wassergehalt entscheiden müssen, nicht für einen mittleren. Man kann dies bei Datteln nachweisen, bei denen bei 0 °C sowohl bei < 22 % WG wie auch > 33 % WG kein Auskristallisieren stattfindet, lediglich im Zwischenbereich. Die Vermeidung des mittleren Bereiches ist besonders bei Pflaumen wichtig, da hierbei das Auszuckern einen besonderen Schönheitsfehler bei längerer Lagerung vorstellt. Im übrigen sind die zulässigen Intervalle von Fruchtart zu Fruchtart verschieden. Vorwiegend wird das Auszuckern bei Rosinen (Sultaninen), Feigen und Pflaumen (unter 10 °C) beobachtet, und zwar sowohl an der Oberfläche wie im Fleisch unmittelbar unter der Oberfläche. Sultaninen, Datteln und Feigen[178] werden bei 32 °C und höherer Feuchtigkeit klebrig; bei 2 bis 10 °C verzuckern Sultaninen bei 16 % WG nach 8 Monaten. Bei Pflaumen und Feigen setzen sich die kristallinen Ablagerungen aus Glucose, Fructose, Spuren von Citronen- und Äpfelsäure, Lysin, Asparagin und Asparaginsäure zusammen. Bei Rosinen war zusätzlich eine größere Menge Weinsäure nachweisbar. Bei Aprikosen und Pfirsichen enthält der Belag außerdem etwas Saccharose[179]; während der Lagerung von getrockneten Aprikosen und Datteln findet je nach Temperatur und Wassergehalt eine mehr oder weniger vollständige Inversion statt. Mit steigender Temperatur nimmt die Gefahr des Klebrigwerdens rasch zu.

[177] DAVIS, E. G.: Packaging prunes in flexible film pouches. Food Preserv. Quart. Austr. 22 (1962) Nr. 3, S. 73–76.
[178] NURY, F. S., D. H. TAYLOR u. J. E. BREKKE: Research for better quality in dried fruits. US Dept. Agric. ARS-74-16 (Feigen), -17 (Rosinen), -18 (Pflaumen), -19 (Aprikosen).
[179] MILLER, M. W., u. C. O. CHICHESTER: Die Zusammensetzung der kristallinen Ausscheidungen bei Trockenobst. Food Res. 25 (1960) S. 424–428.

Bräunungsgefährdet sind Aprikosen, Pfirsiche, Datteln, Äpfel, Birnen, in geringerem Umfang auch Feigen und Pflaumen. Es wurde festgestellt, daß die Bräunung von *Trockenaprikosen* (pH = 3,6) vorwiegend auf folgende Reaktionstypen zurückgeführt werden kann: Reaktionen vom Typ der Maillard-Reaktion, Reaktionen, an denen Stickstoffverbindungen und organische Säuren, Reaktionen, an denen organische Säuren und Zucker sowie Reaktionen, an denen nur organische Säuren beteiligt sind. Trockenaprikosen mit 12 bis 18% WG werden sehr schnell braun. Sie verhalten sich aber dabei verschieden, je nachdem, ob die Lagerung in An- oder Abwesenheit von Sauerstoff erfolgt. Bei Sauerstoffzutritt sinkt die Haltbarkeit infolge der Bräunung vergleichsweise zur Vakuumlagerung bis zu 30%. Es kann sich bei Sauerstoffzutritt die Verfärbungstendenz mit sinkendem Wassergehalt etwas verringern. Bei Vakuumlagerung von Aprikosen sinkt die Bräunungstendenz im höheren Intervall mit steigendem Wassergehalt, und zwar scheint das Maximum der nichtenzymatischen Bräunungsreaktion bei 6 bis 8% WG zu liegen. Bei geschwefelten Aprikosen (2,8⁰/₀₀ SO_2) hatte der Sauerstoffzutritt keinen Einfluß auf die Bräunung, wenn der Wassergehalt zwischen 10 und 15% lag; erst bei 20 bis 25% WG ergab sich dadurch eine verstärkte Bräunung[180]. Die Bräunung ist mit einer Aufnahme von Sauerstoff und einer Abgabe von CO_2 verbunden. (Sauerstoffaufnahme 3,5 mg/100 g d bei 49°C und 20% WG [180]; CO_2-Abgabe 1,2 bis 3,2 mg/100 g d.) Während aber die O_2-Aufnahme mit sinkendem Wassergehalt stark und stetig abnahm, zeigte die CO_2-Abgabe bei 15% WG in Abwesenheit von Luft ein Maximum.

Die erste Stufe der Maillard-Reaktion kann durch *Schwefeln* fixiert werden, und zwar erwies sich die Zeit der Farberhaltung bei getrockneten *Aprikosen* dem anfänglichen SO_2-Gehalt etwa proportional. (Die CO_2-Produktion verläuft umgekehrt zur SO_2-Konzentration.) Etwa 45% des in einer Packung verfügbaren Sauerstoffs werden zur Oxydation von SO_2 verbraucht. Unter anaeroben Bedingungen verläuft der SO_2-Verlust als Reaktion erster Ordnung und weist ebenso wie die CO_2-Produktion, die O_2-Sorption und das Abdunkeln ein $Q_{10} = 4$ auf. Nach inzwischen erschienenen australischen Versuchen[180a] nahm der Q_{10}-Wert für den SO_2-Verlust (3000 ppm Anfangswert) mit der Lagerzeit von 3 bis 4 auf etwa 2 ab. Der Q_{10}-Wert für die Bräunung nahm mit der Lagerzeit aber zu und lag bei 23,4% WG zwischen 10 und 26 und bei 13,4% WG zwischen 3 und 7,7. Die Haltbarkeitszeiten, bezogen auf die

---

[180] STADTMANN, E. R., H. A. BARKER, V. A. HAAS, E. M. MRAK u. G. MACKINNEY: Studies on the storage of dried fruit. Ind. Eng. Chem. 38 (1945) S. 99–104, 324–329, 531–543.
[180a] MCBEAN, D. McG., u. J. J. WALLACE: Stability of moist-pack apricots in storage. Food Preserv. Quart. Austr. 27 (1967) S. 29–35.

Bräunung in einer Dose mit Luftraum, wurden gefunden zu 4 Monaten bei 30°C, zu 9 Monaten bei 25°C, zu > 1 Jahr bei 20°C. Der Einfluß des Wassergehaltes war bei 25 bis 30°C nicht sonderlich hoch.Wenn etwa 65% des SO_2 verschwunden sind, scheinen sich die Aprikosen zu verfärben, doch stellt eine starke Schwefelung keinen absoluten Schutz vor. Für die Trockenaprikosen werden in den USA bis zu 2,5% SO_2 empfohlen, wobei die Trockenfrüchte möglichst komprimiert (niedriges Verhältnis von Sauerstoff im Luftraum zu Frucht; < 15 mg O_2/100 g Fruchttrockengewicht) und möglichst hermetisch verpackt werden sollen; man kann dann mit dem Wassergehalt angeblich bis 25% gehen. Ähnliche Feststellungen gelten auch für Pfirsiche, Äpfel und Birnen. Bei Äpfeln ist in den USA die zulässige SO_2-Menge 2%; allerdings genügen weit niedrigere Konzentrationen, wenn man das SO_2 erst nach dem Trocknen zugibt[181]. Zur Zeit sind zulässig in Deutschland: 1% SO_2 bei Rosinen und 2% bei Äpfeln, Aprikosen, Birnen und Pfirsichen. Die Zeit- und Temperaturabhängigkeit der optimalen Wassergehalte und ihre Beeinflußbarkeit sowohl durch den SO_2-Gehalt wie auch durch die Sauerstoffkonzentration ist noch wenig untersucht.

Bei *Datteln* liegen einige genauere Werte vor, sonst handelt es sich mehr oder minder um Erfahrungswerte, welche die übliche Behandlung und Umlaufszeit voraussetzen. In bezug auf die Farbe ergaben sich bei Datteln[176,182] folgende höchste Grenzwerte der Lagerfähigkeit:

Temperatur [°C]	Wassergehalt [%]	Lagerfähigkeit [Monate]
60	23 bis 24	12
20 bis 22	24	1
	22	2
	20	4
	18	6
4 bis 5	28	3
	26	6

Bei Datteln bilden die unlöslichen Tannine einen Teil eines nichtenzymatischen Bräunungssystems. Wie groß der Anteil der nichtenzymatischen oxydativen Bräunung vergleichsweise zur enzymatischen Bräunung an der Gesamtbräunung ist, ist noch undurchsichtig. Die Enzymreaktion ist – außer bei niedrigen Wassergehalten – die am raschesten ablaufende, andererseits ist die durch Tanninoxydation hervorgerufene Bräunung auffälliger. Außerdem überwiegt bei > 38°C und 19% WG

---

[181] Summerland Dominion Exp. Stat. Progr. Rep. 1937–1938, S. 62.
[182] MAIER, V. P., u. F. H. SCHILLER: Progress of chemical studies of deglet noor dates. Date Growers' Inst. Ann. Rep. 36 (1959) S. 8–10.

Zahlentafel 12. *Lagerverhalten von Trockenobst (vgl. hierzu Bild 56 und 57)*

Fruchtart	Wassergehalt [%] bei 20 °C und		Optimales Wassergehaltsintervall [%] für 100 Tage bei 20 °C	Bemerkungen
	$\varphi = 60\%$	$\varphi = 75\%$		
Äpfel[183]	16	26 bis 27	24	Bei höheren Wassergehalten klebriger; Verfärbung; vgl. Text. Für Rohgenuß 23 bis 24% optimal.
Aprikosen	14 bis 15	22 bis 23	20 bis 21[184]	
Pfirsiche	13 bis 15	22 bis 23	20 bis 21	
Garmar-al-din (getrocknete Aprikosenpulpe in Bandform)			10 bis 15	
Birnen			22	
Pflaumen	15 bis 17	24 bis 25*	(18) bis 20	Bei 22% beginnende Verzuckerung; für 3 Wochen höchstens 23% zulässig. Bei < 17% kein Milbenbefall. 33 bis 35% sterilisiert; zum Rohverzehr nicht unter 30%.
Rosinen	16 bis 18,5	27 bis 29	17 bis 20	Bei höheren Wassergehalten Gefahr des Auskristallisierens von Dextrosemonohydrat (Optimum des Genußwertes bei etwa 22 bis höchstens 27%, dann aber schon beginnendes Klebrigwerden). Im Handel 9 bis 12%.
Sultaninen	14 bis 18	24 bis 29		
Datteln	14		wahrscheinlich 16 bis 21	Bei 20% nach 2 Monaten, bei 14% nach 6 Monaten beginnendes Auskristallisieren; Gefahr des Vergärens. Bei 18 bis 20% etwas zu hart. Bei 25% zu klebrig. Im Handel 15 bis 18%.
Feigen			18 bis 24	

* Bei $\varphi = 22\%$ konnte nach längerer Lagerung noch Mikroorganismen-Wachstum festgestellt werden.

die nichtoxydative, durch reduzierende Zucker verursachte Bräunung die durch Polyphenole hervorgerufene oxydative Bräunung, während

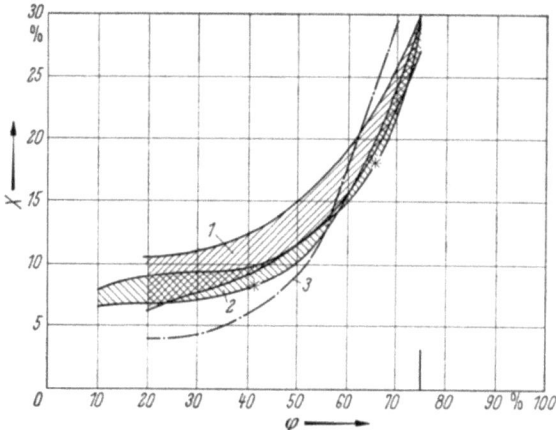

Bild 56. Sultaninen und Rosinen
1 Sultaninen und Rosinen, **austral.** Werte; *2* Sultaninen, engl. Werte (25 °C); *3* Sultaninen, GANE (15 °C); * Anfangszustand

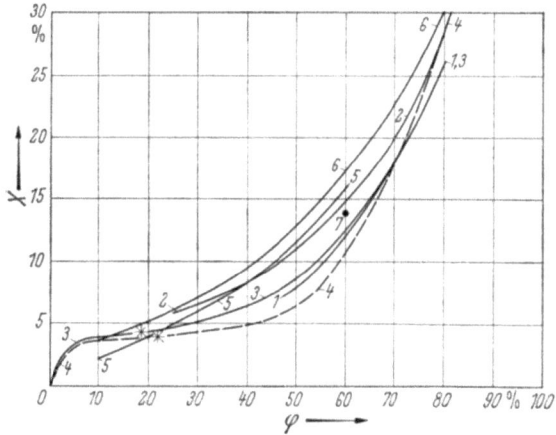

Bild 57. Trockenobst
1 Pfirsiche, US-Werte (21 °C); *2* Aprikosen, US-Werte (21 °C); *3* Aprikosen, GANE (21 °C); *4* Dörrpflaumen, GANE (10 °C); *5* Apfelscheiben, FELT (23 °C); *6* Apfelsprühpulver, Institut (20 °C); *7* Datteln, Institut (20 °C); * Anfangszustand

[183] FELT, C. E., F. H. COOK u. L. E. BORCHARDT: The determination of a satisfactory type of packaging for the bulk shipment of dehydrated apple slices by freight. Food Technol. 6 (1952) S. 390–393.

[184] Nach US-Erfahrungen bei 31 bis 32% WG und 2 bis 11 °C etwa 16 Monate, bei 21 °C 8 Monate, bei 31 °C max. 3 Monate. Nach einer persönlichen Mitteilung von F. WINTER-DAVIES empfiehlt sich für ungeschwefelte Aprikosen 15 bis 17%, für geschwefelte 22 bis 25% WG.

bei < 38 °C das Umgekehrte der Fall ist[185]. Durch Verpackung in Stickstoff kann man die Verfärbung um etwa 20% verringern; Lagerung unter niedrigen Sauerstoffpartialdrücken ist bei tiefen Temperaturen am wirkungsvollsten[182]. Durch kurze Hitzebehandlung wird die Polyphenolase teilweise, die Invertase weitgehender inaktiviert. Stärkere Erhitzung, als zu einer ausreichenden Polyphenolase-Inaktivierung erforderlich ist, würde zu einer übermäßigen nichtenzymatischen Bräunung führen.

Bei 16% WG waren bei *Sultaninen* die Bräunung und der Geschmacksabfall bei 21 °C nach 12 bis 15 Monaten identisch mit denen bei 32 °C 3 Monate gelagerter Sultaninen. Bei 2 bis 10 °C erfolgte kein merkliches Nachdunkeln[178]. Nach anderen Angaben ist bei 20 °C und 16% WG eine 2jährige Haltbarkeit erreichbar[186]. Bei Sultaninen ergab sich, daß im Gegensatz zu den nichtenzymatischen Bräunungsreaktionen bei einer durch Polyphenoloxydase hervorgerufenen Bräunung Phenolverbindungen und Sauerstoff benötigt werden, so daß sich das Trocknen ungeschwefelter Früchte im Vakuum bei einer 6wöchigen Lagerung für die Farberhaltung günstig auswirkte[187].

Pflaumen zeigen bei Wassergehalten über 18% Farbveränderungen im Fleisch sowie nach 4 bis 6 Wochen bei höheren Temperaturen eine tabakähnliche Geschmacksnuance. Soweit diese Veränderungen enzymatischer Natur sind, können sie durch Blanchieren der Früchte (mindestens 4 min in Dampf) nach dem Trocknen vermieden werden[178]. Aber auch blanchierte Pflaumen mit 24% WG weisen nach 3 Monaten bei 30 °C einen Geschmacksabfall und dunkles Fleisch auf[178]. Für den unmittelbaren Verzehr bestimmte Trockenpflaumen mit 35% WG konnten durch Zugabe von Kaliumsorbat oder Propylenoxid 2 Monate bei 25 °C vor dem Verschimmeln bewahrt werden[188]. Wie bereits erwähnt, werden Trockenpflaumen für den Frischgenuß in Australien mit 35 bis 37% WG heiß verpackt und kurz sterilisiert[189].

Feigen werden in den USA gewaschen, ebenfalls erhitzt (wodurch die Enzyme inaktiviert werden) und dann in Äthylenoxid verpackt. Die Farbe ist nach 2 Monaten bei 32 °C etwa so wie bei 21 °C nach 10 Mona-

---

[185] MAIER, V. P., u. D. M. METZLER: Quantitative changes in date polyphenols and their relation to browning. J. Food Sci. 30 (1965) S. 80–83. – MAIER, V. P., u. F. H. SCHILLER: Studies in domestic dates. J. Food Sci. 26 (1961) S. 322–328, 529–534.

[186] NURY, F. S., u. J. E. BREKKE: Colour studies on processed dried fruits. J. Food Sci. 28 (1963) S. 95.

[187] RADLER, F.: Colour changes in dried sultanas. Food Technol. Austr. 16 (1964) Nr. 8, S. 469.

[188] NURY, F. S., M. W. MILLER u. J. E. BREKKE: Preservative effect of some antimicrobiological agents on high-moisture dried fruits. Food Technol. 14 I (1960) S. 113.

[189] McBEAN, D. McG., u. J. I. PITT: Preservation of high-moisture prunes in plastic pouches. Food Preserv. Quart. Austr. 25 (1965) S. 27–32.

ten. Zwischen einer Lagerung bei 2 und 10°C ergab sich kein wesentlicher Unterschied. Geschmacklich ist 1 Jahr bei 10 bis 20°C sicher. Unter 23% WG sinkt der Genußwert ab.

Im ganzen ergibt sich, daß Bedingungen, bei welchen sich sämtliche Schäden beliebig lange Zeit gleichzeitig vermeiden lassen, kaum erreichbar sind; sofern aber die Umlaufzeit begrenzt ist, beispielsweise durch ein gut funktionierendes Umschlagsystem (Supermärkte), lassen sich unter Zuhilfenahme des Pasteurisierens (Pflaumen, Datteln) höhere Wassergehalte einstellen und Erzeugnisse erzielen, die für den Frischgenuß einen Markt eröffnen. Die Einstellung eines hohen Wassergehaltes ohne Maßnahmen zur Vermeidung des mikrobiologischen Verderbs wäre aber ein Risiko, das man eigentlich nur eingehen kann, wenn man einen sehr raschen Umschlag sicherstellen kann. [Vom Münchner Markt wurden Feigen mit 29,2% WG ($\varphi = 87\%$) und Datteln mit 24% WG ($\varphi = 88\%$) eingekauft.]

Es ergibt sich also folgendes Bild: Ist bei einer Frucht das Verzuckern der begrenzende Faktor, dann muß man einen hohen oder einen sehr niedrigen Wassergehalt wählen, ersteren nur dann, wenn durch Zusatzverfahren gleichzeitig der mikrobiologische Verderb vermieden wird, man eine gewisse Klebrigkeit in Kauf nimmt und ein rascher Umschlag garantiert ist. Eine weitgehend gasdichte Verpackung ist in solchen Fällen wichtig. Ist aber die Bräunung der begrenzende Faktor, dann empfehlen sich bei Aprikosen niedrige Wassergehalte, wobei es vorteilhaft sein kann, bei stärkerer Schwefelung den Sauerstoff bei der Lagerung auszuschließen. Bei Rosinen und bei Feigen scheint der Einfluß des Wassergehaltes auf die Bräunung weniger von Bedeutung zu sein. Sowohl hier wie auch bei Aprikosen ist aber der Temperatureinfluß hierauf zwischen 20 und 30°C sehr hoch. Jedenfalls ist es nicht leicht, gleichzeitig höchsten Genußwert und lange Lagerzeit zu erreichen. Je kürzer aber die Umschlagzeit ist, um so leichter gelingt dieser Kompromiß.

Eine große kalifornische Trockenobstfirma verpackt ihre Erzeugnisse mit 20% WG.

Der Einfluß von *Licht* kann nicht verallgemeinert werden: Während der Verlust an SO_2 und das Nachdunkeln von Pfirsichen (33% WG) und Aprikosen (24% WG) davon nicht beeinflußt werden, wurde bei Aprikosen nach 20 Wochen hierdurch ein 20%iger Verlust an β-Carotin festgestellt. Äpfel (25% WG) leiden qualitativ unter einer Lagerung im Licht stark und verlieren nach 10 Wochen bei 30°C 95% ihres SO_2-Gehaltes[190] (im Dunkeln in 20 Wochen 90%).

Fruchtpulver, gefriergetrocknete Erzeugnisse. Mit Hilfe der Gefriertrocknung ist es leicht, auf sehr niedrige Wassergehalte zu gelangen und

---
[190] BOLIN, H. R., F. S. NURY u. F. BLOCH: Effect of light on processed dried fruits. Food Technol. 18 (1964) S. 151–152.

damit eine Reihe der vorgenannten Veränderungen weiter zu hemmen. Bei etwa 1% WG betrug die Haltbarkeit von geschwefelten *Pfirsichen* bei 38°C mindestens 6 Monate, war also besser als bei 20% WG. Der Abfall in der Bräunungsneigung zwischen 12 und 3% WG war beträchtlich. Bei 28°C ist eine merkliche Bräunung bei geschwefelten gefriergetrockneten Pfirsichen aber erst bei > 8% WG nach 8 Monaten festzustellen[191]; bei ungeschwefelten Pfirsichen zeigte sich nach 1½ Jahren bereits bei 5,4% WG eine leichte Bräunung. Bei < 3% WG tritt keine oxydative Bräunung auf. Erst bei höheren Wassergehalten wird das Schwefeln wirksam. Schwefeln blockierte zwar die Wirkung der Polyphenoloxydase und schützte die Ascorbinsäure, zeigte aber auf die Carbonyl-Amin-Bräunung einen ebenso geringen Einfluß wie Blanchieren. An gefriergetrockneten ungeschwefelten Pfirsichen wurde bei 28°C das Auftreten einer Carbonyl-Amin-Bräunung (Zwischenprodukte: Fructose-Asparagin, Fructose-Asparaginsäure und ein Reaktionsprodukt aus D-Glucose und Ammoniak) studiert: Unter 1% WG konnte sie innerhalb von 1½ Jahren nicht festgestellt werden.

Durch Gefriertrocknen von Pfirsichen auf 3 bis 5% WG scheint man eine enzymatisch und eine nichtenzymatisch bedingte Bräunung bei einer Langzeitlagerung weitgehend vermeiden zu können.

Über *Bananenpulver* gibt es einige Sorptionswerte in der Literatur (SIDDAPPA siehe „Fruchtsaftpulver" sowie GANE[88]). Bei $\varphi = 20\%$ ist der Wassergehalt 3,5%, bei $\varphi = 50\%$ 10,5 bis 11,5%, bei $\varphi = 70\%$ 17 bis 20,5%. Plantain, die afrikanische Gemüsebanane, ist nach eigenen Versuchen etwas weniger hygroskopisch (bei $\varphi = 50\%$ etwa 11% WG, bei $\varphi = 70\%$ 15,7% WG). Bei Wassergehalten über 8% spielt die Konzentration an Polyphenoloxydase bei der Bräunung eine entscheidende Rolle; durch Sulfitieren wird sie fast völlig blockiert. Nach einer etwa ½jährigen Lagerung bei 28°C wurden die Amadori-Umlagerungsprodukte Fructose-γ-Aminobuttersäure und Fructose-Valin bei gefriergetrockneten unbehandelten Bananen bei Wassergehalten über 0,7% gefunden, in sulfitierten Proben aber erst über 3,75%. Ein Wassergehalt unter 5% erwies sich bei gefriergetrockneten unbehandelten Bananen als ausreichend, um eine merkliche Bräunung bei 28°C während einer 6monatigen Lagerung zu vermeiden[191]. Nach Untersuchungen im Institut sind gefriergetrocknete Bananenscheiben bei 30°C bei 3,5% WG schlechter haltbar als bei 6% WG. In beiden Fällen ist aber 1 Jahr erreichbar.

---

[191] DRAUDT, H. N., u. I-YIH HUANG: Effect of moisture content of freeze-dried peaches and bananas on changes during storage related to oxydative and carbonylamin-browning. J. Agric. Food Chem. 14 (1966) S. 170–176. – Vgl. auch HUANG, I-YIH, u. H. N. DRAUDT: Effect of moisture on the accumulation of carbonylamine-browning intermediates in freeze-dried peaches during storage. Food Technol. 18 (1964) S. 1234–1236.

k) Trockenfrüchte

Der Einfluß einer Stickstofflagerung ist besonders bei 3,5% WG merklich. Nach anderen Untersuchungen[192] überschritt bei Bananenpulver mit 3 bis 4% WG und einem Restsauerstoffgehalt von 1% die Haltbarkeit (bezüglich Nachdunkeln) 1 Jahr; Bananenpulver ist lichtempfindlich.

Sprühgetrocknetes *Apfelpulver* mit Wassergehalten nicht über 2,5% ist bei Raumtemperaturen 1 Jahr haltbar (Begrenzung durch Fischgeschmack, „metallischen" Geschmack, Farbänderung), bei < 1% WG etwa 3 Monate bei 38°C[193] (nach anderen Angaben bei 2% WG 6 Monate). Stickstofflagerung bringt keine Vorteile, dagegen werden 200 bis 500 ppm SO_2 empfohlen.

Puffgetrocknete *Heidelbeeren* mit 9,5% WG zeigten im Verlauf einer $1/2$jährigen Luftlagerung bei 20°C keine auffälligen Veränderungen im Aussehen, im Geschmack und im Rehydrationsvermögen[194]. Gefriergetrocknetes Erdbeerpulver soll bei 2% WG 1 Jahr haltbar sein. Stickstoffbegasung wird empfohlen.

Fruchtsaftpulver. Den Fruchtsaftpulvern ist gemeinsam, daß sie infolge des Fehlens von Rohfaser und Stärke sowohl hygroskopischer sind als die entsprechenden Trockenfrüchte wie auch bedeutend feuchtigkeitsempfindlicher. Deshalb lassen sie sich im allgemeinen nur durch Verwendung von Trockenmitteln in der Packung (in-package-desiccation) genügend lange lagern.

Bei *Ananassaftpulver* (Bild 58) benötigt man 2% WG, wenn man das Zusammenbacken 2 Monate lang vermeiden will. Geschmack, Farbe und Ascorbinsäuregehalt ändern sich allerdings im Verlauf eines Jahres bei 3% WG nur wenig, zumindest falls die Lagertemperatur nicht zu hoch liegt. Vakuumpackung bringt keine merklichen Vorteile.

Bei *Orangensaftpulver* (zur Verringerung der Feuchtigkeitsempfindlichkeit mit 40% Stärkesirup 24 DE) benötigt man zwischen 1 und 1,5% WG (Bild 58). Ohne Zusatz von Stärkesirup scheint die kritische Grenze um 0,6% WG zu liegen. Der Abfall im Ascorbinsäuregehalt und die Bräunungsgefahr sind dann im Verlauf von 6 Monaten bei 38°C und in 1 Jahr bei 21°C gering; Vakuumverpackung bringt geringe Vorteile. Bei 2,0% WG beginnt bereits das Zusammenbacken. Eine Bräunung ist bei Orangensaftpulver bereits weit unter dem a_1-Wert (1,09%) zu beobachten; im Bereich 1 bis 5% WG tritt eine Verzögerung der Bräunung

---

[192] ALBANESE, F.: Zur Technologie der Herstellung von Bananenpulver. Dtsch. Lebensm.-Rdsch. 61 (1965) S. 311–317.
[193] JOHNSON, G., D. K. JOHNSON u. C. KOB: Fresh-flavoured instant applesauce powder. Food Technol. 18 (1964) S. 127–129.
[194] EISENHARDT, N. H., R. K. ESKEW, J. CORDING, F. B. TALLEY u. C. N. HUHTANEN: Dehydrated explosion puffed blue berries. Agric. Res. Service, US Dept. Agric. 1967, ARS 73–54.

auf. Diese ist auf die in Gegenwart von Ascorbinsäure sich bildenden Aldosylamine zurückzuführen, die sich bei der Lagerung zu Bräunungsprodukten umwandeln, wobei es den Anschein hat, daß frei bewegliches Wasser für diese Teilreaktion nicht benötigt wird (vgl. Bild 9). Grapefruitpulver sollte mit 2,5% WG gelagert werden (SO_2: 150 bis 250 ppm); bei 1,2% WG war es bei 29°C 9 Monate, bei 21°C über 1 Jahr ohne Zusammenbacken und ohne Geschmacksbeeinflussung haltbar. Die Aromen von Citruspulvern sollten in amorphen Zuckern eingeschlossen werden, um ein Terpenigwerden hintanzuhalten.

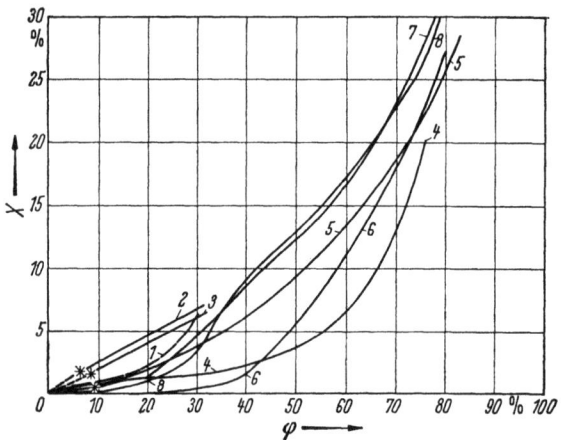

Bild 58. Fruchtsaftpulver
1 Orangensaftpulver, KAREL*; *2* Ananassaftpulver, NOTTER (29°C); *3* Orangensaftpulver mit Stärkesirup, NOTTER (21°C); *4* Orangensaftpulver mit Stärkesirup, SIDDAPPA (37°C); *5* Orangensaftpulver mit Stärkesirup, US-Werte (37,8°C); *6* Orangensaftpulver mit Stärkesirup, GANE, Anfangswassergehalt 0% (10°C); *7* Schwarze-Johannisbeer-Saft-Pulver, GANE, Anfangswassergehalt 0% (10°C); *8* Apfelsaftpulver, GANE, Anfangswassergehalt 0% (10°C); * Anfangszustand

Literatur über Fruchtsaftpulver:

STRAHSHUN, S. I., u. W. F. TALBOT: Stabilized orange juice powder. I. Preparation and packaging. Food Technol. 8 (1954) S. 40–45.

MYLNE, A. M., u. V. S. SEAMANS: II. Changes during storage. Food Technol. 8 (1954) S. 45–50.

NOTTER, G. K., D. H. TAYLOR u. N. J. DOWNES: Orange juice powder. Food Technol. 12 (1958) S. 363–366, sowie NOTTER, G. K., D. H. TAYLOR u. J. E. BREKKE: Pineapple juice powders. Food Technol. 12 (1958) S. 363–366.

SIDDAPPA, G. S., u. A. M. NANJUNDASWAMY: Equilibrium relative humidity (ERH) relationships of fruit juice and custard powders. Food Technol. 14 II (1960) S. 533–537 (mango, banana, guava, orange juice, custard powder).

KAREL, M., u. J. F. R. NICKERSON: Effects of relative humidity, air and vacuum on browning of dehydrated orange juice. Food Technol. 18 (1964) S. 104–108.

---

* KAREL, M.: Food Technol. 8 (1964) S. 105.

l) Verschiedene ölhaltige Samen

Mandeln: In Bild 59 ist die Sorptionsisotherme von rohen geriebenen Mandeln dargestellt. Aus einem gegebenen Anlaß wurden damit Lagerversuche bei verschiedenen Wassergehalten im Dunkeln durchgeführt, wobei sich bei 6% WG im Verlauf von 12 bis 18 Monaten kein merklicher Anstieg der Säurezahl ergab. Im Licht steigt die Peroxidzahl rasch an, und die Lagerfähigkeit ist nur kurz.

Haselnußkerne: Versuche im Institut über die Haltbarkeit von ungerösteten Haselnußkernen ergaben, daß diese stark sortenabhängig ist und bei Wassergehalten zwischen 4,3 und 5,4 bei Lagerung in Luft bei 20°C zwischen 9,5 und > 16,5 Monaten liegt. Bei einer Sorte (Türkische runde Levantiner) brachte die Lagerung in N_2 (20°C) eine Verdoppelung der Haltbarkeitszeit*. Viel sicherer ist aber im allgemeinen eine Lagerung

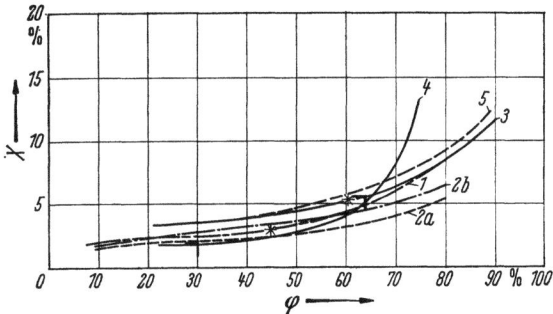

Bild 59. Nüsse (20°C)
1 geröstete Erdnüsse; *2a* geröstete Haselnüsse; *2b* frische Haselnüsse; *3* geriebene Mandeln; *4* geschälte und ungeschälte Walnüsse; *5* Erdnußkerne**; * Anfangszustand; ⟩ Haltbarkeitsgrenze

bei 0°C in Luft; die Haltbarkeitszeit lag dann bei jeder Sorte (4,3 bis 5,4% WG) im Intervall von $1^1/_2$ bis 2 Jahren. Als lagerbeständigste Sorte erwiesen sich dabei Haselnußkerne italienischer Provenienz (Runde Römer)[195]. Die Lichtempfindlichkeit von Haselnußkernen ist relativ gering.

Walnußkerne (nicht entschält): Abhängig vom Wassergehalt scheint vor allem das Nachdunkeln der Samenschale zu verlaufen, und zwar gibt es ein Optimum für die Farberhaltung. Die geringste Farbverände-

---
[195] RADTKE, R.: Orientierende Untersuchungen über die Langzeitlagerung ungerösteter Haselnüsse. Süßwaren 9 (1965) S. 1106–1110.
* Bei einem niedrigeren Wassergehalt wäre die Gaslagerung vermutlich noch wirksamer gewesen.
** Vgl. AYERST, G.: J. Sci. Food Agric. 16 (1965) S. 71. Die Sorptionsisotherme für geröstete, gesalzene Erdnüsse liegt etwas tiefer (nach DAVIS[198a] z.B. bei 2% WG: $\varphi = 30\%$, bei 5% WG: $\varphi = 64\%$).

rung nach einer 7monatigen Lagerung[196] bei 35°C stimmt weitgehend mit dem Minimum der Geschmacks- und Geruchsveränderung sowie mit dem Wendepunkt der Sorptionsisotherme überein (Bild 60). All dies bewegt sich im Intervall 3 bis 3,5% WG. Bei 3,1% WG betrug die Haltbarkeit 10 Monate. ROCKLAND kommt auf Grund seiner Versuche zu dem Schluß, daß zwar die Bildung freier Fettsäuren sowie eine der Ursachen für das Nachdunkeln der Samenschale mit steigendem Wassergehalt zunimmt, aber eine zweite Ursache für das Abdunkeln der Samenschale und das Ranzigwerden bei sinkendem Wassergehalt gefördert

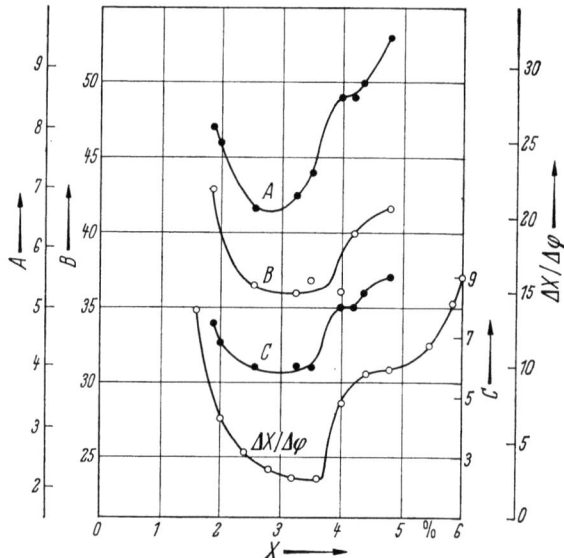

Bild 60. Vergleich der Neigung der Sorptionsisothermen $\Delta X/\Delta \varphi$ von Walnüssen bei 22,5°C mit der Beurteilung des Geruchs (A), der Farbe (B) und des Geschmacks (C) nach einer 7monatigen Lagerung bei 35°C (nach ROCKLAND)

wird (vgl. auch[197]). In eigenen Versuchen wurde festgestellt, daß *geschälte* Walnußkerne nach 8monatiger Lagerung bei 20°C selbst noch bei $\varphi = 20\%$ (2% WG) leicht bitter, bei $\varphi = 60\%$ sehr bitter und scharf werden. Walnüsse sind gegenüber Sauerstoff empfindlicher[197a], da die Ungesättigtheit des Öles höher ist als die von Erdnüssen und Mandeln. Eine

---

[196] ROCKLAND, L. B.: Recent progress on the utilization of shelled walnuts. Diamond Walnut News 37 (1955) Nr. 5; Food Res. 22 (1957) S. 604–628.
[197] TAPPEL, A. L., F. W. KNAPP u. K. URS: Oxydative fat rancidity in food products. Food Res. 22 (1957) S. 287.
[197a] MUSCO, D. D., u. W. V. CRUESS: Studies on deterioration of walnut meats. J. Agric. Food Chem. 2 (1954) S. 520–523.

1) Verschiedene ölhaltige Samen

Lagerung bei niedrigen Sauerstoffpartialdrücken wirkt sich deshalb günstig aus. Der schädliche Einfluß von Licht ist beträchtlich[197a].

Bräunungsreaktionen[198] spielen auch bei *Erdnußkernen* und bei *Kokosnußflocken*, die außerdem sehr sauerstoff- und lichtempfindlich sind, eine Rolle. Kokosnußflocken sollen auf 2% WG getrocknet werden. Bei 2% WG sind geröstete gesalzene Erdnüsse in evakuierten Dosen sicher 6 Monate haltbar, in Luft etwa 2 Monate. 4,5% WG sind nicht ausreichend. Die Knackigkeit geht bei 4,3% WG verloren[198a]. Das Wachstum von Aspergillus flavus, welcher Aflatoxin erzeugt, ist bei Erdnüssen bei Wassergehalten unter 9% nicht möglich (bei Ölkuchen 16%). In Vakuumverpackungen erfolgt keine Toxinbildung, weshalb sich bei Erdnußkernen und Kokosflocken vorsorglich eine Verpackung bei niedrigen Sauerstoffpartialdrücken empfiehlt.

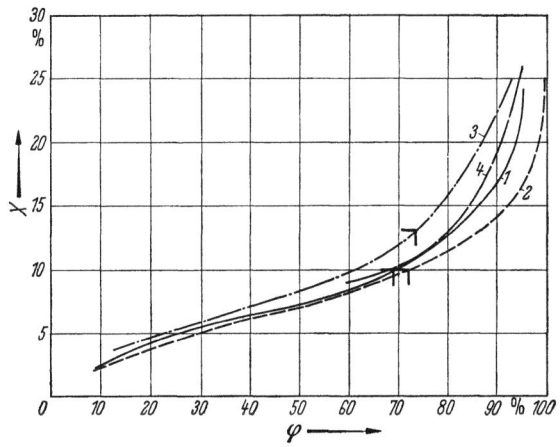

Bild 61. Ölsaaten (25 °C)*
1 Baumwollsaat; *2* Sonnenblumen und Leinsaat; *3* Sojabohnen; *4* ganze Erdnüsse mit Schalen**; ⟩ obere Grenze des sicheren Bereichs bezüglich Fetthydrolyse

Bei der *Macadamia-Nuß* wurde bei einem Wassergehalt von 1,1% die längste Haltbarkeitszeit (16 Monate) erzielt. Schon bei 2,3 bis 4,3% WG wäre nur eine Lagerung bei −18 °C zulässig. Licht hatte auf

---

[198] KAUFMANN, C. W.: Food Ind. 18 (1946) S. 80.
[198a] DAVIS, E. G.: Texture changes of salted peanuts in flexible film and tinplate containers. Food Technol. 20 (1966) S. 1598–1600.
* Aus KAUFMANN, H. P., u. J. O. THIEME: Fette, Seifen, Anstrichmitt. 58 (1956) S. 132.
** Vgl. MYKLESTAD, O.: Physical aspects of the drying of groundnuts. J. Sci. Food Agric. 16 (1965) S. 662–663 (die Kurve für die Samenhaut liegt höher als die des fetthaltigen Kernes), sowie KARON, M. L., u. B. E. HILLERY: Hygroscopic equilibrium of peanuts. J. Amer. Oil Chem. Soc. 26 (1949) S. 16–19.

die Stabilität keinen Einfluß[199], die enzymatischen Fettveränderungen dominieren.

Ölsaaten: Das Ergebnis der einzigen sich darauf beziehenden Literaturstelle ist in Bild 61 veranschaulicht. Die eingezeichneten Grenzwerte ergaben sich dadurch, daß bei diesen Wassergehalten bei 15,5°C im Verlauf von etwa 1 Jahr keine merkliche Erhöhung der Säurezahl erfolgt[200].

Bei Sonnenblumenkernen wurde nachgewiesen, daß durch das Schälen die Geschwindigkeit des Entstehens freier Fettsäuren außerordentlich zunimmt, falls die Gleichgewichtsfeuchtigkeit 50% überschreitet[201].

m) Pektine (und Gelatine)

In Bild 62 sind Sorptionsisothermen für Trockenpektine und in Bild 63 für Gelatine dargestellt. Hochverestertes Trockenpektin ist bei 9 bis 10% WG mehrere Jahre haltbar. Bei höheren Wassergehalten dunkelt

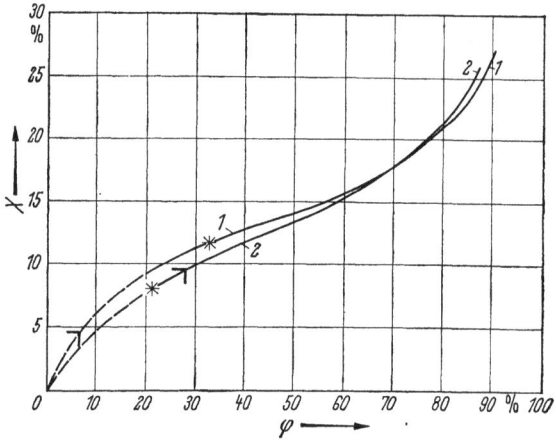

Bild 62. Pektine (20°C)
1 niederverestertes Pektin; *2* hochverestertes Pektin; ∗ Anfangszustand; ⟩ Haltbarkeitsgrenze

es nach und verliert seine Gelierfähigkeit. Dies ist eine Folge der hydrolytischen Spaltung; die Demethoxylierung begünstigt sie. Der Abbau geht um so rascher vor sich, je sauberer ausgewaschen wurde. Belich-

---

[199] CAVALETTO, L., et al.: Factors affecting Macadamia nut stability. Food Technol. 20 (1966) S. 108–111. – WINTERTON, D.: Food Technol. Austr. 79 (1966) S. 74–77.

[200] Vgl. KARON, M. L., u. A. M. ALTSCHUL: Effect of moisture on rate of formation of free fatty acids in stored cottonseed. Plant Physiology 19 (1944) 310–325.

[201] KIERMEIER: Der Einfluß des Schälens auf lagernde Sonnenblumensamen. Biochem. Z. 318 (1947) S. 265–274.

tung ist ungünstig. Niederverestertes Pektin muß nach Industrieangaben bei 4 bis 5% WG gelagert werden.

Die Abweichungen bei Gelatine – die zur Ermöglichung eines anwendungstechnischen Vergleiches unter diesem Kapitel angeführt wird – dürften darauf zurückzuführen sein, daß die Art der Ausgangsstoffe und, ob ein saurer oder alkalischer Herstellungsprozeß zugrunde lag, nicht festzustellen war. Der zulässige Wassergehalt wird zu 12 bis 16% angegeben. Da der Verderb mikrobiologisch erfolgt, dürfte eine Gleichgewichtsfeuchtigkeit von 70 bis 72% aber das bessere Maß sein.

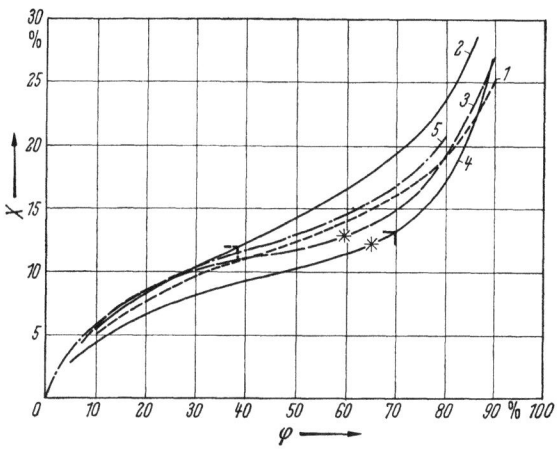

Bild 63. Gelatine
1 Institut (24,5 °C); 2 Institut sowie Food Technol. 19 (1965) S. 196 (25 °C); 3 engl. Werte (25 °C); 4 US-Werte (37,8 °C); 5 ROCKLAND* (25 °C); * Anfangszustand; ⟩ Haltbarkeitsgrenze

n) Zucker und Hartkaramellen

Zucker und Kristallisationshemmer: In Bild 64 ist die Sorptionsisotherme für *Saccharose* dargestellt[202]. Der erhebliche Unterschied zwischen Adsorptions- und Desorptionsast ist darauf zurückzuführen, daß Saccharose im ersten Fall in kristalliner Form, im zweiten Fall als Schmelze vorliegt. Eine gesättigte Lösung ergibt sich bei 20 °C bei $\varphi = 85{,}7\%$ (67,09% TS je 100 g Lösung)**. Der Beginn des Anstiegs in der Adsorptionskurve hängt von der Reinheit des Zuckers ab (Zahlentafel 13).

Außer dem Aschegehalt ist demnach auch die Zusammensetzung der

---

[202] HEISS, R.: Untersuchungen über die Haltbarkeit von Hartkaramellen II. Stärke 7 (1955) S. 45–55.
* ROCKLAND, L. B.: Food Res. 22 (1957) S. 604–628.
** Nach C. L. HINTON 66,6%. – Vgl. BFMIRA Res. Rep. Nr. 3 (1925). – CHARLES, D. F.: Int. Sug. I. 62 (1960) S. 126–131.

136　　2. Erzeugnisse pflanzlichen Ursprungs

Zahlentafel 13. *Gewichtszunahme von Zucker mit unterschiedlichem Aschegehalt (und abweichender Zusammensetzung der Asche) bei zwei relativen Feuchtigkeiten (vgl. auch Zahlentafel 2)*

Aschegehalt [%]*	Gewichtszunahme [%]	
	nach 270 Tagen bei 81%	nach 70 Tagen bei 78%
0,0019	0,5	–
0,011	2,2	–
0,015	27,0	1,5
0,019	7,0	–
0,05	30	1,5

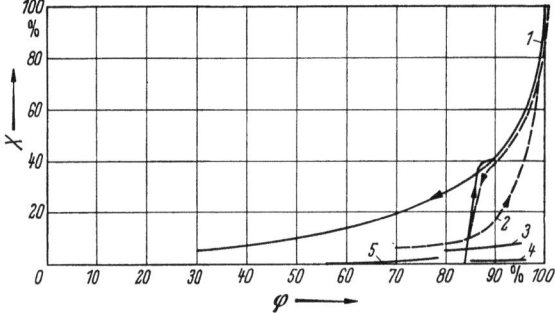

Bild 64. Ad- und Desorptionsisothermen (20 °C) für Saccharose (*1*), Maltose (*2*) und Lactose *3* Anfangszustand: β-Lactose 0,26% WG; *4* Anfangszustand: α-Lactose 0,12% WG; *5* amorphe Saccharose mit 0,38% WG. (Ergänzende Einzelwerte: 1% WG bei $\varphi = 4,6\%$; 2,2% WG bei $\varphi = 11,8\%$; 0% WG bei $\varphi = 24,8\%$, aber äußerst langsame Kristallisation > 1 Jahr; bei $\varphi = 28,2\%$ nach 50 Tagen; bei $\varphi = 33,6\%$ spontan)[206]

Asche von Bedeutung[203]. Während bei groben monoklinen Kristallen bei einer geringfügigen Steigerung der relativen Feuchtigkeit über $\varphi = 84\%$ lediglich die Oberflächen benetzt werden, sind feinste Kristalle bereits gelöst. Es tritt also rascher ein „Verkittungseffekt" auf, der bei einer nachträglichen Feuchtigkeitssenkung zur Bildung harter Brocken führt. Diese Gefahr wächst mit dem Feinheitsgrad, ist aber auch bei Rohzucker besonders hoch. In Bild 65 sind die Verhältnisse im unteren Intervall der Sorptionsisotherme von Saccharose genauer dargestellt[204, 205]. Kristallraffinade ist – ebenso wie Dextrosehydrat – für Langlagerzwecke

---

[203] Vgl. hierzu auch SCHNEIDER, F., A. EMMERICH u. H. KOCH: Zucker-Beiheft Nr. 1 (März 1955).

[204] HEISS, R.: Versuche über Feuchtigkeitsempfindlichkeit und Verpackung von Puderzucker. Verp.-Rdsch. 12 (1961), techn.-wiss. Beilage S. 1–8.

[205] Vgl. hierzu auch SCHWIETER, A.: Betrachtungen über Weißzuckertrockner. Z. Zuckerind. 6 (1956) S. 536.

* Raffinade soll in Deutschland einen häufigsten Aschegehalt von 0,0035%, Weißzucker von 0,0155% aufweisen. – Vgl. FINCKE, A.: Zucker- u. Süßw.-Wirtsch. 8 (1955) S. 112.

n) Zucker und Hartkaramellen

hervorragend geeignet. Gibt man zu Raffinade geringe Mengen von flüssigem Pektin zu und trocknet nach (Gelierzucker), so beginnt diese bereits bei $\varphi \approx 65\%$ (bei Wassergehalten $> 0,3\%$) zu klumpen und beim Wiedertrocknen (z.B. infolge von Schwankungen in der Lageratmosphäre; vgl. S. 52) hart zu werden. Es muß also mit einem möglichst niedrigen Wassergehalt wasserdampfdicht verpackt werden. Saccharose, die durch Sprühtrocknen in Glaszustand gewonnen wurde[206], kristallisiert erst bei $> 2,2\%$ WG (Gleichgewichtsfeuchtigkeit etwa 12%) aus (Dextrose aber bereits bei $> 0,5\%$ WG bzw. bei 5% Gleichgewichtsfeuchtigkeit)[206]: beispielsweise bei 2,8% WG nach 350 Tagen, bei 4,1% WG nach 58 Tagen. Während dieser Induktionszeit bildet sich auf den Kristalloberflächen ein zähflüssiger Film.

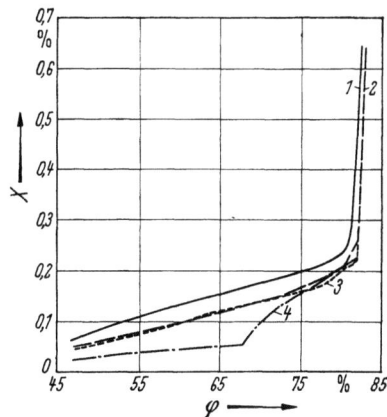

Bild 65. Unterer Bereich der Adsorptionsisotherme von Saccharose bei 20°C
1 Puderraffinade; *2* Grundsorte; *3* Pudergrundsorte; *4* Kristallraffinade

In Bild 66 sind die Sorptionsisothermen für *weitere Zucker* angegeben.

Zahlentafel 14. *Konzentration und Gleichgewichtsfeuchtigkeit gesättigter Zuckerlösungen bei 20°C (vgl. auch Zahlentafel 2)*

Zuckerart	Gleichgewichtsfeuchtigkeit der gesättigten Lösung [%]	Konzentration der gesättigten Lösung [%]
Fructose	63	78,8
Sorbit	~ 76 bis 78	30 bis 32,5
Invertzucker	82	62,6
Maltose	~ 88	43,8
α-D-Glucose	91,5	47,0
Lactose	99	vgl. Text

Das bei tieferen Temperaturen als 55°C auskristallisierende Monohydrat weist bei Glucose etwa 9% WG, bei Lactose und Maltose 5% WG auf[207].

---

[206] Vgl. MAKOWER, B., u. W. B. DYE: Equilibrium moisture contents and crystallization of amorphous sucrose and glucose. J. Agric. Food Chem. 4 (1956) S. 72–77. – Vgl. auch PALMER, K. J., W. B. DYE u. D. BLACK: X-ray diffractometer and microscopic investigation of crystallization of amorphous sucrose. J. Agric. Food Chem. 4 (1956) S. 77–84.

[207] VÖLKER, H.: Über Probleme der Herstellung und Verwendung von Dextrosefondant. Stärke 11 (1966) 354–359.

138   2. Erzeugnisse pflanzlichen Ursprungs

Nach Messungen von SOKOLOWSKY[208] adsorbiert reine kristallisierte Lactose bei $\varphi = 62{,}7\%$ 0,08% Wasser; bei $\varphi = 81{,}8\%$ 0,11% und bei $\varphi = 98{,}8\%$ 0,33% Wasser. Bei 20°C beträgt die Löslichkeit der α-Form 6,2%, die der β-Form 9,9%. Da die β-Form leichter löslich ist, kristallisiert (unter 93,5°C) stets das α-Hydrat aus. Dadurch wird das Gleichgewicht verschoben; es bildet sich daher β-Lactose in α-Lactose um, welche erneut als Hydrat ausfällt, bis der gesamte Milchzucker als α-Hydrat auskristallisiert ist.

Die Verhältnisse bei Gemischen aus verschiedenen Zuckern wurden von KELLY ausführlich untersucht[209]. Gemeinsam ist, daß die Gemische maximaler Löslichkeit einen höheren Gesamtzuckergehalt aufweisen als die gesättigten Lösungen der Einzelkomponenten, daß aber die Löslichkeit der Einzelkomponente im Gemisch eine geringere ist. Sie leiten zur

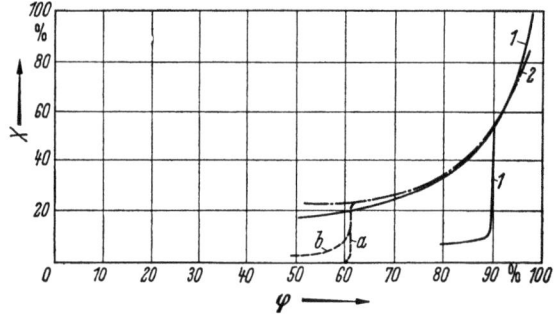

Bild 66. Ad- und Desorptionsisothermen (20°C) von
1 Dextrose (vgl. hierzu auch Bild 4); *2* Fructosen verschiedener Reinheit; *a* Fructose von hohem Reinheitsgrad; *b* Fructose mit geringerem Reinheitsgrad

Sorptionsisotherme von *Kunsthonig* über, der ein Invertzucker-Saccharose-Gemisch vorstellt (Bild 17)[209]. Das Löslichkeitsmaximum liegt bei 15°C bei 35 Teilen Invertzucker, 39 Teilen Saccharose und 26% WG. Bei 30°C liegt es bei 45 Teilen Invertzucker, 34 Teilen Saccharose und 21% WG. Bei 15°C ist ein solches Gemisch stets fest, sofern es sich nicht in übersättigtem Zustand befindet. Wollte man bei diesem Wassergehalt den Kunsthonig ohne Zugabe kristallisationsverhindernder Mittel flüssig halten, dann müßte der Saccharosegehalt höher sein als gesetzlich zulässig (etwa 39%).

In Bild 67 sind die Sorptionsisothermen von säurekonvertierten Stärkesirupen mit 32,8 bis 90,4 DE bei 25 bis 30°C dargestellt*. Es

---
[208] SOKOLOWSKY, A.: Ind. Eng. Chem. (Ind.) 29 (1937) S. 1422–1433.
[209] KELLY, F. H. C.: Phase equilibria in sugar solutions. J. Appl. Chem. 4 (1954) S. 401–404, 405–407, 407–408, 409–411, 411–413; 5 (1955) S. 120–122, 170–172 (Quaternäres System: Saccharose + Dextrose + Fructose + Wasser S. 265–272).

* Reinheit oder „Dextroseäquivalente" bedeutet reduzierende Zucker, berechnet als Dextrose bezogen auf Trockensubstanz.

n) Zucker und Hartkaramellen

ergibt sich daraus, daß die Hygroskopizität mit steigendem DE-Wert zunimmt. Zwar besitzt die in Stärkesirup enthaltene Dextrose als Monosaccharid eine höherliegende Sorptionsisotherme als Maltose, die Dextrine als Oligo- bis Polysaccharide aber eine wesentlich tiefere, so daß sich insgesamt für einen Stärkesirup 42 DE eine Sorptionsisotherme ergibt, die tiefer liegt als die für Maltose bzw. Saccharose. NORRISH[210] hat für wäßrige Lösungen von Stärkesirupen (42 und 62 DE), Saccharose, Invertzucker und Glycerin folgende Beziehung abgeleitet:

$$\log \frac{\varphi}{x_1} = K_2 \cdot x_2^2,$$

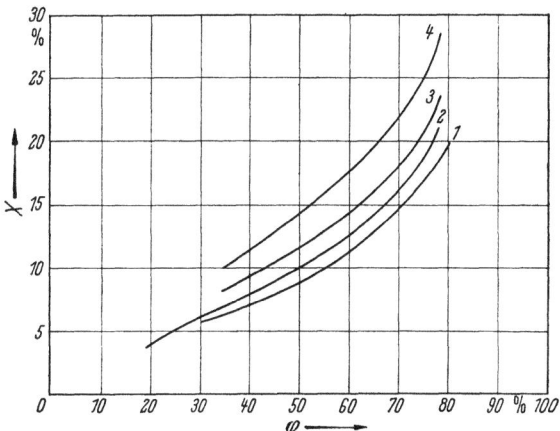

Bild 67. Verschieden konvertierte Stärkesirupe (25 bis 30 °C)*
1 32,8 DE; *2* 42 DE; *3* 64 DE; *4* 90,4 DE

wobei x_1 der Molenbruch des Wassers (in der Lösung) und x_2 derjenige des Gelösten ist. Diese Beziehung kann auf Mehrkomponentensysteme beliebig erweitert werden:

$$\log \frac{\varphi}{x_1} = (K_2^{1/2} \cdot x_2 + K_3^{1/2} \cdot x_3 \ldots)^2,$$

wobei K_2, K_3 usw. die Neigungswinkel der Geraden im halblogarithmischen Maßstab für das Gelöste vorstellen. Auf dieser Grundlage wurde ein Nomogramm durchgerechnet[210]. K ist proportional der Zahl der OH-Gruppen im Molekül. (Lediglich Saccharose bildet eine Ausnahme: 2 Moleküle sind intermolekular über Wasserstoffbrücken verbunden.)

---

[210] NORRISH, R. S.: Equilibrium relative humidity of confectionary syrups, a nomogram. Confect. Prod. 30 (1964) S. 769, 771, 808. – Vgl. auch: An equation for the activity coefficients and equilibrium relative humidities of water in confectionary syrups. J. Food Technol. 1 (1966) S. 25–39.
* Nach CLELAND, J. E., u. W. R. FETZER: Ind. Eng. Chem. 36 (1944) S. 552.

Hartkaramellen sind Gemische von Saccharose und Stärkesirup (oder Invertzucker) im übersättigten Zustand*. Lagert man eine Hartkaramelle in einer feuchten Atmosphäre, so wird man im allgemeinen zwei Veränderungen feststellen[211]:

a) Die Oberfläche wird mehr und mehr klebrig.

b) Die Oberfläche wird trüb, und es bildet sich eine Kristallisationsfront, die nach innen fortschreitet, bis das ganze Bonbon „abgestorben" ist.

Die Zuckerlösung liegt bei Hartkaramellen (vorsorglich 1 bis 1,5% WG) in übersättigtem Zustand vor. Der Glaszustand ist labil, da die regelmäßige Ordnung der Moleküle im Kristallgitter einen geringeren Energieinhalt besitzt. Die Umwandlungsgeschwindigkeit hängt außer von der Zahl der Partikel, die noch nicht kristallisiert sind, von den statistischen Möglichkeiten der Moleküle ab, in das ihnen energetisch und räumlich gegebene Raumgitter einzuspringen. Hierzu bietet die Tatsache, daß die an freien Oberflächen liegenden Molekülschichten nicht abgesättigt sind, eine Voraussetzung. In zunehmendem Maße werden Wassermoleküle adsorbiert, wodurch Wasserstoffbrücken zerstört werden, die Schmelze angelöst wird und sich eine klebrige Schicht ergibt. Je nach dem Wasserdampftransport zur Oberfläche und der Viskosität der Oberflächenschicht können sich bei einer bestimmten, geringen Übersättigung (jenseits des Oswald-Miersschen Bereiches) spontan und zufällig die ersten Kristallkeime bilden**, welche abhängig vom Übersättigungszustand mit einer bestimmten Geschwindigkeit wachsen. Als Folge der Kristallisation verarmt die Grenzschicht an gelöstem Zucker; die Kristallisation wird durch die erniedrigte Viskosität begünstigt. Die Kristallisation kann sich – einmal begonnen – auf diese Weise mit einer gewissen Geschwindigkeit weiter fortsetzen; d.h. es wird sich auch die nächste amorphe „Front" anlösen und kristallisieren, sich erneut Mutterlauge von niedriger Viskosität bilden usw., bis die ganze Hartkaramelle „abgestorben" ist. Da die Mutterlauge im allgemeinen einen höheren Dampfdruck aufweist als

---

[211] HEISS, R.: Über das „Mikroklima" in Packungen mit Hartkaramellen. Verp.-Rdsch. 6 (1955), techn.-wiss. Beilage S. 77–80. – HEISS, R., u. L. SCHACHINGER: Untersuchungen über die Veränderungen von Hartkaramellen beim Lagern und deren Vermeidung. Zucker- u. Süßw.-Wirtsch. 8 (1955) S. 1222–1231. – HEISS, R.: Untersuchungen über die Haltbarkeit von Hartkaramellen IV. Stärke 7 (1955) S. 147–160.

* Die Übersättigung wird als das Verhältnis des Gewichts des Gelösten in 100 g Wasser zum Gelösten in der gesättigten Lösung bei der gleichen Temperatur definiert.

** Jeder metastabilen Übersättigung entspricht eine bekannte Gleichgewichtsgröße des Kristalls (kritische Kenngröße). Kleinere Kristalle lösen sich, größere können wachsen.

n) Zucker und Hartkaramellen

die Umgebung[211,212], setzt allerdings bei nicht dampfdichter Verpackung eine diesen Prozeß hemmende Rückverdunstung ein. Die Folge davon ist, daß mit zunehmender Nachkristallisation an der Oberfläche ihre Klebrigkeit wieder verschwindet. Das zeitlich zweite Klebrigkeitsmaximum ist schwerer zu erklären. Vermutlich hängt es damit zusammen, daß im Verlauf der Annäherung an einen Gleichgewichtszustand auch noch weitere Zucker auskristallisieren und sich dabei erneut Mutterlauge bildet, die schließlich auch wieder rückverdunstet. Ausbildung und Verlauf dieses Klebrigkeitsmaximums werden weitgehend davon abhängen, ob die Rückverdunstung der Restlösung oder das Anlösen der Kristalle durch die Feuchtigkeit der umgebenden Luft überwiegen, bzw. von der Einpendelung eines Gleichgewichts zwischen Kristallisation und Inlösunggehen; außerdem spielen sicher die Kochbedingungen und die Rezeptur hinein, vor allem der Anteil an Monose-Reversionsprodukten, die Bildung von Difructoseanhydrid usw. Bei hohen Außenfeuchtigkeiten „zerfließt" schließlich das Bonbon, wobei die Klebrigkeit wieder abnimmt; bei niedrigeren Raumfeuchtigkeiten, z.B. $\lesssim 50\%$, entfällt der zweite Klebrigkeitsanstieg, weil hier die Rückverdunstung überwiegt*.

Das erste Klebrigkeitsmaximum stellt sich bei 20°C, $\varphi = 70\%$ und offener Lagerung nach < 2 Stunden, das zweite Maximum hierbei nach 20 bis 40 Tagen ein; je nach Art und Menge des Stärkesirups sind der zeitliche Ablauf und die Höhe der Klebrigkeitszunahme verschieden. Das erste Klebrigkeitsmaximum ist eine Folge der kristallisationshemmenden Begleitstoffe der Saccharose; reine Saccharose würde zu einem harten Block von Zuckerkristallen erstarren. Die Klebrigkeit ließe sich nur dann verhindern, wenn man nichtklebende Kristallisationshemmer fände. Da eine Zuckerlösung immer klebt, ist dies nur in beschränktem Maße möglich, beispielsweise dadurch, daß man Stärkesirup mit niedrigem Maltoseanteil verwendet[211], wobei mit sinkendem Maltoseanteil zwar die Klebrigkeit sinkt, aber bei steigendem Dextroseanteil die Absterbegeschwindigkeit ansteigt; um das Absterben zu vermeiden, müßte also der Dextroseanteil klein und der Gehalt an Maltose und höheren Zuckern hoch sein. Es besteht also eine weitgehende Gegenläufigkeit zwischen „Kleben oder Absterben", so daß für die Beurteilung der Wirkung einer Maßnahme stets beide Wirkungen gemeinsam betrachtet werden müssen.

---

[212] Vgl. KELLEHER, J.: The physico-chemical characteristics of boiled sweets and their relationship to structural stability and keeping qualities. BFMIRA Rep. Nr. 41 (1963) S. 36, Zahlentafel 5.

* Aus diesen Erscheinungen erklärt sich die Zunahme von Reklamationen bei feuchten Jahreszeiten sowie bei unzureichender Klimatisierung der Fabrikationsräume. Deshalb beweist auch eine lange Lagerfähigkeit in einem trockenen Büroraum nichts für die Feuchtigkeitsempfindlichkeit von Hartkaramellen.

142　　　　　　　　2. Erzeugnisse pflanzlichen Ursprungs

Wenn man eine Hartkaramelle dampfdicht verpackt[211], verschiebt sich bei feuchter Lagerung das Auftreten des ersten Klebrigkeitsmaximums entsprechend der verringerten Diffusionsgeschwindigkeit der Außenfeuchtigkeit zur Bonbonoberfläche nach dem Verpacken gegenüber dem unverpackten Zustand. Leider verlangsamt sich aber auch die Rückverdunstung, so daß bei Verwendung eines einigermaßen wasserdampfdichten Einwicklers die Klebrigkeitsdauer nach Einsetzen der Kristallisation länger ist. Dafür tritt auch das zweite Klebrigkeitsmaximum sehr viel später (bei sehr wasserdampfdichten Verpackungen erst nach Monaten) auf.

Abhilfemaßnahmen zur Vermeidung des Klebens: Außer der bereits erwähnten Verwendung von Stärkesirup mit niedrigem Maltosegehalt,

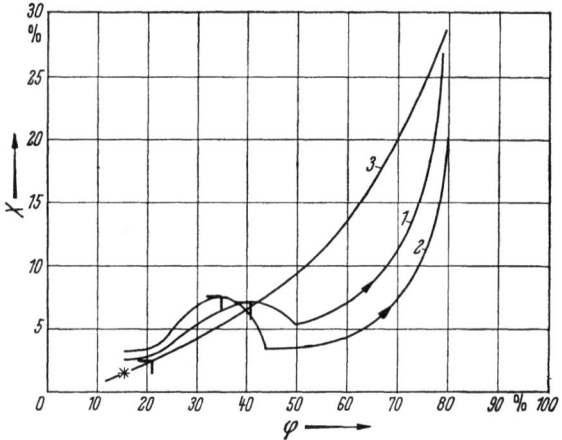

Bild 68. Hartkaramellen (20 °C)
Kochansatz 1: 100 Saccharose + 90 Stärkesirup (80 Tage Lagerzeit); Kochansatz 2: 100 Saccharose + 45 Stärkesirup (80 Tage Lagerzeit); Kochansatz 3: gebräunter Zucker; ∗ Anfangszustand; ⟩ Haltbarkeitsgrenze

hermetisch abdichtende Verpackung, Beigabe von Trockenmittel. Partielle Hilfen: Pudern z.B. mit Lactose- oder Dextrosehydrat, Überzug mit Schokolade, „Schwitzprozeß" mit anschließendem Wiedertrocknen zwecks raschem Durchschreiten des ersten Klebrigkeitsmaximums vor dem Verpacken. In Bild 68 sind Sorptionsisothermen von Hartkaramellen nach sehr langen Angleichszeiten dargestellt. In solchen hochviskosen Schmelzen ist naturgemäß die Diffusionsgeschwindigkeit sehr gering. Es ergibt sich daraus, daß unverpackte Hartkaramellen offenbar nur bei Umgebungsfeuchtigkeiten < 20 bis 25% weder klebrig werden noch „absterben". Damit eine Kristallisation nicht auch schon langsam ohne Wasserzutritt erfolgt, muß (bei Stärkesirupzugabe) der Wassergehalt unbedingt unter 2 bis 3% liegen. Abgestorbene aromatisierte Bonbons sind

Aromaveränderungen stärker ausgesetzt als Bonbons im Glaszustand, da die Struktur „offener" und damit einem Stoffaustausch besser zugänglich ist. Hermetisch verschlossen, wurden Citronenbonbons in 3 bis 5 Jahren noch nicht terpenig, Komprimate sehr viel leichter.

Ein völlig anderes Verhalten zeigen dunkle Zuckerschmelzen. Sie sind extrem feuchtigkeitsempfindlich (Bild 68).

Fondants: Das Ausmaß der Kristallisation sowie die mittlere Kristallgröße und damit die Qualität eines Fondants werden weitgehend beeinflußt vom Ausmaß der Übersättigung (Konzentration und Zusammensetzung des Sirups), der Temperatur bei Kristallisationsbeginn, der Viskosität der flüssigen Phase und der Anwesenheit von Kristallisationshemmern. Die Plastizität des Fondants hängt natürlich ebenfalls entscheidend vom Verhältnis der flüssigen zur festen Phase, außerdem von der Lagertemperatur und von der Teilchengröße ab. Üblicherweise bewegt sich der Wassergehalt zwischen 5 und 10%, der kristallisierte Anteil zwischen 40 und 65% und der der flüssigen Phase dementsprechend zwischen 60 und 35%. Bei zu starker Austrocknung können weiße Flecken entstehen. GROVER[213] baut seine Berechnungsmethode für die Gleichgewichtsfeuchtigkeit über Zuckerwaren folgendermaßen auf: a) Kurve für den Zusammenhang zwischen Konzentration und Gleichgewichtsfeuchtigkeit von Saccharoselösung, b) Kurve für die Löslichkeit von Saccharose in Gegenwart von Dextrose oder Invertzucker.

Da lediglich die Restlösung und nicht der kristalline Anteil den Dampfdruck über einem Kristall-Lösungsgemisch bestimmt, wird der Dampfdruck über Fondants in folgender Weise ermittelt:

Beispiel:

	%	g/g H$_2$O	Korrekturfaktor	Produkt der Werte aus Spalte 2 und 3
Saccharose	60			
Dextrose	10	1,0	0,8	0,8
Invertzucker	20	2,0	1,3	2,6
Wasser	10			
	100			

Die Summe der Festbestandteile von Dextrose und Invertzucker betrage $1,0 + 2,0 = 3,0$ g/g H$_2$O. Für diesen Wert ist der Anteil Saccharose in Lösung gemäß Kurve b: 1,32 g/g. Die gesamten gelösten Zucker sind mithin $1,32 + 1,0 \cdot 0,8 + 2,0 \cdot 1,3 = 4,72$ g/g H$_2$O. Gleichgewichtsfeuchtigkeit gemäß Kurve a: 67%. Die Korrekturfaktoren ergaben sich empirisch für Stärkesirup 42 DE zu 0,8, für Saccharose, Lactose und Stärkesirup 63 DE zu 1,0 und für Invertzucker zu 1,3. Es handelt sich lediglich um eine Näherungslösung, da ihr die irrtümliche

---

[213] GROWER, D. W.: The keeping properties of confectionery as influenced by its vapour pressure. J. Soc. Chem. Ind. 66 (1947) S. 201.

Annahme zugrunde liegt, daß aus übersättigten Lösungen nur Saccharose auskristallisiert und die anderen Zucker in Lösung bleiben. Bei höheren Übersättigungsgraden kristallisiert jedoch zusätzlich Dextrose (die eine hohe Kristallisationsgeschwindigkeit besitzt), auch aus Invertzucker[209, 214]. Da sie physikalisch-chemisch begründet ist, ist die Berechnung der Gleichgewichtsfeuchtigkeit gemischter Sirupe nach der Beziehung von NORRISH[210] günstiger.

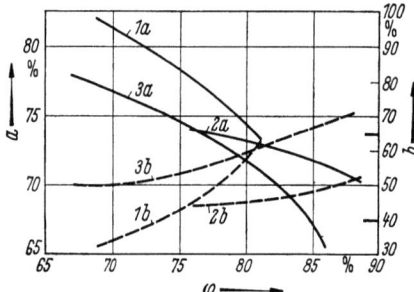

Bild 69. Fondant (30 °C)*
a Sirupkonzentration (g Zucker je 100 g Lösung) und Gleichgewichtsfeuchtigkeit; b auskristallisierter Anteil am Gesamtgewicht und Gleichgewichtsfeuchtigkeit; 1 Saccharose/Fructose; 2 Saccharose/Dextrose; 3 Saccharose/Invertzucker

In Bild 69 ist auf der Grundlage eines vergleichbaren Gesamtwassergehaltes sowohl der auskristallisierte Anteil wie auch die sich ergebende Sirupkonzentration mit der Gleichgewichtsfeuchtigkeit von Fondants auf Grund der Werte von KELLY[209] in Beziehung gesetzt. Es ergibt sich hieraus, daß man unter Ver-

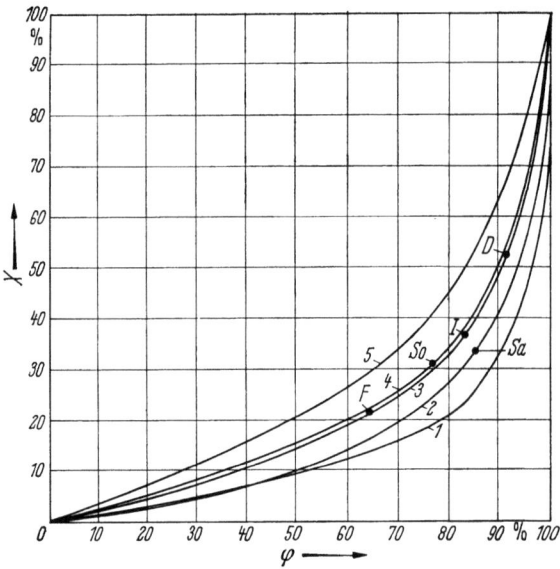

Bild 70. Vergleich der Isothermen verschiedener „Feuchthalter" (25 °C) in flüssigem Zustand.
1 Stärkesirup 42 DE; 2 Saccharose (Sa); 3 Invertzucker (I), Dextrose (D), Fructose (F); 4 Sorbit (So); 5 Glycerin; ● gesättigte Lösung (bei höheren Konzentrationen ist Kristallisation möglich)

---

[214] MARTIN, L. F., et al.: Progress in Candy Research, US Dept. Agric., Southern Utilization Res. and Development Div., Rep. Nr. 31 (1957) S. 9–15.
* Nach MARTIN[214].

wendung von Fructose wie auch von Invertzucker mit Hilfe niedriger Wassergehalte Gleichgewichtsfeuchtigkeiten erzielen kann, welche die Gefahr des Austrocknens bei Umgebungsfeuchtigkeit weitgehend beheben.

Versuchsweise wurden Fondants mit der gleichen Menge (7,5%) verschiedener Kristallisationshemmer (Feuchthalter) gekocht[215]. Es ergaben sich folgende Gleichgewichtsfeuchtigkeiten bei 25 °C: Glycerin 71,0%; Propylenglykol 72,0%; Invertzucker 73,5%; Sorbit 76,5%[210]. In Bild 70 sind die Sorptionsisothermen wichtiger Kristallisationshemmer zusammengestellt, die, wie aus dem Vorgesagten hervorgeht, teilweise bei Unterschreitung bestimmter Konzentrationen auskristallisieren.

Daß Fondants bei der Lagerung weicher werden können, hängt mit einer Vergleichmäßigung der Verteilung des Sirups zusammen; sie ist bei schokoladeüberzogenen Fondants und bei Fondants mit Zuckerkruste besonders auffallend.

Über die Haltbarkeit von *Weichkaramellen* liegen bisher nur orientierende Versuche vor. Die Veränderungen sind vorwiegend autoxydativ und werden durch Licht stark beschleunigt. Auch Weichkaramellen sterben bei der Lagerung ab, wobei Kristallgrößen entstehen können, die beim Genuß stören. In feuchter Atmosphäre werden sie klebrig, und zwar offenbar bevorzugt bei niedrigen Temperaturen, während durch höhere Temperaturen das „Absterben" beschleunigt wird; 8 (bis 11,5)% WG.

o) Trockenhefen

Nährhefe: Die Sorptionsisotherme von getrockneter Nährhefe ist in Bild 71 dargestellt[216]. Unmittelbar nach dem Angleichen bei 20 °C, nach einer Lagerung von wenigen Tagen, wird der Geschmack der Nährhefe um so käsiger, je feuchter die Flocken sind. Bei 1,2% WG (3% relative Feuchtigkeit) war bei 20 °C erst eine leichte Bitterkeit zu beobachten, während eine Probe mit 7,6% WG (42% relative Feuchtigkeit) nach einem Monat schon seifig schmeckte; die Farbe hatte sich ins Gelbliche verändert. Bei 14% WG (65% relative Feuchtigkeit) war die Probe ranzig, bitter und wies eine hellbraune Farbe auf. Das Wachstum von Schimmelpilzen dürfte erst um 16% WG beginnen. Demnach ist der Einfluß des Wassergehaltes auf die ablaufenden Bräunungsreaktionen entscheidend. Da die Hefe Spuren von Fett enthält, ist anzunehmen, daß bei sehr niedrigen Wassergehalten durch Gaslagerung eine merkliche Verbesserung der Haltbarkeit erzielt werden könnte. Wahrscheinlich sind

---

[215] Vgl. MARTIN, L. F., et al.: Progress in Candy Research, US Dept. Agric., Southern Utilization Res. and Development Div., Rep. Nr. 30 (1956) S. 10, 12.
[216] HABERSBRUNNER, H.: Sorptionsisothermen verschiedener Trockenhefen. Biochem. Z. 322 (1951) S. 131–136.

146   2. Erzeugnisse pflanzlichen Ursprungs

Hefen aus verschiedenen Ansätzen in ihrem Verhalten nicht einheitlich, was darauf zurückgeführt werden kann, daß die Sulfitablauge je nach den zur Verfügung stehenden Holzarten nicht gleichartig ist; dies dürfte sich insbesondere bei ungenügendem Auswaschen auswirken. Außerdem könnte die zum Autolysieren verwendete Temperatur nicht in allen Fällen außer zur Abtötung der Hefen auch zum Inaktivieren der Enzyme ausreichen.

Solange man über die Natur der Lagerveränderungen von Nährhefe nicht mehr weiß, wird man sich darauf beschränken müssen, sie mit möglichst niedrigem Wassergehalt herzustellen und während der Lagerung allerhöchstens 5% WG (Gleichgewichtsfeuchtigkeit 22%) zuzulassen.

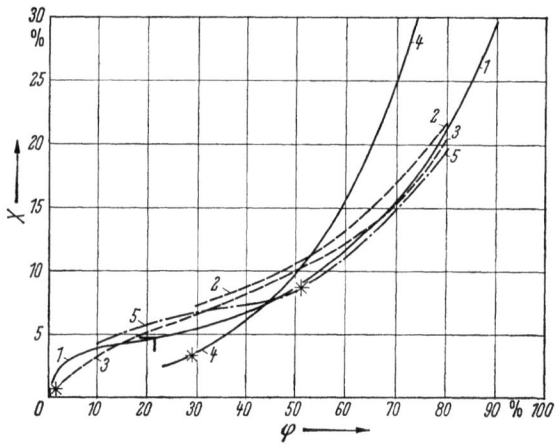

Bild 71. Hefen
1 Nährhefe, Institut (20°C); *2* aktive Backhefe (27°C); *3* Backhefe, gefriergetrocknet, GANE (10°C); *4* autolysierte Hefe, US-Werte (37,8°C); *5* Trockenhefe, engl. Werte (25°C); * Anfangszustand; ⟩ Haltbarkeitsgrenze

Backhefe: Sowohl die Erhaltung der Triebkraft wie auch die sich ergebende Teiggärzeit ist vorzugsweise eine Funktion der Lagertemperatur[217]. Bei +5°C bleibt das Triebvermögen (viability) auch bei längerer Lagerhaltung in Luft praktisch erhalten; durch eine Lagerung bei −20°C kann sie vergleichsweise nicht unbeträchtlich gesteigert werden[217].

Bei 25°C wird die Steigerung der Fermentierzeit (Zeit, um einen ausreichenden Trieb bzw. um ein gutes Backvolumen zu erzielen) nach 4 Monaten bei einem Wassergehalt von 7,5% merklich[218] (bei 11,8% nur

---

[217] MORSE, R. E., u. C. R. FELLERS: Storage studies on active dried bakers yeast. Food Technol. 3 (1949) S. 234–236.
[218] CRANE, J. C., H. K. STEELE u. S. REDFERN: Active dry yeast. Food Technol. 6 (1952) S. 220–224.

o) Trockenhefen 147

noch 6 Wochen möglich). Bei einer Lagerung bei +4°C und 7,5% WG war dagegen nach 7 Monaten keine Veränderung der Fermentierzeit festzustellen. Eine entsprechende Angabe lautet: 20 bis 22 Wochen bei 6°C[219]. Bei 38°C ist der Einfluß des Sauerstoffgehaltes hierauf beträchtlich; bei 20°C, 7,5% WG und niedrigem Sauerstoffpartialdruck bleibt das erzielbare Gebäckvolumen 15 Monate bis 2 Jahre gut, bei etwa 30°C verringerte sich diese Zeit auf 6 Monate, bei 49°C auf 1 Woche[220].

Eine zumindest 60%ige Erhaltung des Triebvermögens für die Dauer eines Jahres wird durch Einstellung von 2 bis 3% WG erreicht[221]. Zwischen 5,5, 4,0 und 2,2% WG änderte sich bei 45°C die Stabilität (Gebäckvolumen) vergleichsweise zu 8% WG um die Faktoren 4, 8 und 17[222]. Solche Trockenhefen müssen allerdings vor Gebrauch auf 8 bis 10% WG durch Wasserdampfeinwirkung bei 30°C gebracht werden.

Wenn man bei etwa 3% WG (Gleichgewichtsfeuchtigkeit etwa 8%) aktive Trockenhefe keinen höheren Temperaturen als 20°C aussetzt und in Stickstoff lagert, darf man sie unbedenklich 1 bis $1^1/_2$ Jahre aufbewahren. Mindestens eine gleiche Haltbarkeit kann man – wie aus dem Vorstehenden zu ersehen ist – in Stickstoffatmosphäre auch mit 7,5% WG erreichen, während sie in Luft schon recht kurz würde. Wenn man durch Beigabe von 2% Fettsäureester eine Verringerung der Zeit zur Erzielung eines bestimmten Triebvermögens, durch Auslaugen von Inhaltsstoffen bei der Rekonstitution und durch Zugabe von 0,1 bis 0,2 BHA oxydative Veränderungen vermeidet[223], kann selbst bei 38°C eine 94%ige Erhaltung des Triebvermögens nach 5 Wochen bei Lagerung in Luft erzielt werden; man erspart also das Evakuieren und das Begasen. Das Antioxydans ist allerdings nur bei 4 bis 6% WG, nicht bei 8% WG, wirksam. Eine ziemlich wasserdampfdichte Verpackung ist deshalb trotzdem nötig.

Die in Bild 71 aufgezeichneten Sorptionsisothermen weichen mit Ausnahme derjenigen der autolysierten Hefe wenig ab. (Der ausgeprägte Wendepunkt in einer Kurve dürfte auf Unterschiede im Ad- und Desorptionsverhalten zurückzuführen sein.)

---

[219] GANTS, T., M. JAKOB, A. FARAGÓ u. I. SZÜES: Untersuchungen hinsichtlich der Lagerung von Hefen. III. Verpackung und Lagerung gepreßter und getrockneter Hefe. Elelmiszervis Gá Lati Közlemények 9 (1963) S. 139–145.
[220] FELSHER, A. R., R. B. KOCH u. R. A. LARSEN: The storage stability of vacuum-packed active dry yeast. Cereal Chem. 32 (1955) S. 117–124.
[221] NATO Document AC/25 (FA) D/73, 1963.
[222] MITCHELL, J. H., u. J. J. ENRIGHT: Effect of low moisture levels on the thermostability of active dry yeast. Food Technol. 11 (1957) S. 359.
[223] CHEN, S. L., E. J. COOPER u. F. GUTMANIS: Active dry yeast. Protection against oxidative deterioration during storage. Food Technol. 20 (1966) S. 1585–1589.

p) Kaffee

In Bild 72 sind die Sorptionsisothermen für grünen Kaffee[224], für *gerösteten* Kaffee und für löslichen Kaffee eingetragen. Kleinere Unterschiede sind je nach dem Röstgrad zu erwarten.

Röstkaffee darf gesetzlich nicht mehr als 5% WG aufweisen. Bei > 7% WG läßt er sich nur noch schwer vermahlen, außerdem wird die Extraktausbeute beim Filtern ungenügend. Die Haltbarkeit gerösteter Kaffeebohnen beträgt bei 1 bis 2% WG je nach dem Röstgrad und dem Qualitätsniveau, das man anlegt, 10 bis 20 Tage; die untere Grenze gilt für gemahlenen Kaffee, der infolge seiner größeren spezifischen Oberfläche empfindlicher ist. Schwächer gerösteter Kaffee ist länger haltbar

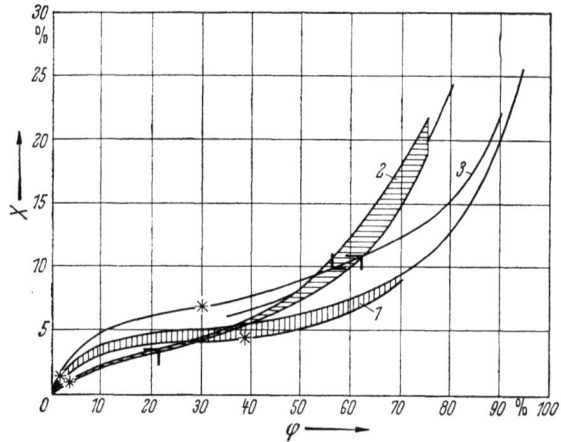

Bild 72. Kaffee
1 gerösteter Bohnenkaffee, Institut (20°C); gerösteter gemahlener Kaffee (60% Kamerun, 40% Kenya), GANE (15°C); *2* löslicher Kaffee, GANE (10°C), Institut (20°C); *3* grüner Kaffee, Institut (20°C); * Anfangszustand; > Haltbarkeitsgrenze

als stark gerösteter. Eine Verlängerung erhält man durch Kühl- und besonders durch Gefrierlagerung. Ebenso wirksam wie letztere ist eine Lagerung bei Sauerstoffpartialdrücken unter 2 bis 3 Torr: Haltbarkeitszeit etwa 6 Monate. Kaffee nach dem Inpressoverfahren (CO_2-Begasung des Mahlgutes im Füllbunker) hält ebenso lange. Wichtig für Verfahren zur Langlagerung ist eine möglichst kurze Zwischenlagerung zwischen Rösten, Mahlen und Verpacken.

Für grünen Kaffee sind 10 bis 10,5% WG unbedenklich.

---

[224] Neuere Werte für Robusta und Arabica decken sich weitgehend mit Kurve *3*. – Vgl. AYERST, G.: Determination of the water activity of some hygroscopic food materials by a dewpoint method. J. Sci. Food Agric. 16 (1965) S. 75.

Die Sorptionsisotherme für *löslichen* Kaffee verläuft steiler als diejenige für Röstkaffee; die geschmackliche Empfindlichkeit ist bedeutend verringert (Flachwerden des Aromas), nur können die Veränderungen durch Feuchtigkeitseinfluß augenfälliger sein (Klumpen, gummiartig verklebt, schließlich Zerlaufen, gleichzeitig Farbvertiefung; bei 13,5 bis 15,5% WG schließlich schwarz). Bei 7% WG sind noch keine Veränderungen augenfällig. Da die oxydations- und polymerisationsanfälligen Anteile, welche den Altgeschmack von Röstkaffee hervorrufen, beim üblichen Verarbeitungsprozeß zusammen mit der eigentlichen „Blume" weitgehend entfernt werden, ist er nicht mehr sauerstoffempfindlich, wodurch sich eine lange Haltbarkeit ergibt. Dies ist ein Zusatzeffekt zur raschen Zubereitbarkeit. In unbegasten Dosen sank bei 20°C der Sauerstoffgehalt bereits innerhalb 2 Monaten um 5% ab, ohne daß aber hierdurch Folgen für den Geschmack des Pulvers (bei 1,8% WG) bemerkbar waren; eine gute Qualität ist bei etwa 2 bis höchstens 3,5% WG mindestens für die Dauer eines Jahres gewährleistet. Erst bei längerer Lagerdauer konnte eine leichte Überlegenheit der mit Schutzgas versehenen Dosen (O_2-Konzentration 0,5%) festgestellt werden, die mit zunehmender Lagerzeit steigt; eine gewisse Qualitätsminderung ist aber auch hierbei nicht vermeidbar. Dieses Ergebnis hängt aber vermutlich wesentlich von der Qualität des Kaffees ab. Gefriergetrocknetes Kaffeepulver weist je nach dem Ausmaß der Aromazugabe eine geringere Haltbarkeit auf als sprühgetrocknetes. Die Lichtempfindlichkeit von löslichem hermetisch verpacktem Kaffee beginnt sich nach etwa 3 Monaten auszuwirken, so daß ein gewisser Lichtschutz notwendig erscheint, falls längere Zeit belichtet wird.

q) Kaffee-Ersatzmittel

Die Sorptionsisothermen typischer Gemische aus Kaffeesurrogaten und einiger von Zichorie, Feigenkaffee und Malzkaffee sowie von schnelllöslichem Kaffee-Ersatz sind in Bild 73 zusammengestellt. Die Kurve für Malzkaffee verläuft etwas flacher als die von Mehl (vgl. Bild 37), die Kurve für Bohnenkaffee würde (vgl. Bild 72) unterhalb des Intervalls der Kaffee-Ersatzmittel verlaufen.

Lagerversuche wurden mit *Feigenkaffee* durchgeführt, welche ergaben, daß sich zunächst eine Abflachung des Geschmacks bei geringerer Schärfe, späterhin ein „überreifer" bis heuähnlicher Geschmack und Bitterkeit ergeben. Auch die braune Farbe dunkelt nach. Bei 1jähriger Lagerhaltung sollen 12% WG nicht überschritten werden, für kürzere Lagerzeiten sind auch noch 14% angängig. Bei 21% WG nimmt der Aromaverlust zu, und es stellt sich ein muffiger Geruch ein. Veränderungen an den hochungesättigten Ölen konnten nicht festgestellt werden;

150 2. Erzeugnisse pflanzlichen Ursprungs

die dominierenden Veränderungen scheinen auf Bräunungsreaktionen zurückzugehen.

Übliche *Kaffee-Ersatzmittel* neigen primär zum Zusammenballen und gleichzeitig zum Nachdunkeln. Wassergehalte bis 7% sind diesbezüglich sicher, die Haltbarkeitszeit überschreitet dabei ein halbes Jahr; die Begrenzung dürfte im Bereich von 8 bis 9% WG liegen; hierbei beginnen bei gemahlenem Gerstenkaffee schon bald leinölige Geruchskomponenten, Zichorie beginnt ältlich, bitter, gemahlener Roggenkaffee kratzig zu schmecken. Bei Malzkaffee ist die zulässige Lagerfeuchtigkeit dadurch gegeben, daß er sich bei höheren

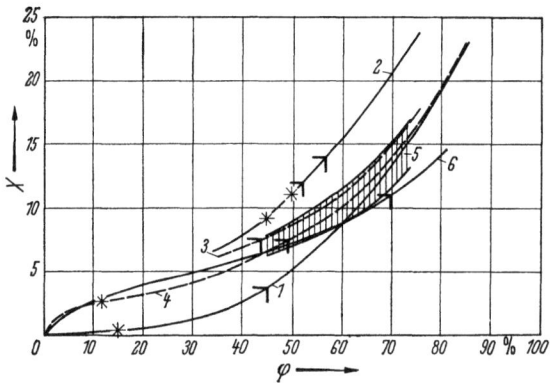

Bild 73. Kaffee-Ersatzmittel (20 °C)
1 Kaffee-Ersatzessenz; *2* Feigenkaffee; *3* Zichorie; *4* Caro; *5* verschiedene Kaffee-Surrogate des Handels; *6* Malzkaffee; ∗ Anfangszustand; ⟩ Haltbarkeitsgrenze

Feuchtigkeiten schlecht vermahlen läßt; diese Grenze dürfte bei 11% WG liegen.

Bei Zichorien und bei Feigenkaffee, die in der Packung „fermentiert" werden, muß in diesem Stadium die Packung wasserdampf- und aromadurchlässig sein; bei Feigenkaffee soll zudem eine gewisse Fettdichtigkeit nötig sein.

Nur bei *schnellöslichem* Kaffeesurrogatextrakt in Pulverform und bei *Kaffee-Ersatzessenz* wirken sich höhere Feuchtigkeiten in Klebrigkeit aus, weshalb sie unbedingt wasserdampfdicht und vermutlich auch aromadicht verpackt werden müssen. (Schnellöslicher Kaffee-Ersatz erfordert für eine 6monatige Haltbarkeitszeit eine Verpackung mit einer Wasserdampfdurchlässigkeit < 1 g/m² d beim Gefälle 85 bis 0%.) Die Sorptionsisotherme für schnellösliches Caro-Pulver ist in Bild 73 wiedergegeben. Andere Extraktpulver können im Intervall $\varphi = 50$ bis 70% bis zu 2% höhere Wassergehalte aufweisen.

r) Tee

In Bild 74 sind einige Sorptionsisothermen für schwarzen Tee angegeben. Zumindest für eine 1jährige Lagerung soll dessen Wassergehalt 4 bis 6% nicht überschreiten*. Dies bedeutet, daß Tee für längere Lagerzeiten besser verpackt werden müßte als üblich, wenn sich seine Aromafülle nicht verringern und sich kein Heugeschmack und kein bitterer Geschmack einstellen soll. Ein Wassergehalt von 1% ist nicht zulässig[225], weil dann oxydative Veränderungen haltbarkeitsbegrenzend werden. Stickstofflagerung wird bei 4jähriger Lagerzeit als günstig angesehen. Die Lichtempfindlichkeit ist beträchtlich.

Löslicher Tee soll einen Wassergehalt von 2 bis 4% nicht überschreiten; er ist dann zumindest 2 Jahre haltbar. Die Sorptionsisotherme zeigt eine Unstetigkeitsstelle, die auf eine Hydratbildung hinweist.

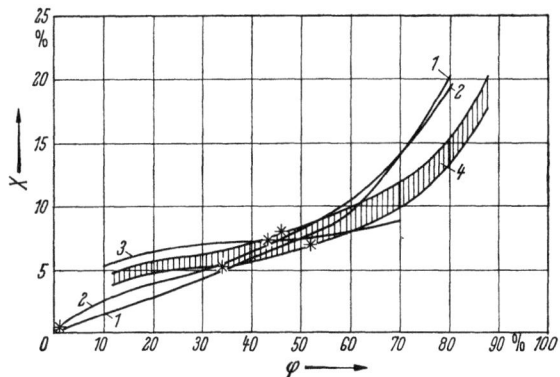

Bild 74. Tee
1 Lapsang Soochong, GANE (10°C); *2* Darjeeling, GANE (10°C); *3* Teestaub Ceylon (15°C); *4* Bereich nach persönlicher Mitteilung von C. P. NATARAJAN, Mysore (Broken Orange Pekoe; Broken Pekoe; Teestaub); * Anfangszustand

s) Kakao und Schokolade

Es war zu erwarten, daß sich Sorptionsisothermen, die auf fettfreie Substanz** bezogen sind, für geröstete Kakaobohnen und unpräparierten *Kakao* nicht allzusehr unterscheiden, obwohl die Bohnen für Kakaomassen zur Schokoladenherstellung weniger scharf geröstet werden. [Daß ein Kakaopulver mit einer Anfangsgleichgewichtsfeuchtigkeit von 50%

---

[225] Vgl. NATO Document AC/25 (FA) D/73, 1963.

* Persönliche Angaben von C. P. NATARAJAN, Mysore. Tee aus dem Handel zeigt aber nicht selten 7 bis 9% WG.

** Der Verlauf für die fetthaltige Substanz ergibt sich durch Division der Ordinatenwerte durch 100 + Fettgehalt in % (vgl. S. 39).

(Bild 75, Kurve *a*) einen viel flacheren Verlauf bei der Desorption ergibt als Pulver mit niedrigen Anfangsgleichgewichtsfeuchtigkeiten im Adsorptionsast (Kurve *b*), scheint auf eine feste Bindung des Restwassers hinzudeuten.] Im Gleichgewicht mit $\varphi = 50$ bis 60% beginnt Kakaopulver zusammenzuballen (doch zerfallen die Agglomerate leicht), und es scheint im Verlauf der Lagerung auch aromaärmer zu werden. Mit Alkalien behandelte Kakaopulver sind hygroskopischer als unbehandelte[226]. Kakaopulver mit 14% (bzw. 21%) Fett neigen von 13,3 ab bis 14% WG ab (bezogen auf fettfreie Substanz) bzw. 12 und 11,3% (bezogen auf Gesamtgewicht) zum Verschimmeln, Rohkakaobohnen (etwa 50% Fett) von 7,5 ab bis 8,5% ab (bezogen auf Gesamtgewicht)[227]. Bei Rohkakaobohnen darf deshalb 7% WG nicht überschritten werden. Der gesetzlich

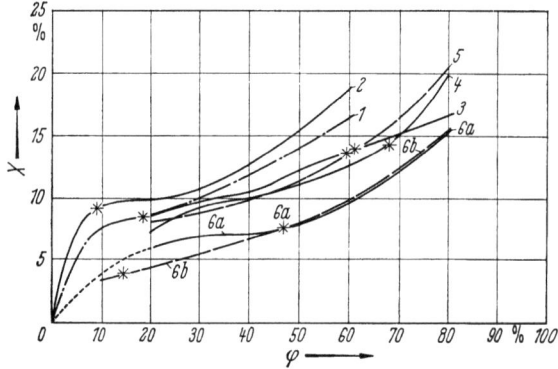

Bild 75. Kakao und Kakaobohnen (20 °C) bezogen auf *fettfreie* Substanz
1 Kakaopulver mit 14,3% Fett (7,5% WG); *2* Kakaopulver mit 20,5 und 22,6% Fett (3,9 und 3,4% WG); *3* Kakaobohnen Arriba, ungeröstet, 50,3% Fett (13,8% WG); *4* Kakaobohnen Venezuela, ungeröstet, 51,7% Fett (14,2% WG); *5* Kakaobohnen Ghana, ungeröstet, 53,4% Fett (13,4% WG); *6* Kakaomassen zur Schokoladenherstellung (42% fettfreie Substanz); *a* Ghana nicht präpariert; *b* Arriba + Venezuela 3:1; * Anfangswassergehalt

für Kakaopulver zugelassene Wassergehalt (9%) kommt der Wachstumsgrenze für Schimmelpilze nahe; für eine längere Lagerung ist zum Zwecke der Qualitätserhaltung etwa 5% WG sicherer. Stark entölter Kakao (14 bis 16% Fettgehalt) mit 5 bis 6% WG (bezogen auf Gesamtgewicht) war nach 6jähriger Lagerung bei Raumtemperatur eben noch verkäuflich (leichte Aufhellung, leicht brenzliger Geschmack).

Die Sorptionsisotherme für eine *dunkle Schokoladenmasse* (38% Fett) ergibt sich additiv aus derjenigen der Kakaomasse mit entsprechendem Fettgehalt und Zucker (Bild 76). Erwartungsgemäß steigt die Sorptionsisotherme im Bereich der Zuckerlöslichkeit steil an. Der übliche Wasser-

---

[226] CLARKE, W. T.: Candy Ind. 14 (April 1951).
[227] Vgl. THEIMER, O.: Über die Lagerung von Rohkakaobohnen in Silozellen. Int. Fachschr. Schokol.-Ind. Nr. 4 (April 1958) S. 162–167.

s) Kakao und Schokolade 153

gehalt von dunklen Schokoladen liegt merklich unter 1%, da Massen mit höheren Wassergehalten für die Verarbeitung zu zähflüssig werden. Die Neigung im Bereich $\varphi = 65$ bis 70%, also bevor Saccharose bzw. geringe Invertzuckeranteile in Lösung gehen, ist durch die Quellung der Rohfaser zu erklären. Bereits bei niedrigeren relativen Feuchtigkeiten, als der Schimmelpilzgrenze entspricht, unterliegt Schokolade einer Gefährdung durch „Zuckerreif". Er hängt damit zusammen, daß sich die in der Schokolade enthaltenen Zuckerbestandteile zu lösen beginnen und bei einer nachträglichen Feuchtigkeitssenkung nicht wieder in gleich großen Kristallen kristallisieren, wodurch sich die Reflexion des auftreffenden Lichtes ändert. Kritisch dürfte diesbezüglich bereits eine merkliche Überschreitung einer Gleichgewichtsfeuchtigkeit in den Rand-

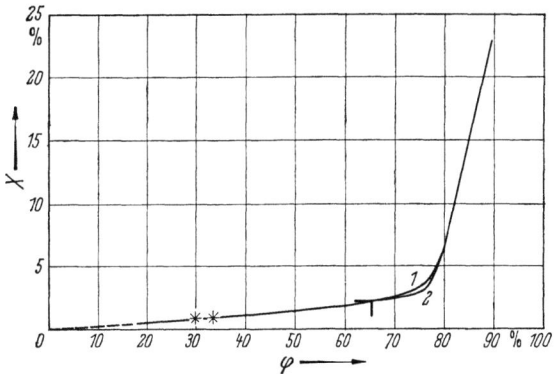

Bild 76. Dunkle Schokoladenmassen (20 °C)
1 38,0% Fett, 0,25% Lecithin (Anfangswassergehalt 0,9%, fein); *2* etwa 40% Gesamtfett (Anfangswassergehalt 0,7%, grob); * Anfangswassergehalt; ⟩ Haltbarkeitsgrenze (Zuckerreif)

schichten von 65% sein, doch handelt es sich um eine Zeitfunktion: Bei eigenen Versuchen mit Pralinen ergab sich in bezug auf Zuckerreif bei 20 °C ein zulässiger Grenzwert von 80% für 1 bis 2 Tage, von 75% für etwa 1 Monat und von 65% für 4 Monate und länger. Dabei war der Zuckerreif noch nicht makroskopisch sichtbar, sondern trat lediglich als ganz leichte Mattierung der hochglänzenden Pralinen in Erscheinung (nur im Mikroskop konnte man feinste Zuckerkriställchen erkennen). Daraus ergibt sich, daß man beim Auslagern von Schokoladen aus tiefen in höhere Temperaturen vorsichtig sein muß (vgl. S. 50). Außerdem muß der Verarbeitungsraum nach dem Kühltunnel so konditioniert sein, daß auf der Gutsoberfläche $\varphi = 70\%$ im wärmeren Arbeitsraum höchstens kurzfristig etwas überschritten wird.

Diabetiker-Schokolade (mit Sorbit statt Saccharose) ist noch bedeutend zuckerreifgefährdeter als übliche dunkle Schokolade, da die gesättigte Sorbitlösung eine niedrigere Gleichgewichtsfeuchtigkeit als eine gesättigte Saccharoselösung aufweist, d.h., Sorbit kristallisiert schon bei niedrigeren Gleichgewichtsfeuchtigkeiten aus (vgl. Bild 70). Milchschokolade ist dagegen weniger zuckerreifempfindlich als dunkle Schokolade. Über die abiotischen Geschmacksveränderungen bei längerer Lagerung von dunkler Schokolade ist bisher wenig bekannt; an der zweifellos vorhandenen Alterung könnte der Luftsauerstoff beteiligt sein. Die strukturellen Veränderungen als Folge von sommerlichen Temperaturen und Temperaturschwankungen sind aber bedeutend gefährlicher.

Instantisierte Schokoladengetränke mit etwa 22% Kakao (12 bis 14% Fett, 78% Zucker) zeigen ein Sorptionsverhalten ähnlich wie dunkle Schokolade; der zulässige Wassergehalt lag bei dieser Rezeptur bei etwa 2% und der kritische Wassergehalt bei etwa 4% ($\varphi = 72\%$).

In Bild 77 ist die Sorptionsisotherme für *Milchschokolade* dargestellt. Erwartungsgemäß liegt sie etwas über derjenigen von dunkler Schokolade, da Milchpulver bei gleicher relativer Feuchtigkeit einen höheren Wassergehalt als die Bestandteile der dunklen Schokolade aufweist. Weil aber Milchpulver schon bei relativ niedrigen Wassergehalten käsig zu werden beginnt (vgl. Abschnitt d), der Fett- und der Zuckeranteil der Milchschokolade deren Empfindlichkeit aber nicht grundsätzlich verändert, ist sie bedeutend feuchtigkeitsempfindlicher als dunkle Schokolade. Aus den einzelnen Komponenten – prozentuale Menge und Wassergehalte des Vollmilchpulvers und der fettfreien Kakaomasse bezogen auf das Gesamtgewicht – läßt sich für verschiedene Gleichgewichtsfeuchtigkeiten die Sorptionsisotherme der Milchschokolade voraus- bzw. nachrechnen; vgl. Gl. (4), S. 36. Die Abweichung vom Verlauf bei dunkler Schokolade wird erwartungsgemäß vorwiegend davon beeinflußt, wie hoch der Anteil an Milchpulver ist und ob dieses innerhalb der Mischung adsorbiert oder desorbiert. Bei beispielsweise $\varphi = 25\%$ ist der Wassergehalt der fettfreien Kakaomasse 5,6% und des fettfreien Milchpulvers 3,5%, wodurch sich unter Berücksichtigung des Gesamtfettes und des zugesetzten Zuckers ein Gesamtwassergehalt von 1,2% errechnet*. Eine Überschreitung dieses Wassergehaltes könnte im Lauf der Zeit bei dieser Rezeptur zum Käsigwerden führen, weshalb sie bei längerer Lagerung auch in den Randschichten der Schokolade vermieden werden muß. Wenn eine solche Wasserzunahme bei Tafeln üblicher Stärke in den Randschichten auch langsam erfolgt, so empfiehlt sich doch eine relativ

---

* Die Zugrundelegung des mittleren Wassergehaltes kann hier zu Fehlschlüssen führen: Berücksichtigt man, daß dieser Wassergehalt weder vom Fett noch von den Zuckern aufgenommen wird, so würde sich der mittlere, ausschließlich auf fettfreie Kakaotrockenmasse und Milcheiweiß bezogene Wassergehalt zu etwa 6,2% errechnen.

s) Kakao und Schokolade

hermetische Verpackung, da zudem die Aromaempfindlichkeit von Milchschokolade sehr hoch ist. Bei dunkler Schokolade ist eine hermetische Verpackung durch eine konditionierte Lagerung weitgehend ersetzbar, bei Milchschokolade (vor allem in dünnen Täfelchen) – wie sich aus Bild 77 ergibt – nicht. Wegen der antioxydativen Wirkung der Kakaobestandteile ist Milchschokolade wenig sauerstoffempfindlich. Die Wirkung der natürlichen Antioxydantien reicht aber nicht aus, wenn die Schokolade belichtet wird.

Aus den vorstehenden Gründen wird verständlich, weshalb Aluminiumfolie zum Verpacken von Milchschokolade als nicht entbehrlich angesehen wird; zumindest da, wo längere Lagerzeiten oder ungünstige Klimabedingungen zu erwarten sind, soll sie hermetisch verschlossen

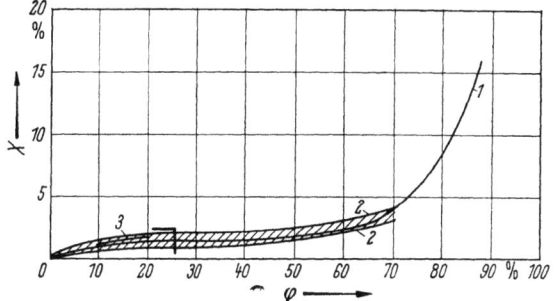

Bild 77. Milchschokoladenmassen (20 °C)*
1 Milchschokolade aus dem Handel (Anfangswassergehalt 2,6 %); *2* Schokoladen unter Verwendung von Sprüh- und Walzenmilchpulver (mit Anfangswassergehalten zwischen 0,85 und 1,4 %); *3* Desorptionsisotherme zur untersten Begrenzung von *2* nach 126tägiger Lagerung ausgehend von $\varphi = 38$ bis 57 %; ⟩ Haltbarkeitsgrenze

werden. Davon sollten Pralinen mit Milchkuvertüren, die leider üblicherweise nicht dampfdicht verpackt werden, nicht ausgenommen werden. Deren Füllungen dürfen natürlich ebenfalls die für Milchschokoladen zulässige Gleichgewichtsfeuchtigkeit nicht überschreiten. Die Füllungen sollen vor allem möglichst lipasefrei sein, wenn sie Kokosfett (oder aber Milchfett) enthalten; wegen unvermeidbarer Mikroorganismen-Infektionen ist dies nie völlig erreichbar, durch hygienische Arbeitsweise lassen sich aber auch die Fremdlipasen niedrig halten. Für eine längere Zwischenlagerung von Pralinen ist eine Kaltlagerung erforderlich, bildet aber kein Allheilmittel. Bei manchen Rezepturen wäre eine Stickstofflagerung wirkungsvoller, sie ist aber in der Praxis nur schwer realisierbar.

Jedes Verpackungsmaterial muß ausgesprochen geruchlos sein.

---

* Eine Sorptionsisotherme für Milkcrumb findet sich in Int. Fachschr. Schokol.-Ind. 10 (1955) S. 276.

t) Tabakwaren

Die Sorptionsisothermen von Zigaretten, Zigarren und Rauchtabak wurden vor 20 Jahren im Institut bestimmt[228] (Bild 78). Es ist möglich, daß inzwischen zum Saucen etwas andere Rezepturen verwendet werden, mit denen eine gewisse Verschiebung der Sorptionsisothermen von Zigaretten und Rauchtabak verbunden sein könnte, doch stimmt die Sorptionsisotherme für Rauchtabak mit einer früheren von VINCENT und BRISTOL[229] überein. Sorptionsisothermen für geschnittenen Tabak im Temperaturintervall 10 bis 60 °C wurden von PYRIKI ermittelt[230] (Bild 78). Im allgemeinen lagen die Wassergehalte bei gleicher relativer Feuchtigkeit für Virginiatabak etwas höher als für Orient- und Inlandtabak.

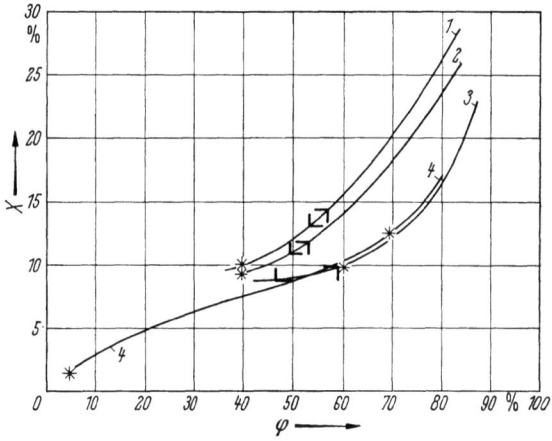

Bild 78. Tabakwaren (30 °C)
1 Rauchtabak; 2 Zigaretten; 3 Zigarren; 4 Virginblätter, PYRIKI; * Anfangswassergehalt; ⟨ ⟩ Haltbarkeitsgrenzen

Der Genußwert von *Zigaretten* fällt sowohl in Richtung steigenden wie auch sinkenden Wassergehalts. Bei zu niedrigen Wassergehalten (z. B. < 10%) bekommen die Zigaretten an den Enden leere Ränder, außerdem werden – vor allem Orientzigaretten – beim Rauchen als zu scharf und unbefriedigend empfunden. Bei zu hohen Wassergehalten (z. B. 14 bis 15%) erscheinen Orienttabake zu mild, Virginiatabake können Schwierigkeiten in der Brennbarkeit machen und ergeben keinen richtigen Zug. Außerdem kann bei längerer Lagerung dann schon ein

---

[228] KAESS, G.: Einfluß der Verpackung auf die Haltbarkeit von Tabakwaren bei hoher Temperatur und hoher relativer Feuchtigkeit. Wochenbl. Papierfabr. 75 (1947) S. 96.
[229] VINCENT, J. F., u. K. E. BRISTOL: Ind. Eng. Chem. 17 (1925) S. 466.
[230] PYRIKI, C.: Über Sorptionsisothermen von Tabak. Z. Lebensm.-Unters. u. -Forsch. 111 (1960) S. 407.

Nachfermentieren deutlich in Erscheinung treten. Bei Wassergehalten im Bereich von 20% tritt Verschimmeln ein. Der richtige Wassergehalt wird durch ein knisterndes Geräusch angezeigt; er liegt im Intervall 11 bis 13%. Bei Glycerin- bzw. Zuckerzugabe muß der Wassergehalt zwischen 10 und 12% liegen. Bei Lagerung in diesem Intervall sind Zigaretten nach einem Jahr bei 20°C noch gut rauchbar.

Der Wassergehalt von *Rauchtabak* darf zwischen 10 und 14% liegen, soll sich aber möglichst im Bereich der oberen Grenze bewegen; Abweichungen machen sich aber weniger bemerkbar als bei Zigaretten.

Zigarren sind erst nach etwa 2monatiger Lagerung bei 9 bis 11% WG verbrauchsfertig. Der Wassergehalt darf nicht höher als auf 11% steigen.

Die Gleichgewichtsfeuchtigkeit über *Kautabak* beträgt 7%.

Alle Tabakwaren müssen aromadicht verpackt werden.

3. Erzeugnisse verschiedenen Ursprungs

a) Backpulver

Die Triebsätze werden in der Weise festgelegt, daß durch ihre Beigabe zu 500 g Mehl mindestens 2,35 g wirksames CO_2 (entsprechend 1200 cm³ CO_2 unter Normalbedingungen) entsteht. Stärke dient als Trennmittel.

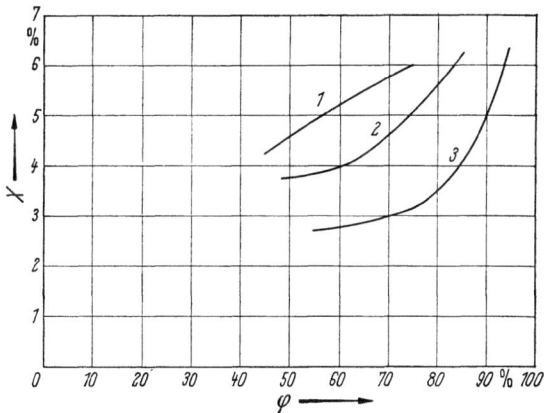

Bild 79. Wassergehalt von Backpulvertriebsätzen. Zusammensetzung berechnet aus dem Wassergehalt der Einzelsubstanzen vor dem Mischen (20°C)
Ansatz mit *1* Adipinsäure; *2* Pyrophosphat; *3* Weinstein

Die Sorptionsisotherme von Stärke ist in Bild 39 dargestellt. Die Zugabemenge an Stärke, die je Beutel zwischen 3,6 und 5,6 g liegt, beeinflußt entscheidend das Sorptionsverhalten und die Feuchtigkeitsempfindlichkeit der Triebsätze. Die Sorptionsisothermen für 3 Gemische, mit denen sich eine CO_2-Menge von 2,6 g erzielen läßt, sind in Bild 79 zusammengestellt[231]. Daraus ergibt sich, daß hiervon der Weinsteintriebsatz bei gleicher relativer Feuchtigkeit den geringsten Wassergehalt aufweist. Sorptionsisothermen dieser Art können nur unmittelbar nach der Mischung Gültigkeit besitzen, da üblicherweise der vorhandene Wassergehalt ausreicht, um die Reaktion zwischen Säure und Natriumbicarbonat auszulösen, und weil die entstehenden Reaktionsprodukte ein abweichendes hygroskopisches Verhalten besitzen.

In Bild 80 ist der CO_2-Gehalt und Wassergehalt dieser Triebsätze nach 25tägiger Lagerung bei 20°C bei verschiedenen relativen Feuchtigkeiten verglichen. Es ergibt sich daraus, daß erst bei einer Lagerung im Gleichgewicht mit $\varphi < 45\%$ relativer Feuchtigkeit nach dieser Zeit keine wesentliche Einbuße an Triebvermögen zu befürchten ist und daß die

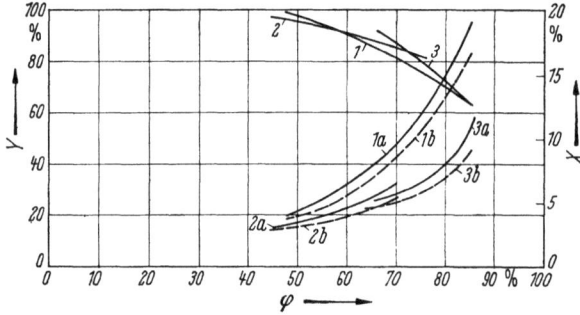

Bild 80. Backpulver (20°C) nach 25tägiger Lagerung. Kohlensäuregehalt (Y) bezogen auf den Anfangsgehalt nach dem Mischen (Ziffern ohne Buchstaben) und Wassergehalt (X) bezogen auf das jeweilige Gesamtgewicht; a mit Reaktionswasser; b ohne Reaktionswasser
1 Adipinsäure; 2 saures Pyrophosphat; 3 Weinstein

Feuchtigkeitsempfindlichkeit der verschiedenen Triebsätze in bezug auf das Triebvermögen wenig unterschiedlich ist, wenn sich auch – wie weitere Versuche ergaben – Weinsäure etwas weniger empfindlich als die Natriumpyrophosphate erwies. Vergleicht man den Wassergehalt nach 25 Tagen mit den Sorptionsisothermen gemäß Bild 79, so erkennt man, daß während der Lagerung der Wassergehalt beträchtlich zunimmt.

Backpulver verändern ihr Triebvermögen in *fertigen Kuchenmischungen* nicht wesentlich, wenn deren Wassergehalt (etwa 40% Zucker) bei einer Lagerung bei 22,2 bis 37,8°C bei 1,1 bis 1,2% (Devilsfood), 1,6 bis 1,9% (Ingwerkuchen), 1,8 bis 2,0% (Safrankuchen) und 2,2 bis 2,9% (weißer Kuchen) liegt. Bei 22°C steigt aber während der Lagerung der

---

[231] Einzelangaben sind der Originalarbeit zu entnehmen: HEISS, R.: Haltbarkeit von Backpulver. Stärke 7 (1955) S. 209–216.

Mischung bei < 2 % WG der Peroxidwert[232]. Um dies zu vermeiden, sollte man deshalb keine Mehle mit einem Wassergehalt niedriger als etwa 5% beimischen (vgl. Bild 38), womit sich aber bereits im Hinblick auf die Schwächung des Glutengerüstes des Mehles durch entweichendes CO_2 bei einem Teil dieser Mischungen keine lange Lagerfähigkeit ergibt[232].

b) Salz, Mononatriumglutamat und Brühwürfel (gekörnte Brühe)

Siedesalz nimmt bis $\varphi = 74\%$ bei 20 °C (vgl. Bild 81) keine merklichen Wassermengen auf. Ein Brühwürfel, der zu einem wesentlichen Teil aus Salz besteht, beginnt dagegen bereits im Intervall um $\varphi = 35\%$ feucht und klebrig zu werden. Da die Veränderungen in einem Intervall liegen,

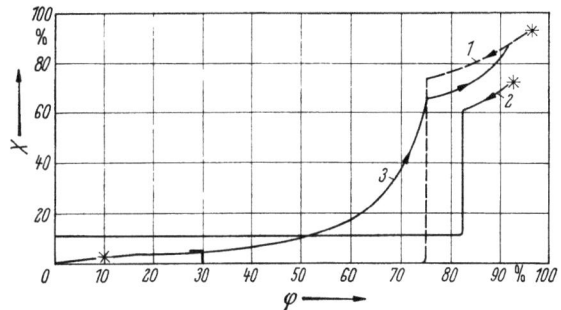

Bild 81. Verschiedene Substanzen (20 °C)
1 Natriumchlorid, engl. Werte; *2* Mononatriumglutamat, engl. Werte; *3* Brühwürfel, Institut;
* Anfangswassergehalt; > Haltbarkeitsgrenze

in welchem Kochsalz noch in kristallisierter Form vorliegt, sind sie auf Eiweiß-Abbauprodukte zurückzuführen, womit auch verständlich ist, daß die Farbe gleichzeitig etwas dunkler wird. Über $\varphi = 75\%$ geht das Kochsalz in Lösung.

Mononatriumglutamat kommt üblicherweise als Monohydrat mit 10% Kristallwasser in den Handel. Bei 0 bis 10% WG handelt es sich um ein Gemisch von Monohydrat und Anhydrid. Bei höheren Wassergehalten - bis 60% - handelt es sich um eine übersättigte bis gesättigte Lösung mit einer Gleichgewichtsfeuchtigkeit von 82%.

Wenn nicht eine sehr feuchte oder mit starken Temperaturschwankungen verbundene Lagerung zu erwarten ist, benötigen weder Kochsalz noch Mononatriumglutamat eine wasserdampfdichte Verpackung.

---

[232] MATZ, S., CH. S. MCWILLIAMS, R. A. LARSEN, J. H. MITCHELL, J. MCMULLEN u. B. LAYMAN: The effect of variations in moisture content on the storage deterioration rate of cake mixes. Food Technol. 9 (1955) S. 276–285.

c) Citronensäure, Weinsäure

In Bild 82 ist die Sorptionsisotherme für zwei Genußsäuren – Weinsäure und Citronensäure – aufgetragen. Von den beiden Säuren ist Citronensäure-Anhydrid hygroskopischer; bei 8,6% WG bildet sich Citronensäure-Monohydrat. Es empfiehlt sich daher von vornherein, das Monohydrat einzusetzen, da es in einem weiteren Bereich kaum Feuchtigkeit anzieht; nach amerikanischen Messungen ist die Feuchtigkeitsaufnahme bei 37,8 °C bis $\varphi = 77\%$ bei Citronensäure-Hydrat bzw. bis $\varphi = 78,5\%$ bei Weinsäure praktisch vernachlässigbar.

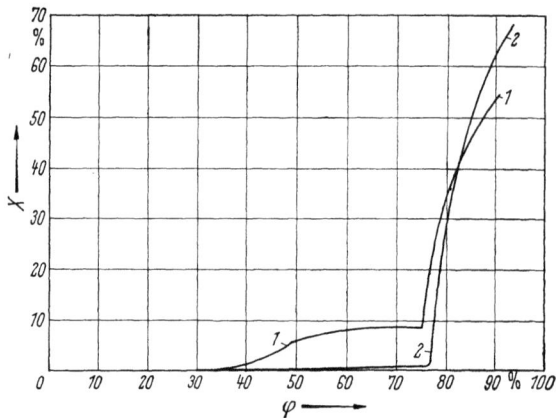

Bild 82. Citronensäure und Weinsäure (20 °C)
1 Citronensäure (als Anhydrid), Institut; *2* Weinsäure, Institut

---

Nach Abschluß des Buches wurde dem Verfasser die Bibliographie von BEARY, E. G.: Moisture equilibrium in relation to the chemical stability of dehydrated foods, US Army Natick Laboratories, 1967, bekannt. Ein Vergleich der Zitate ergab, daß das hier vorgelegte Buch eine breitere Skala, vor allem auch aus dem europäischen Raum, umfaßt. Da sich aber die „Einzugsbereiche" nicht voll decken, könnte es bei besonders wichtigen Teilproblemen lohnen, sich zu vergewissern, ob die erwähnte Bibliographie nicht doch noch den einen oder anderen Hinweis enthält.

Sachverzeichnis

Zahlen in *kursiver* Schrift bezeichnen die Stelle, an der das betreffende Stichwort ausführlicher behandelt wird

Äthylenoxid 120
Aflatoxin 133
Ananaspulver 129
Antioxydantien 75, 80, 93, 105, 147, 155
Apfel, Apfelpulver 124, 125, 129
Aprikosen 19, 44, 122, 124
Atmende Verpackung 53
Autoxydation 25, 26, 64, 77, 85, 89, 101, 102, 107, 110, 112, 128

Backhefe *146*
Backpulver 39, *157*
Backqualität 69, 89, 101, 146
Backwaren *93*
Bananenpulver 128
BET-Theorie 3, 9, 44
Bindungswärme 40
Birnen 124
Blanchieren 108
Bohnen 113
Bräunungsreaktionen 7, 18, 25, 62, 67, 68, 69, 70, 74, 102, 107, 118, 128, 130, 145, 150, 159
Brot 46, 51, 95, 100
Brühwürfel 159
Butter, Trockenbutter 45, 82
Buttermilchpulver 80

Citronensäure 160

Datteln 123, 124, 125
Dauerbackwaren *93*
Dauerwurst 61, 65
Dextrose 16, 137, 138, 144
Dextroseäquivalent 138
Diffusion *20*, 25, 46, 47, 53, 79, 121, 142

Eidotter 71
Eiklar 71
Eipulver *69*
Endtrocknung 20, 28, 31, 69
Enzyme 15, *21*, 26, 83, 84, 85, 86, 88, 101, 107, 108
Erbsen 113
Erdbeerpulver 81, 129
Erdnußkerne 133

Feigen 124, 126
Feigenkaffee 149
Fettfische 68
Feuchthalter 144
Feuchtigkeitsempfindlichkeit 8, 13, 16, 23, 29, 123
Fisch *66*
Fleisch 24, 43, 45, 46, 47, *60*
Fondant 51, 143
Freies Fett 75
Fruchtpulver 127
Fruchtsaftpulver 129
Fructose 136, 137, 138, 144

Gefrierbrand 46, 52
Gefrierlagerung 98, 148
Gekoppelte Reaktionen 18, 24, 77, 82, 84, 102, 103, 110, 113, 117, 132, 151
Gelatine 135
Gewürze 115
Gleichgewichtsfeuchtigkeit 6, 7, 16, 27, 35, 41, 44, 55, 58
— (Bestimmung) 54, 58
Gleichgewichtswassergehalt 1, 9, 36, 41, 44, *55*
— (Bestimmung) 56
Glucose 16, 137, 138, 144
Glucoseoxydase 69, 70

Haferflocken 86
Hartkaramellen *140*
Haselnußkerne 131
Heißverpackung 51, 52
Hühnerfleisch 61, 66
Hydrolytischer Fettverderb 23, 63, 85, 86, 88, 89, 134, 155
Hygroskopizität 5
Hysterese *32*

Inertgaslagerung 24, *64*, 67, 70, 71, *78*, 89, 98, 101, 106, 110, 112, 113, 114, 118, 126, 132, 147, 148
Instantisieren 80, 154
i/x-Diagramm für feuchte Luft 28, 47, 49

Käse 82
Kaffee 148
Kaffee-Ersatzessenz 150
Kaffee-Ersatzmittel 149
Kakao 151
Karotten 20, 43, 44, 107, 111, 114, 116
Kartoffeln 19, 40, 41, 43, *101*
Kartoffelchips 106
Kautabak 157
Kekse 51, *93*
Klippfisch 66
Knäckebrot 8, 47, 95, 96
Knoblauch 115
Kochzeiten 114
Kohl 20, 43, 44, 106, 107, 108, 109, 114, 116
Kokosnußflocken 133
Komprimate 64, 68, 116
Kristallisation 7, 15, 72, 121, 140
Kuchen, Kuchenmischungen 98, 100, 158
Kunsthonig 37, 138

Lactose 69, 72, 136, 138
Lebkuchen 94, 95, 97
Leitfeuchtigkeit 37
Lichteinfluß 65, 68, 69, 74, 79, 82, 83, 86, 101, 106, 117, 127, 129, 132, 134, 145, 149
Löslichkeit 69, 117, 153

Macadamia-Nuß 133
Magerfische 67
Maismehl 90
Maltose 136, 137

Mandeln 130
Marzipan 99, 100
Mehl 19, 87
Mikroorganismen *11*, 45, 88, 89, 96, 97, 120, 135
Milchpulver 19, 43, *72*
Molkenpulver 80, 81
Monomolekulare Belegung 3, 9, 10, 20, 21, 23, 24, 44, 68, 73, 75, 76, 86, 102, 103, 104, 105, 122, 129
Mononatriumglutamat 159

Nährhefe 145

Ölsaaten 134
Orangenpulver, Orangensaftpulver 21, 129
Osmotischer Druck 11

Paprika 115, 116
Pektine *134*
Petersilie 115
Pfeffer 115
Pfirsiche 124, 125, 128
Pilze 115, 116
Pökeln 65
Porree 109, 114, 116

Quarkpulver 81
Quellung 38, 85, 153
Q_{10}-Wert 42, 43, 54, 62, 71, 104, 111, 118, 122

Rauchtabak 157
Reis 23, 84
Roggenmehl 90
Rosinen 124, 125

Sahnepulver 82
Salz 159
Samen 15
Sauerkraut 115
Schnittbohnen 20, 44, 112, 114, 116
Schokolade 47, *151*
Sellerie 115
Sorptionsisotherme 1, 2, 6, 30, 32, 35, 49, 60
Sorptionsverhalten: fetthaltige Produkte 39, *61*, 75, 152
— : Gemische *35*, 73
Spargel 115, 116
Speck 45, 61

Spinat 115, 116
Stärke *91*
Stärkesirup 139, 144
Stockfisch 66
Sulfitieren 103, 105, 110, 114, 116, 122, 123, 129, 130
Sultaninen 124, 125, 126
Suppen 36, 37

Tabakwaren *156*
Taupunkt 47, 48, 49, 50, 101
Tee *151*
Teigwaren *92*
Temperaturabhängigkeit *40*, 54, 63, 68, 70, 89, 103, 104, 113, 123
Tomatenpulver *117*
Trockenfrüchte *120*
Trockengemüse *106*
Trockenpflaumen 124, 125, 126

Vernetzung 17
Verpackungsberechnung 31, 43, 96
Vitamine 19, 69, 70, 84, 89, 93, 107, 109, 111, 112, 113, 114, 117, 119, 127, 128, 129

Wachstumshemmung von Mikroorganismen 13, 14
Wachstumsrate von Mikroorganismen 12
Waffeln 37, 38, 95
Walnußkerne 131, 132
Wasserdampfdichtigkeit *30*, 44, 96, 110, 150, 151
Weichkaramellen 145
Weinsäure 160
Weizenkeime 90
Weizenmehl *87*

Zeitabhängigkeit von Prozessen 9, 13, *23*, 29, 54, 77, 80, 85, 88, 89, 102, 113, 123
Zigaretten 156
Zigarren 157
Zucker 16, 46, 52, *135*, 137
Zuckerreif 153
Zusammenbacken 39, 52, 129, 136, 137
Zwieback 94, 95
Zwiebeln 110, 114, 116

Folgende Aussagen beruhen ganz oder zumindest teilweise auf Untersuchungen im Institut für Lebensmitteltechnologie und Verpackung:

I. Teil, Abschn. 1: S. 4, 5, 6, 7
     Abschn. 2: S. 8, 11, 12, 16, 18, 20, 22, 25, 26, 27
     Abschn. 3: S. 28, 29, 30, 31
     Abschn. 4: S. 33, 34
     Abschn. 5: S. 37, 38, 39
     Abschn. 6: S. 41, 42, 43, 44
     Abschn. 7: S. 45, 46, 47, 49, 50, 51, 52, 53
     Anhang: S. 54, 58

II. Teil, Abschn. 1: S. 61, 65, 66, 67, 71, 73, 75, 76, 79, 80, 81, 82
     Abschn. 2: S. 83, 85, 86, 87, 91, 92, 94, 95, 96, 97, 98, 99, 100, 101, 102, 103, 105, 106, 107, 108, 109, 110, 111, 112, 113, 114, 115, 116, 119, 125, 128, 131, 134, 135, 136, 137, 138, 140, 141, 142, 146, 148, 149, 150, 151, 152, 153, 154, 155, 156
     Abschn. 3: S. 157, 158, 159, 160

Der Inhalt dieses Buches wird bezüglich der Verpackungsausführungen ergänzt durch das Buch HEISS, R.: Verpackung feuchtigkeitsempfindlicher Güter, Berlin/Göttingen/Heidelberg: Springer 1956.

If you have any concerns about our products,
you can contact us on
ProductSafety@springernature.com

In case Publisher is established outside the EU,
the EU authorized representative is:
**Springer Nature Customer Service Center GmbH
Europaplatz 3, 69115 Heidelberg, Germany**

Printed by Libri Plureos GmbH
in Hamburg, Germany